青海省核工业地质局地质勘查(察)成果系列丛书

青海省海北州斜坡地质灾害发育特征与致灾机理

QINGHAI SHENG HAIBEI ZHOU XIEPO DIZHI ZAIHAI
FAYU TEZHENG YU ZHIZAI JILI

主　编　王克强
副主编　何　斌　丁小军　马永刚

 中国地质大学出版社
ZHONGGUO DIZHI DAXUE CHUBANSHE

图书在版编目(CIP)数据

青海省海北州斜坡地质灾害发育特征与致灾机理/王克强主编. —武汉:中国地质大学出版社,2024.11. —ISBN 978-7-5625-6030-2

Ⅰ. P694

中国国家版本馆 CIP 数据核字第 2024Q3K958 号

青海省海北州斜坡地质灾害发育特征与致灾机理	王克强 主 编
	何 斌 丁小军 马永刚 副主编

责任编辑:沈婷婷	选题策划:沈婷婷	责任校对:李焕杰
出版发行:中国地质大学出版社(武汉市洪山区鲁磨路388号)		邮编:430074
电　　话:(027)67883511	传　　真:(027)67883580	E-mail:cbb@cug.edu.cn
经　　销:全国新华书店		http://cugp.cug.edu.cn
开本:787毫米×1092毫米 1/16	字数:406千字	印张:16
版次:2024年11月第1版	印次:2024年11月第1次印刷	
印刷:武汉精一佳印刷有限公司		
ISBN 978-7-5625-6030-2		定价:168.00元

如有印装质量问题请与印刷厂联系调换

青海省核工业地质局地质勘查(察)成果系列丛书编撰委员会

编委会主任：李为民

副 主 任：段建华　刘维鹏　郭岐山　李彦强　杨晓鸿
　　　　　　王克强　范志平　石国成

成　　员：戴佳文　邵　继　费发源　路耀祖　郁东良
　　　　　　刘江峰

《青海省海北州斜坡地质灾害发育特征与致灾机理》

主　　编：王克强

副 主 编：何　斌　丁小军　马永刚

主要编写人：崔廷军　金文艺　孔　逊　马　颜　昝　雯
　　　　　　　山永祥　吉长青　董国辉　刘振中　马田录
　　　　　　　蔡　智　芦艳琳　刘家涛

前 言

青海省位于中国西部、青藏高原东北部,是长江、黄河、澜沧江的发源地,被誉为"三江源""江河源头""中华水塔"。地势具有西南高、北东低与南北高、中部低的组合特征,山地多、平原少。青海省内有全球海拔最高、隆起时代最新、地壳厚度最大,作为青藏高原基础构架并保存较为完整的世界最高高原面和构造山系。省内地质环境条件复杂、生态脆弱、气候多样、地震频发。青海省下辖西宁市、海东市、海北藏族自治州(简称海北州)、黄南藏族自治州(简称黄南州)、果洛藏族自治州(简称果洛州)、海南藏族自治州(简称海南州)、海西蒙古族藏族自治州(简称海西州)和玉树藏族自治州(简称玉树州)2市6州,是我国地质灾害频发的主要省份之一,崩塌、滑坡、泥石流是最主要的地质灾害类型。强烈的高原隆升和河流下蚀,导致区内地势高低悬殊、沟壑广布、谷坡陡峻,在山地、丘陵、台地和河谷平原的过渡带,地质灾害呈相对集中和条带状分布,具有范围广、数量多、群发突发、灾情严重、治理难度大等特点。

海北州是青海省地质灾害点较多的地区之一,地质灾害具有范围广、数量多、治理难等特点。根据以往地质灾害调查及自然资源部门核查,截至2024年3月底,全州共发育地质灾害隐患点821处。威胁群众生命财产安全的地质灾害隐患点286处,其中门源县175处、祁连县73处、刚察县10处、海晏县28处,重大地质灾害隐患点(段)共计14处。此外威胁道路、水利设施、旅游景区等地质灾害隐患535处。降水是引发滑坡、崩塌、泥石流灾害的最主要因素,开挖边坡亦是引发滑坡、崩塌、泥石流灾害的主要因素。严峻的地质灾害形势已然成为制约青海省城市建设和社会经济发展的重要因素,对人民群众生命财产安全及各类基础设施造成了极大的损害。

本书基于海北州、辖区4县的1∶5万地质灾害风险调查评价成果,对海北州地质灾害发育特征与致灾机理进行总结凝练,为了解海北州地质灾害时空分布、孕育地质条件和致灾机理提供了全面、详尽的数据,是海北州地质灾害防控重要的地质依据,希望能够为海北州防灾减灾工作提供有力支撑。

本书是上述系统研究的成果总结,主要包括以下5个方面。

(1)总结了海北州区域地质概况。海北州地处祁连山中部地带,平均海拔3655m,全州可分为祁连山高原、青海湖北部滨湖、浩门河河谷等3个地貌区。海北州位于高原大陆性气候带,地区气候差异显著,年平均气温在0℃以下,最高气温33.3℃,最低气温−36.3℃;年平均降水量426.8mm,东南部降水多于西北部。区域内第四系主要为盐渍土、黏性土、砂类土、卵砾石等,具有高原沉积特色;研究区位于祁吕—贺兰"山"字形构造体系弧形挤压带之西翼,以震荡和隆升为主要运动形式的区域地质构造作用较为强烈。区域内地下水可划分为冻结层地下水、基岩裂隙水、碎屑岩类裂隙孔隙水和松散岩类孔隙水。

(2)揭示了海北州斜坡地质灾害发育特征与分布规律。全州境内地质灾害类型主要分为

3类：滑坡（潜在滑坡）、崩塌（潜在崩塌）和泥石流。其中滑坡特征多明显、易识别，后壁形态多呈典型圈椅状，前缘表现为舌状或长舌状，滑坡体内部主要由碎石土组成，土体杂乱不均。崩塌多发生于公路旁陡坡，具有数量少、规模小、速度快、危险性大等特点；泥石流以沟道型泥石流为主，具有分布广、数量多、爆发频繁、物源方量较大、易启动和致灾强等特点。在空间域上，地质灾害主要沿河流、公路两侧呈条带状集中，受地形地貌及人类活动控制明显。在时间域上，滑坡、崩塌在人类活动强烈时期相对集中，滑坡（潜在滑坡）、崩塌（潜在崩塌）、泥石流在雨季相对集中。近年来与人类活动有关的滑坡占滑坡总数的70%，与人类活动有关的崩塌占崩塌总数的90%以上。

（3）凝练了海北州地质灾害孕灾地质条件。近年来海北州地质灾害仍将呈多发态势，春融期和汛期是地质灾害的高发时期。3—5月地质灾害相对高发，门源、祁连、刚察因冻融、降水引发崩塌、滑坡灾害的可能性较大；6—9月地质灾害高发，75%左右的地质灾害发生在这个时期，全州因降水主导引发地质灾害的可能性大，同时应关注祁连山区域高海拔局部因冻融诱发的地质灾害；10—12月地质灾害相对低发。受不合理的人类工程活动、地震等诱发地质灾害的可能性较大，尤其是祁连、门源受频发小地震影响较大。

（4）揭示了海北州地质灾害形成机理与成灾模式。研究区滑坡主要可分为滑移-拉裂型和蠕动-挤压-滑移型两类，崩塌主要可分为拉裂-滑移式和错裂-坠落式两类，泥石流是地形地貌条件、水动力条件及松散固体物源等多条件叠加效应共同作用的结果。滑坡、崩塌的主要成灾模式包括压埋房屋、拉裂、推移或损毁道路工程。泥石流的主要成灾模式包括淤埋和冲毁、撞击与爬高、堵塞和溃决、冲刷与磨蚀以及沟岸侧蚀。

（5）完成了海北州及4县地质灾害风险评价。地质灾害易发性评价主要考虑地质灾害的内在影响因素，包括高程、坡度、坡向、地形起伏度、距断层距离、距河流距离、距公路距离（人类工程活动）及工程地质岩组等；地质灾害危险性评价主要考虑地质灾害的外在影响因素，包括降水、地震；地质灾害易损性评价主要考虑人口损失和财产损失。

本书各章分工如下：第一章和第三章由王克强执笔，共计12.6万字；第二章和第四章由何斌执笔，共计6.88万字；第五章和第七章由丁小军执笔，共计5.92万字；第六章由马永刚执笔，共计13.12万字。

除了本书列出的参加编写成员外，本书还得到了中国地质大学（武汉）章广成教授和陈剑文教授，以及在校研究生王林康、张炜怡、沈颜参、李宇杰、程钰杰、王赟和张岩等的大力支持，在此一并表示感谢。

目　录

第一章　绪　论	（1）
第一节　海北藏族自治州概况	（1）
第二节　国内外研究现状	（2）
第三节　主要研究内容	（10）
第二章　自然地理与区域地质环境概况	（12）
第一节　气象水文	（12）
第二节　地形地貌	（16）
第三节　地层岩性	（18）
第四节　地质构造	（20）
第五节　新构造运动与地震	（21）
第六节　水文地质条件	（24）
第七节　人类工程活动	（26）
第八节　社会经济概况	（27）
第三章　地质灾害发育特征与分布规律	（29）
第一节　地质灾害类型	（29）
第二节　地质灾害发育特征	（64）
第三节　地质灾害分布规律	（85）
第四章　地质灾害孕灾地质条件分析	（97）
第一节　地形地貌与地质灾害	（97）
第二节　地质构造与地质灾害	（99）
第三节　工程地质岩组与地质灾害	（101）
第四节　斜坡结构与地质灾害	（102）
第五节　气象水文与地质灾害	（104）
第六节　水文地质条件与地质灾害	（106）
第七节　人类工程活动与地质灾害	（109）
第八节　孕灾地质条件分区	（110）
第五章　地质灾害形成机理与成灾模式	（123）
第一节　地质灾害形成机理	（123）
第二节　地质灾害成灾模式	（135）
第三节　典型地质灾害点分析	（137）

第六章　地质灾害问题风险评价 …………………………………………………… (157)
　　第一节　地质灾害易发性评价 ………………………………………………… (157)
　　第二节　地质灾害危险性评价 ………………………………………………… (187)
　　第三节　地质灾害易损性评价 ………………………………………………… (205)
　　第四节　地质灾害风险区划分 ………………………………………………… (223)
第七章　结　论 …………………………………………………………………… (239)
部分参考文献 ……………………………………………………………………… (242)

第一章 绪　论

第一节　海北藏族自治州概况

海北州位于青海省东北部,介于北纬36°44′00″—39°05′18″、东经98°5′00″—102°41′03″之间。下辖刚察、祁连、海晏、门源4县,全州东西长413.45km,南北宽261.41km,占地面积34 068.44km²,占全省土地总面积的4.71%。东南与大通、互助、湟中、湟源县(区)接壤;西与海西州的天峻县毗连;南与海南州的共和县隔青海湖相望;北与甘肃省的天祝、山丹、民乐、肃南县为邻。

海北州境内祁连山系地处中国地势第三台阶,位于青藏高原东北部、黄土高原西缘。海北州地处祁连山中部地带,最高海拔5287m,最低海拔2180m,海拔超过3000m的面积占全州总面积的85%以上。从地貌成因看,有构造地貌、流水地貌、风成地貌和冰川地貌;从地貌形态看,有川谷、盆地、丘陵、低山、中山和高山。根据地势特点海北州分为以下3个地貌区。①祁连山高原地貌区,包括祁连县全县和刚察、海晏县大通山分水岭以北广大地区。该地貌区呈"四山夹四盆"的形势,走廊南山与托勒山之间形成黑河、八宝河断陷盆地,黑河、八宝河流贯其中;托勒山和托勒南山、大通山之间形成托勒断陷盆地和默勒凹陷盆地,托勒河、默勒河(即大通河)流贯其中。②青海湖北部滨湖地貌区,是中国青海湖内陆盆地的一部分,包括海晏、刚察县大通山分水岭以南、青海湖以北及湟水上游谷地,该区北高南低,北部为高山区,中部为低山丘陵地,南部为湖滨平原及湟水谷地,区内布哈河、吉尔孟河、乌哈阿兰河、沙柳河、哈尔盖河、甘子河是青海湖湖水的重要补给来源。③浩门河河谷地貌区,包括门源县全县,西北部为景阳岭,北部为冷龙岭,南部为达坂山,两条山脉之间为第四纪分布广泛而沉积的中新生代断陷盆地,西北低山五陵广布,东部为深山峡谷区,浩门河水由西北向东南流贯其中。州内地貌特点是地势高,骨架明显,类型多样。

青海省地质灾害概况是复杂而严峻的,具有范围广、数量多、群发、突发、灾情严重及治理难等特点,在空间上可分为以下几个典型区。①湟水流域中下游地区:该区域地质环境条件复杂,黄土泥岩广泛分布,人口和设施密集,加之近年来极端降雨天气增多,全省每年近65%的突发性地质灾害发生于该区域。②黄河流域玛尔挡下游地区:受黄河及其支流侵蚀下切影响,高陡土质斜坡和深切沟谷十分发育,地质灾害多发、频发。③黑河及大通河流域中游山区:地震频发,寒冻风化作用强烈,地形切割剧烈,松散物源较多,地质灾害多发。④柴达木盆地周缘地区:受构造和干旱影响,岩土体较破碎,地形坡降大,泥石流灾害易发。⑤青南高原东部峡谷区:新构造活动强烈,地震多发,岩土体较破碎,多年冻土发育且易退化,地质灾害较易发。

海北州位于青海省北部,地处青藏高原东北部,是青海的重要组成部分。由于其特殊的地理位置和复杂的地质构造,地质灾害在该地区频繁发生,对当地居民的生命财产安全构成了严重威胁。海北州的地质灾害在空间分布上呈现出明显的不均匀性。这种不均匀性主要体现在地质灾害多发区的集中与稀疏区的分散。例如,门源县和祁连县作为地质灾害的高发区,其灾害发生的频率和强度均高于其他区域。这种分布的不均匀性与地区的地质构造、地形地貌及水文地质条件密切相关。

第二节 国内外研究现状

一、地质灾害形成机理研究

1)滑坡形成机理

滑坡是指斜坡岩土体在自然或人为工程扰动下,在重力作用下沿着贯通的剪切面整体滑动的现象。通过对滑坡机理的分析研究,可以揭示滑坡从发生、发展、滑动直至结束的演化过程,这不仅有助于我们更加直观地理解滑坡的变形破坏机制,也为滑坡稳定性评估与防治提供了重要依据。基于土体的蠕变理论,土体蠕变过程可分为减速蠕变、稳定蠕变和加速蠕变3个阶段,这也为滑坡的形成与演化提供了新的视角(Ter-Stepanian,1975)。滑坡的发生条件与工程地质条件密切相关,其形成机理受到特定岩土组合类型、结构类型、斜坡形态,以及结构面组合与临空面关系的控制。基于滑坡的初始条件、根本原因及滑动方式等特征,研究者将滑坡机理概括为8种类型。滑坡的形成涉及多种因素的综合作用,包括应力状态、应力路径、应变、孔隙水压力、加载速率、受力时间、土体不均匀性和不等向性等(卢肇钧,1989)。从土力学角度分析滑坡机理,研究者揭示了滑带土孔隙水压力的变化对滑坡发展的关键作用,并发现滑坡的发育与地质条件密切相关(Terzaghi et al.,1996)。对黄土滑坡的研究表明,灌溉引发的地下水位上升和裂缝渗漏是滑坡发生的主要原因(金艳丽和戴福初,2008)。彭建兵等(2016)的研究揭示了人类工程活动诱发黄土滑坡的成灾机理,分析了堆载触发黄土滑坡剪切带的形成过程、卸载诱发滑坡的演化模式,以及灌溉引发的成灾机制,总结了不同人类活动导致的黄土滑坡灾害形成机理,为黄土滑坡的防治提供了宝贵的参考依据。

2)崩塌形成机理

崩塌地质灾害在我国西南和西北地区广泛分布,其变形迹象往往不易被察觉,发生具有突发性,崩塌体运动速度极快,因此造成的后果通常是灾难性的。崩塌的成因十分复杂,可能由降水、地震、自然演化、冻融渗透、地下开挖、切坡卸荷、工程堆载、水库浸润、灌溉渗漏和爆破振动等多种因素引发(刘传正,2014)。通过详细研究河流侧向侵蚀作用在凹岸一侧形成的危岩体,研究者提出了悬臂式岸崩模型(Throne and Tovey,1981)。崩塌可根据其形成机理和过程分为倾倒式崩塌、滑移式崩塌、拉裂式崩塌、错断式崩塌及鼓胀式崩塌(胡厚田,1985)。可以从崩塌研究、发生地、物理特征及软弱结构面等方面对崩塌进行分类,并对顺断层、层(片)理面、"X"节理、多组节理、风化层(完整基岩面)和垂直节理6种类型由于软弱结构面的破坏而产生的崩塌分别进行分析(曾廉,1990)。边坡崩塌的机理被归纳为5种地质模式:塑流-拉裂、弯曲-拉裂、蠕滑-拉裂、滑移-弯曲及滑移-压致拉裂(张倬元等,1981)。通过对汶川地震震区公路在强震条件下的崩塌现场进行调查,研究者对强震公路边坡崩塌进行了分类,并对崩塌的高度、地层岩性、坡度、坡向、断裂带和坡体结构等因素与崩塌的关系进行了统计分析,利用DDA(非连续变形分析)数值模拟方法,对强震崩塌的形成机理进行了深入探讨(张志伟,2011)。在汶川地震后,基于对广岳铁路沿线岩质边坡震害的现场调查,结合有限差分动力数值计算,研究者进一步揭示了地震作用下楔形块体岩质边坡的破坏机理(许家雄等,2012),为理解岩质边坡的崩塌机理提供了重要的科学依据。

3)泥石流形成机理

泥石流是由松散岩土与水混合形成的一种特殊流体,其物源形成机制多样,灾害成因复杂。常见的泥石流类型包括沟谷型泥石流和坡面型泥石流。在中国,泥石流灾害可初步划分为7种类型:沟谷演化型泥石流、坡地液化型泥石流、滑坡坝溃决型泥石流、工程弃渣溃决型泥石流、尾矿坝溃决型泥石流、冰湖坝溃决型泥石流和堆积体滑塌侵蚀型泥石流(刘传正,2014)。研究表明,泥石流启动的关键因素是降水引发的水流动力对沟床堆积物的冲刷作用(Takahashi,1991)。从力学角度分析,采用St. Venent方程模拟了泥石流发育及演化(张万顺等,2006),坡面型泥石流的形成机制与集中式大量降水密切相关,降水引发地表径流增加,进而导致土体失稳,最终引起泥石流的发生(Blijenberg,2007)。泥石流的产生与土体未能及时排水密切相关,土体孔隙中的压力逐步累积,削弱了土体的抗剪强度,最终发展成为泥石流(Hungr,2009)。在震区泥石流的研究中发现,降水是关键诱因(Li et al.,2010)。研究表明,震后汶川地区的泥石流灾害模式可归纳为5种:沟床启动型、坡面崩滑转化型、震裂表土侵蚀启动型、滑坡表面土体液化型和松散堆积物冲切沟启动型(杨成林等,2014)。通过对川西北山区频发的坡面泥石流展开研究,进一步探讨了气候与泥石流成因之间的关系,并对泥石流的发育条件进行了界定。根据固体物质的形态和含量,坡面型泥石流可以分为4类(黄海等,2013)。对黄土高原西部地区的研究表明,较高的土体含水量是该地区坡面型泥石流的主要诱因,土体含水率达到85%是该地区发生坡面型泥石流的临界点(Kai et al.,2016)。

由此可见,滑坡的形成机理受到岩土体组合类型、结构类型、斜坡形态、结构面组合类型等条件的控制,不同类型的滑坡演化过程存在差异,需要结合实际工程地质条件具体分析。崩塌的形成同样较为复杂,其变形迹象往往不易被察觉,发生时具有突发性,可能由降水、地震、冻融渗透、地下开挖、切坡卸荷、工程堆载等多种因素诱发。泥石流灾害的形成是地形地貌条件、松散固体物源和水动力条件共同作用的结果,不同灾害模式下泥石流的物源形成机理、灾害形成机理、破坏方式皆有所差异。通过对地质灾害机理的分析研究,能够揭示不同类型灾害的演化过程,为后续的评估和防治工作提供相应的科学依据。

二、地质灾害成灾模式研究

地质灾害的成灾模式是指岩土体发生变形破坏时所产生的直接或间接的危害形式,其成灾模式会随着岩土体变形破坏、工程治理、承灾体搬迁等因素的变化而变化。

1）崩塌、滑坡成灾模式

崩塌、滑坡的成灾模式一般可分为压埋、拉裂、推移损毁三大类。王建等（2010）针对2008年汶川地震所造成的灾害，对路堤成灾模式进行研究，提出了地震导致路堤边坡坍塌和本体滑坡两种成灾模式，强调了后者由于滑坡后缘位于道路内部会使路面发生拉裂破坏。甘建军等（2013）对汶川地震区的典型堆积体，总结出滑移、冲刷、崩塌、碎屑流4种成灾模式并对其进一步细分，分析了地形地貌、降水、堆积体类型等因素对成灾模式的影响。彭建兵等（2014）为解决黄土地质灾害研究中一系列问题，指出了查明黄土地区中水、力的扰动作用—土体湿陷变形—土层沉降—地裂缝—崩塌滑坡—泥石流灾害链式成灾模式的重要性。高位滑坡发生滑动后，应考虑冲击作用带来的动力侵蚀效应和堆积加载效应，具有"高速远程"的成灾模式。在强震山区地质灾害研究中，不仅应采用静力学理论分析滑坡的失稳机理，而且应采用动力学方法加强运动过程的成灾模式研究（殷跃平等，2017）。结合大量崩塌滑坡实例，将崩塌滑坡—碎屑流的成灾模式划分为崩塌直接压覆、滑移-推移、碎屑流碰撞冲击等8个类型（刘传正，2017）。刘传正（2019）根据斜坡形态、成分构成及成灾模式等致灾因子构建崩滑灾害风险函数，试图逐步建立基于概率分析或数学物理解析模拟的算法体系。对于地震及其所造成的次生灾害，成灾模式更加复杂，针对哥伦比亚地区发生的地震，从地震的场地效应方面对成灾模式进行了分析，总结出地震导致崩塌滑坡、掩埋及地基液化等成灾模式（Chávez-García et al.，2021）。

2）泥石流成灾模式

一般的，泥石流的成灾模式包括冲毁淤埋、堵塞等（谢洪等，2006）。针对帕隆藏布江特大型泥石流，发现其成灾模式为大量松散冰碛物与崩塌体堵河阻水形成堰塞湖，最终在管涌作用下溃坝形成巨型泥石流（曾庆利等，2007）。对于地震所引发的泥石流，可根据高位泥石流的物源类型、分布位置、启动特征等因素，将汶川震区高位泥石流划分为滑坡-泥石流型、支沟群发汇集型、堵溃型3种成灾模式（张永双等，2013）。以陕西延安地区2013年"7·3"暴雨为例，提出由小规模黄土崩塌、浅表层黄土滑坡、坡面型黄土泥石流复合转化形成沟谷型泥石流的成灾模式（黄玉华等，2014）。针对我国西南山区，将泥石流成灾模式分为崩塌—碎屑流/泥石流—堰塞湖洪水、冰崩—冰湖溃决—泥石流、泥石流—堰塞湖—洪水3类灾害链模式（铁永波等，2022）。

在现今地质灾害调查及地质灾害防治过程中，查明地质灾害的具体成灾模式是不可或缺的。每个地质灾害都随着其形成环境、引发因素的不同而有着独特成灾方式，调查地质灾害要从具体出发，进行有针对性的实地考察，不断细化研究各处地质灾害成灾模式，只有这样才能满足现今地灾调查防治需求。

三、地质灾害时空发育规律研究

1）滑坡发育时空分布特征

滑坡在时间和空间上的分布具有一定规律性，这与当地的区域地质环境条件和诱发因素密切相关（段钊等，2011），厘清滑坡的时空分布特征是认识滑坡机制和触发因素的重要途径（Sarfraz el al.，2023）。研究表明滑坡的时空分布特征与降水、地震、人类工程活动、地形地貌等因素关系密切（蒲娉璠，2016；Zhang and Huang，2018；Tonini and Cama，2019；Li el al.，

2024),通过对兰州市1985—2015年间发生的滑坡进行统计,发现滑坡的发生时间集中在降水量较多的4—10月(张珊,2018)。地震作用对滑坡的分布情况影响巨大(郭忻怡,2022),不仅改变了区域原本的地形地貌,而且在时间和空间上对未来的滑坡活动性产生遗留效应(Roberts et al.,2021;Samia et al.,2017)。地形地貌在内因上制约着滑坡的空间分布,例如三峡库区湖北段滑坡地质灾害多发区位于长江、清江及其支流两侧地形较陡的低山与江河沟谷两岸地区,即沿江一带的狭长区域,以秭归县发生的滑坡地质灾害频次最高,达到34次(金琪等,2017)。而人类工程活动则是制约着滑坡空间分布的外因,以工程建设较为频繁的青海省青东丘陵谷地区为例,其滑坡发生密度达到了其他区域的几十倍甚至几百倍,造成了严重的人员伤亡和巨大的经济损失(魏正发等,2021)。

2)崩塌发育时空分布特征

崩塌灾害在空间上具有一定的聚集特征,与滑坡灾害空间总体分布规律相似(刘任鸿,2021),其空间分布特征受地形地貌、地质构造、地层岩性、人类工程活动的控制。崩塌灾害的时间分布规律则主要受降水变化制约,具有年内短周期活动的季节性和重复性特征(邓雄业和易顺明,2008)。研究人员对杂谷脑河薛城地区崩塌灾害的调查工作表明,崩塌灾害主要发生于雨季、震后时期,在空间上沿水系分布,在各高程段均有分布,和绝对高程之间没有明显关联性,而与相对高度关系密切(黄健龙,2016)。在西藏朗县的研究工作表明,崩塌灾害的发育与地层岩组及其内部结构密不可分,绝大多数崩塌灾害主要发育在坚硬岩组中(席盼盼,2014)。Mahdavifar等(2006)在现场调查的基础上,利用遥感技术分析了伊朗地震后崩塌的分布特征。梁靖等(2022)基于遥感解译与核密度分析等方法,从时间和空间角度分析了崩塌的空间聚集趋势及发育分布特征,结果表明在0~5.6km范围聚集显著,此外崩塌显著分布于高程2800~3400m与30°~55°的陡坡段,地震触发与震前重力诱发崩塌分布在北东-南的优势坡向,而岩性上则集中在石炭系与石炭系—二叠系的厚层坚硬碳酸盐岩地层。

3)泥石流发育时空分布特征

我国是一个多山的国家,山地面积占全国面积的2/3以上,全国典型的三大地形地貌、独特的季风气候及区域地质构造是我国泥石流发育的重要环境条件(杜榕桓等,1995)。我国东部、东南部、西南部等湿润地区大多为季风气候,每年降水量多集中在7、8、9三个月,是泥石流高发的季节。众多泥石流发生的区域降水资料表明,年降水量小于200mm的地区一般无泥石流发生,年降水量200~600mm的地区有泥石流发生,半年降水量大于600mm的地区为泥石流多发区(符文熹等,1997)。

泥石流是一种广泛分布于世界众多国家的灾害性地质现象,全球七大洲中,只有南极洲没有受到泥石流的损害。世界上泥石流发生频率较高的地区为亚洲喜马拉雅山区、欧洲阿尔卑斯山区、南北美洲太平洋沿岸山区,以及亚洲和美洲内部的一些山区(Fryxell et al.,1943;Sharp and Nobles,1953;Curry,1966)。在中国,横断山脉、昆仑山脉、天山山脉等山区占全国土地总面积的69%左右。我国泥石流主要分布于各大高原和边缘山区(牛岑岑,2013)。

我国泥石流的分布,大体上以辽西山地、冀北燕山、华北太行山、陕西华山、四川龙门山和云南乌蒙山一线为界。该线以西的华北山地、黄土高原、川滇山地和西藏高原东南部山地是我国泥石流的主要发育地区,泥石流呈带状或片状分布。该线以东的辽东、华东、中南山地以及中国台湾省和海南岛等山地,泥石流呈零星分布。根据泥石流形成的自然环境、物质组成和活动特点,可把我国泥石流概括为4个分布区。①青藏高原东南部山地泥石流分布区,以冰川泥石流为特色,规模巨大,暴发频繁而猛烈;②川滇山地泥石流分布区,降水泥石流占优势,泥石流暴发较频繁,与人类经济活动密切相关;③黄土高原泥石流分布区,以暴雨激发而成的黄土泥流占优势,但其暴发频率、规模和破坏强度均不及上述山区泥石流;④华北和东北山地泥石流分布区,以暴雨或台风雨所引起的水石型泥石流占优势,其暴发频率虽较低,但规模较大而来势迅猛(唐邦兴等,1980)。

降雨是绝大多数地区地质灾害发生的主控因素,这也使得滑坡、崩塌、泥石流等地质灾害多发生在5—9月的雨季;此外,地震、人类工程活动、地形地貌、地质构造、地层岩性等因素都影响地质灾害的时空分布情况。厘清地质灾害的时空分布特征具有重要意义,是深入剖析地质灾害触发因素、内在机制和成灾模式的必经途径。

四、地质灾害风险评价研究

地质灾害风险研究起源于自然灾害风险研究,始于20世纪70年代。1970年,美国加利福尼亚州政府对洪水、地震、台风、风暴、龙卷风等10类自然灾害未来30年的风险进行了评估(Brabb et al.,1972)。至20世纪90年代,一些发达国家政府主导了地质灾害风险评价科研工作(Brand,1988)。1991年,联合国减灾活动将自然灾害风险评价列为减灾工作的重要措施。国际组织和相关国家响应该活动,进行了一系列的科研工作从而将自然灾害风险推向全球,中国也承担了部分工作。地质灾害研究逐渐脱离自然灾害研究,变得更加专业、更有针对性。泥石流、滑坡等地质灾害的研究在短短数年内取得长足进步(Khatn et al.,2018)。

据记载,联合国救灾组织于1982年提出自然灾害风险的定义:"风险(Risk)=危险(hazard)×承载体暴露度(elements at risk)×易损性(vulnerability)"(UNDRO,1982)。滑坡专家Varnes(1984)在此基础上提出,地质灾害风险评价必须有受灾对象的参与。1987年世界环境与发展委员会指出地质灾害风险损失应考虑抗灾能力(WCED,1987)。1993年联合国据此重新定义地质灾害风险是在给定时空内,由某一灾害引起的生命财产和经济活动期望损失(Stoffel,2006)。1996年Smith将概率论的思想引入强化了不确定性的评价,但对如何介入运算时间争论不休(Smith and Dowell,2000),直至2005年Fell(2005)在加拿大国际滑坡会议上提出的公式$R_{(prop)}=P_{(L)}\times P_{(T:L)}\times P_{(S:T)}\times V_{(prop:S)}\times E$成为比较公认的定义。式中:$R_{(prop)}$为财产年损失;$P_{(L)}$为滑坡发生概率;$P_{(T:L)}$为滑坡到达承灾体概率;$P_{(S:T)}$为承灾体时空概率;$V_{(prop:S)}$为承灾体易损性;$E$为承灾体价值。

开展地质灾害风险研究是当今国际地质灾害研究领域的前沿课题,具有重要的理论意义和实际应用价值(殷坤龙等,2000)。地质灾害风险评价的目的是要清晰地反映评价区地质灾害总体风险水平与地区差异,为指导国土资源开发、保护环境、规划与实施地质灾害防治工程提供科学依据。目前,国内地质灾害风险评价主要包括下列3个方面的内容(张春山等,2003)。①危险性分析。通过对历史地质灾害活动程度及对地质灾害各种活动条件的综合分析,评价地质灾害活动的危险程度,确定地质灾害活动的密度、强度(规模)、发生概率(发展速率)及可能造成的危害区的位置、范围。②易损性分析。通过对评价区内各类受灾体数量、价值和对不同种类、不同强度地质灾害的抗御能力进行综合分析,以及防治工程、减灾能力分析,综合两个方面因素,评价承灾区易损性,确定可能遭受地质灾害危害的人口、工程、财产,以及国土资源的数量(或密度)及其破坏损失率。③期望损失分析。在危险性分析和易损性分析的基础上,计算评价地质灾害的期望损失(未来一定时期内地质灾害可能造成的人口伤亡与经济损失的平均值、资源环境破坏程度)与损失极值(未来一定时期内可能造成的人口伤亡与经济损失的最高值)。

在上述3个方面分析中,危险性分析和易损性分析是地质灾害风险评价的基础,通过这两个方面的分析,确定风险区位置、范围及地质灾害活动的分布密度与时间概率,进而确定可能遭受地质灾害的人口、工程、财产,以及资源、环境的空间分布与破坏损失率。期望损失分析是地质灾害风险评价的核心,其目标是预测地质灾害可能造成的人口伤亡、经济损失及对资源、环境的破坏损失程度,综合反映地质灾害的风险水平(唐亚明等,2015;马寅生等,2004;卢全中等,2003)。

地质灾害风险评价方法可以分为危险性研究、风险区划研究、风险概率研究、易损性研究以及新兴的风险情景模拟研究。按照研究类别,列出不同地质灾害风险评价方法首次发表时间及其代表性成果(表1.1)。

表1.1 地质灾害风险评价方法(张铎等,2024)

研究分类	方法名称	首发时间	代表成果	优缺点分析
危险性研究	时序分析法	1994年	Fell等(1994)团队对加拿大边坡滑动危险性进行了研究	准确性较高,但适用性较局限,如人为干扰等外界条件变化较大地区很难应用
	地貌分析法	2002年	Cardinalli等(2002)利用遥感数据分析测算意大利境内滑坡危险性	应用简单,数据共享性较强,尤其是在地理信息系统图、遥感技术等信息技术的支持下,数据更易被获取,但由于分析基于地表地貌,因此需根据实际情况校核
	诱因分析法	2005年	Picarelli等(2005)通过对诱因(暴雨等)分析判断地震发生的临界条件	基于因素分析发展而来,从孕灾因子起至承灾体止,过程完整,易于后期进行管理,但对事件库的完整性要求较高,且对网状结构分析的难度较大
	间接分析法	2006年	Stoffel(2006)研究如何利用树状地貌分析地质灾害危险性	适用于地表地貌信息很难获取的地区,可以通过间接方法进行风险评价与分析

续表 1.1

研究分类	方法名称	首发时间	代表成果	优缺点分析
风险区划研究	危害性评价	2007 年	AGS 组织通过人数和直接经济普查对澳大利亚进行灾害分区（AGS,2007）	可以有效地进行风险管理，但实践中统计边界和风险边界存在一定矛盾，需人工干预
风险区划研究	敏感指数法	2002 年	Dussauge-Peisser 等（2002）采用敏感性指数进行滑坡灾害危险性区划	该区划方法对地质条件分析较准确，信息利用率很高，但对社会经济因素考量不足，对致灾体与承灾体的考量不平衡，因此在应用时往往需要人工调参人工平衡
风险区划研究	风险评价矩阵	2000 年	Marino 等（2001）利用风险评价矩阵绘制了风险评价区划图	该方法是当前应用比较广泛的、准确定性最高的区划方法，缺点在于对信息的质量要求比较高，尤其是全面性和完整性
风险区划研究	地理信息叠合	1991 年	Carrara（1991）利用 GIS 技术合成了风险综合分区图	该方法可以快速剥离各类承灾体和地貌信息，便于信息共享与获取，但分区结果具有一定针对性，需要结合实际情况进行调整
风险概率研究	重现期法	1993 年	Cichowicz（1993）利用统计数据对某矿区矿震风险进行了评估	通过数据积累进行统计计算，在没有较大外界条件变化的地区准确性相当高，但对数据积累要求较高
风险概率研究	蒙特卡罗法	2001 年	Benito 等（2001）用 Monte Carlo 法对西班牙洪涝灾害进行了综合评估	通过随机试验方法在样本库不足的情况下进行样本完善，适用于数据不够完整的情况
风险概率研究	一次二阶矩法	2003 年	张彬等（2003）利用一次二阶矩法评价了三峡库区的滑坡风险	充分利用 FOSM 的分析优势，对随机变量较多的情况，通过结构可靠度评价风险
风险概率研究	贝叶斯法	2001 年	Papoulia（2001）用贝叶斯方法进行风险概率的评估	该分析结果在信息完整的情况下过于"理性"，往往在决策中不能直接应用，因此评价结果往往与实际情况不一致

续表1.1

研究分类	方法名称	首发时间	代表成果	优缺点分析
风险概率研究	故障树法	2004年	Shimono等（2004）用故障树法判断了地下空间遭受地质灾害的风险	基于原有事件形成，但对事件库的完整性要求极高，且事件关联度很难计算，往往采取人工评价，降低了结果的准确度
易损性研究	模糊综合评价	1994年	唐川等（1994）将模糊数学运用在西南地区的地质风险分区	充分结合了定性与定量的优势，但对数据指标评价体系的要求较高，另外受数据源影响较大
易损性研究	灰色关联法	1993年	褚桂棠和夏建平（1993）建议将灰色理论应用在地质灾害风险评价中	通过灰色理论降低了对数据积累的要求，进而进行预测与评价等工作
易损性研究	人工神经网络	2005年	吴益平等（2005）将模糊神经网络引入地质灾害风险评价中	将人工神经网络引入该领域，适用于数据积累的评价过程。同时给机器学习建立了更多的可能性，必然是未来的重要趋势
易损性研究	数据包络分析	2010年	刘毅等（2010）用DEA模型对灾区脆弱性进行了评价	通过投产模型对不同因素进行分析，从而判断不同因素的重要性，进而判断和评价风险本身
风险情景模拟研究	风险情景模拟	1981年	Kaplan和Garrick（1981）通过推演关键因素对未来情景进行模拟	通过情景构建关键因素，再通过相关系统的方法，诸如系统动力学等对关键因素推演，对未来情景进行模拟，形成预测

由此可见，地质灾害的风险评价不仅可以降低地质灾害发生的可能性，还可以避免地质灾害发生导致的严重后果，地质灾害的风险评价一直作为研究热点被研究人员持续关注，有关地质灾害风险评价的研究也一直在更新换代。随着科学技术的发展，起初研究人员结合地质理念进行工程地质分析，之后加入了数理统计的方法，至今在计算机的加持下，地质灾害风险评估的研究方法也增加了许多数值模拟与数据处理的步骤，最终形成更精准、更高效、更简约的地质灾害风险评估模型。

第三节　主要研究内容

本专著主要针对海北州斜坡地质灾害开展了系统调查、分析、统计和归纳总结，主要研究工作包括如下 5 个方面。

1. 自然地理与区域地质环境概况总结

海北州地貌类型多样，地势错综复杂，新构造活动强烈，气候差异显著，区域总体地质环境特点较为鲜明。基于已有的研究区地质资料，从气象水文、地形地貌、地层岩性、地质构造、新构造运动与地震、水文地质条件、人类工程活动和社会经济概况等方面，对海北州的自然地理与区域地质环境概况进行了总结凝练。

2. 地质灾害发育特征与分布规律研究

海北州境内主要发育滑坡、崩塌和泥石流 3 种地质灾害。基于野外实际工程地质调查，从形态与规模特征、边界特征、表部特征、内部特征、滑动特征 5 个方面阐述了海北州的滑坡发育特征；从形态与规模特征、几何特征、成因机制特征等方面阐述了海北州的崩塌发育特征；从形态与规模特征、物源特征、水源条件等方面阐述了海北州的泥石流发育特征。在此基础上，结合降雨数据、航拍影像资料、区域灾害点分布图等资料对地质灾害进行了综合分析，揭示了海北州地质灾害的时空分布规律。

3. 地质灾害孕灾地质条件分析

以野外地质调查数据和现有区域地质资料为基础，采用统计分析、工程地质分析等手段，从地形地貌、地质构造、工程地质岩组、斜坡结构、气象水文、水文地质条件、人类工程活动等多个方面全面分析了地质环境条件与地质灾害间的内在联系。基于对地质灾害孕灾条件的研究，共选取了岩土体类型、坡度、坡形等 8 项对地质灾害发育影响较大的因素作为孕灾地质条件分区评价指标，采用层次分析法对评价指标进行权值标定，完成研究区孕灾地质条件分区评价指标体系的建立。在 GIS 平台中对归一化处理后的数据进行空间叠加与统计，绘制调查区孕灾地质条件图，并将计算结果依据统计学方法分为简单、中等和复杂 3 个不同等级的区域。

4. 地质灾害形成机理与成灾模式研究

基于孔隙水压力变化理论、斜坡应力调整理论和野外实地考察，对不同变形破坏模式下的滑坡进行演化阶段的划分，揭示滑坡形成机理。崩塌受到地貌形态、地层岩性、气象水文、人类活动等多种因素的综合影响，斜坡变形破坏力学机制存在差异，基于此对研究区崩塌灾害成灾模式进行划分；针对不同类型的崩塌，分析其演化过程，揭示其形成机理。泥石流灾害的形成是地形地貌条件、松散固体物源和水动力条件共同作用的结果，基于成灾环境和成灾条件的不同进行成灾模式的划分，分析泥石流灾害链生全过程，揭示泥石流成灾机理。

5. 地质灾害问题风险评价

基于研究区地质灾害时空分布规律研究、地质灾害形成机理，结合当地实际工程地质情况，筛选出对地质灾害影响较大的因素进行易发性评价指标，采用信息量算法对所选数据进行处理与训练，建立易发性评价模型。在易发性评价的基础上，采用降雨量及地震动峰值加速度开展地质灾害危险性评价，将易发性、多年平均降雨量和地震动峰值加速度栅格数据归一化后按权重进行量化计算，得到危险性评价结果。以生命损失和财产损失两个指标共同衡量易损性指数，计算每个地质环境分区单元的易损性指数，根据易损性指数进行地质灾害易损性分区。综合考虑危险性和易损性划分结果，进行地质灾害的风险区划。在此基础上，对海北州及辖区4县内的一般调查区进行易发性、危险性、易损性和风险区划工作。

本书的技术路线如图1.1所示。

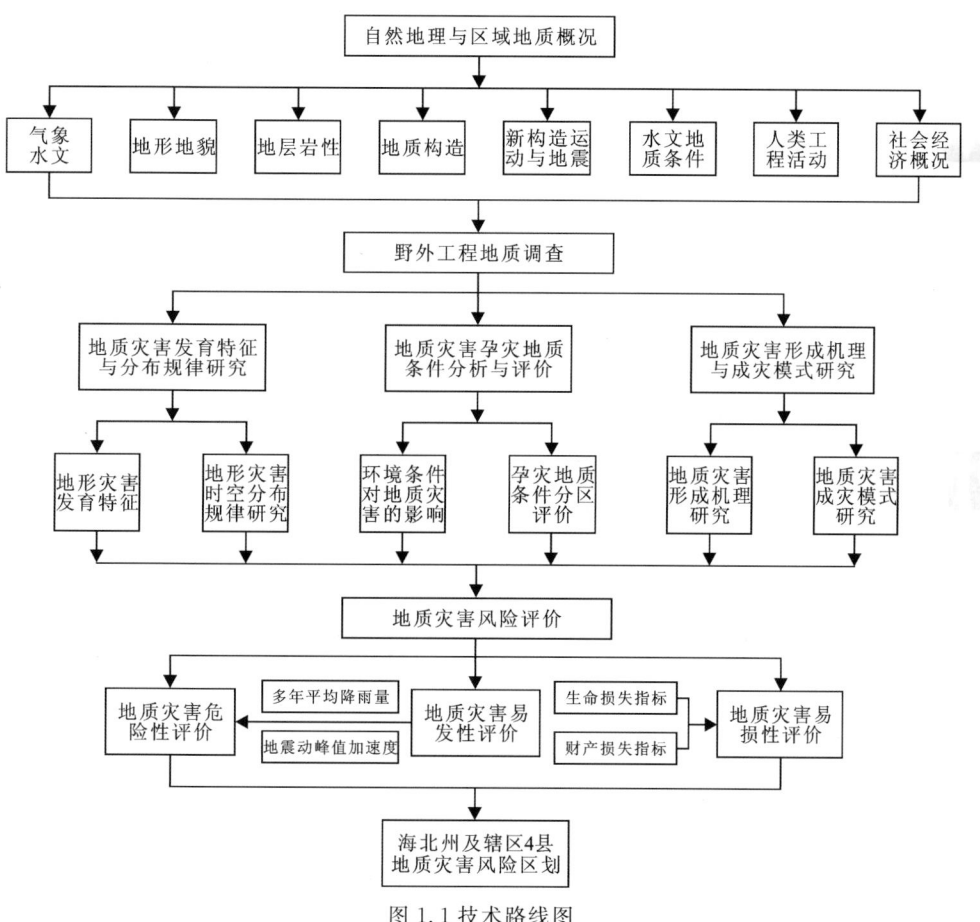

图1.1 技术路线图

第二章 自然地理与区域地质环境概况

海北州地貌类型多样,地势错综复杂,新构造活动强烈,气候差异显著,区域总体地质环境特点较为鲜明。鉴于此,基于已有的研究区地质资料,从气象水文、地形地貌、地层岩性、地质构造、新构造运动与地震、水文地质条件、人类工程活动、社会经济概况共8个方面对海北州的自然地理与区域地质环境概况进行总结凝练。

第一节 气象水文

1. 气象

海北州气候属典型的高原大陆性气候,其特点是:寒冷期长、温凉期短、光照充足、太阳辐射强、干湿季分明、雨热同季、多夜雨和大风。地势起伏大,气候呈垂直带分布,地区差异显著,尤其是祁连山区,随着山势升高,气温下降而降水递增,具有山地气候特征。

根据此次收集的近10年气象资料(2012—2021年),全境年平均气温在0℃以下,最高气温33.3℃,最低气温-36.3℃。海拔2800~3200m之间农业区年均温较高,在-0.2~1.6℃之间,海拔3200m以上牧区气温较低,年均温度在-1.3~5.7℃之间。气温随海拔高度增加而递减,通常地势每升高100m,年均温递减0.5℃左右,气温随时间变化十分显著。元月最冷,二月气温开始回升,三月升温幅度最大,达7~9℃。

年平均降水量426.8mm,最高降水量479.4mm,最低降水量341.1mm。境内降水总趋势是:东南部多于西北部,随高度升高降水量增加,山区降水多于盆地、滩地。据计算,海拔每升高100m,其年降水量增加10~20mm。东部门源地区是本州多雨区,年降水量除了克图—旱台、多隆—皇城两地少于400mm外,其他地方都在500mm左右,达坂山北坡超过550mm。南部海拔3350m以下的环湖滩地丘陵地区,年降水量340~400mm,海拔3600m以上的大通山区超过500mm。西北部、祁连地区降水量较少,一般都在450mm以下,黑河下游和托勒滩降水最少,在270~300mm之间。年蒸发量1 500.6~1 847.8mm。

全州降水比较集中,干湿季分明。一年中,10月至翌年4月为旱季,5—9月为雨季,在此期间降水量占年降水总量的60%~80%。雨季中6—8月降水量最多,并在7月达到峰值。全州年降水日数与年降水量的分配基本一致,降水多的地区雨日相对较多,且发生暴雨的概率较高(图2.1)。

海北州一年中风力最大时期在春季2—6月,其中3—5月达到峰值,风力次大时期出现在秋季和夏季,风力最小时期出现在夏季8月和冬季12月,年际变化呈现为"春大冬小型"。冬季、春季以西北风为主,夏季以东风、东南风为主。各地最大风力和大风日数也有很大差异,以西部托勒地区风力为最大。2—5月平均风力大于10级的有托勒、野牛沟和刚察等地,门源和海晏最大风力为9级,以祁连8级为最小。

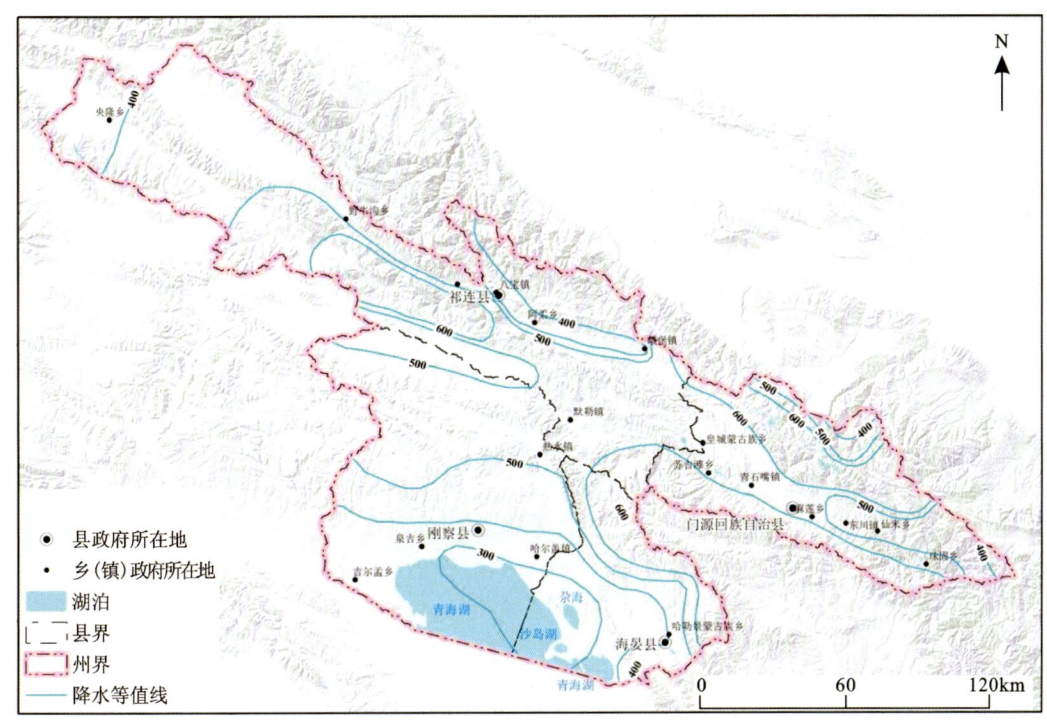

图 2.1 海北州降水等值线图

2. 水文

海北州境内 4000m 以上的高山地带,冰川广布,终年积雪,现代流水作用较强烈,地表径流资源丰富,流量大于 0.5m³/s 的河流有 61 条,其中外流水系河流 24 条,祁连山内陆水系河流 25 条,青海湖内陆水系河流 12 条(图 2.2)。全州总集水面积冰川面积 29 764.56km²,约占全州土地总面积的 87%。现将主要河流叙述如下。

1) 大通河

大通河是海北州最大的外流河,在祁连、刚察县边界称默勒河,在门源县境内称浩门河,系黄河水系——湟水的一级支流。发源于天峻县托勒山的木里山泉(山泉约 108 处),以大气降水和冰川消融为主要补给来源,流经祁连、刚察、海晏、门源、互助、天祝、永登等县,至民和享堂注入湟水,总长 560km,流域面积 15 130km²,集水面积 11 801.29km²,主河道平均坡降 4.65‰。流域形状呈一狭长带状,北依托勒山、冷龙岭与河西走廊的黑河、石羊河流域为邻,南依大通山、达坂山与青海湖水系、湟水干流地区相连,东隔盘道岭与庄浪河流域接壤。多年平均流量 27.55m³/s,年平均径流量 8.688 亿 m³。5—9 月为河流的丰水期,10 月至翌年 4 月为枯水期,并有冻结断流现象。

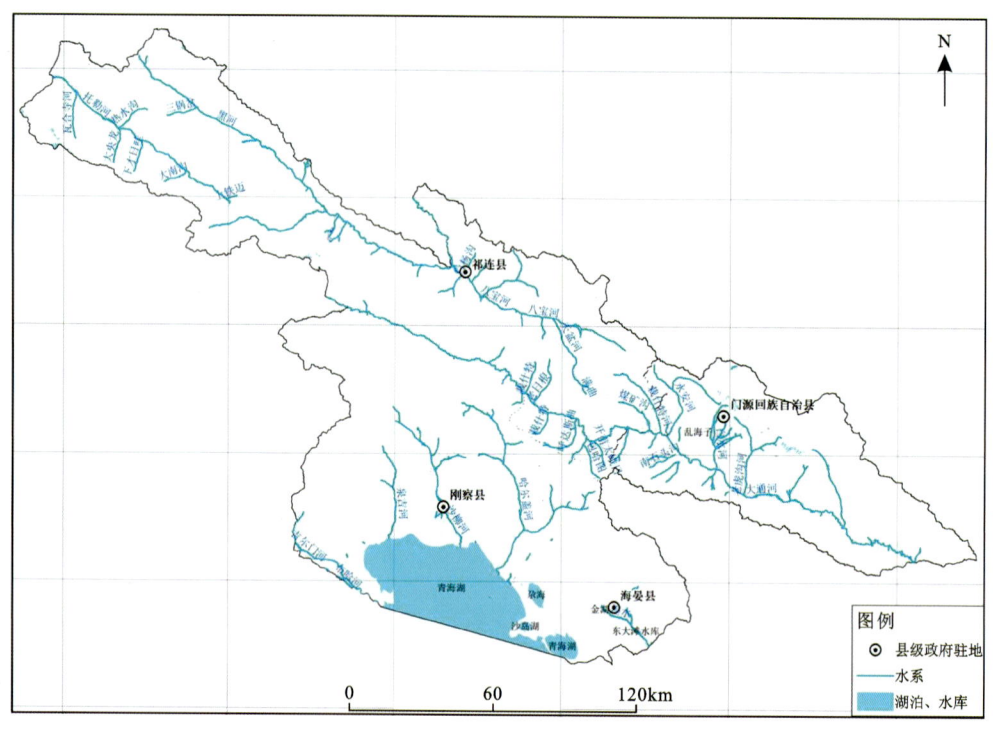

图 2.2 海北州水系图

2) 湟水

湟水属黄河水系一级支流。发源于海北州海晏县境内包忽图河北部的洪呼日尼哈,河源海拔 4395m,河水自河源由北向南流,流经湟源、湟中、西宁、互助、平安、乐都、民和等县(市、区),于甘肃省永登县注入黄河。河长 374km,流域面积 16 005km², 海北州流域面积 2163km², 多年平均径流量 2.172 8 亿 m³, 多年平均流量 4.48m³/s, 河源至三角城称麻匹寺河, 于三角城北纳哈利涧河后称巴燕河。下游东大滩水库 1 座, 库容 2200 万 m³, 该河是海北州海晏盆地和湟水谷地重要水源。

3) 黑河

黑河是我国西北地区第二大内陆河,也是甘肃省河西走廊最大的河流,古称张掖河、弱水,亦称羌谷水、合黎水、鲜水、覆袁水等。《尚书·禹贡》中记载:"导弱水至于合黎,余波入于流沙",弱水即指黑河。发源于青藏高原北缘青海省祁连山区的走廊南山和托勒山之间,源头为八一冰川,海拔 4828m。于祁连县八宝镇黄藏寺横切走廊南山流入河西走廊,最终注入内蒙古西部额济纳旗的居延海,共流经青海、甘肃和内蒙古三省(区)。黑河干流在萨拉河口以上河谷较宽,两岸沼泽发育,以下河谷变窄,特别是八宝河以下多形成窄谷,流量季节性变化明显,主要接受冰雪融水及大气降水补给。黑河在青海省的集水面积 10 009km², 河道长 233.7km, 年平均流量 57.1m³/s。黑河在祁连县境内分为两大支流,即托勒河和黑河东岔西岔。

托勒河在甘肃省境内称北大河,系黑河一级支流,发源于托勒山与托勒南山的横断山脉西侧的纳尔尔当。该河在托勒牧场境内 110.8km, 集水面积 2 728.49km²。多年平均流量 8.3m³/s, 年径流量 2.68 亿 m³。

黑河西岔:发源于野牛沟洪水坝的八一冰川,流经祁连县的野牛沟乡、扎麻什乡到狼舌头与八宝河汇合,全长192km,集水面积5 089.4km²,多年平均流量22.4m³/s,年流量7.089亿m³。

八宝河又称俄博河,系黑河东岔,为黑河的河源区重要发源地之一,因流经祁连县城八宝镇而得名。发源于俄博滩东景阳岭南侧山间沟谷,自东而西流,经峨堡、阿柔、八宝3个乡(镇)到狼舌头与黑河汇合,全长108.5km,集水面积2508km²。多年平均流量14.14m³/s,年径流量3.46亿m³,来水量占黑河出山口来水总量的28%,是黑河流域重要的径流形成区域之一,补给来源为冰川消融和大气降水。径流水量稳定,河道来水量年际变化量不大,但径流年内分配差异较大,7、8月为汛期,来水量占全年的35%~40%,11月至次年5月为枯水期,来水量占全年的2.5%~30%。实测最大瞬时流量489m³/s(1989年7月),最小瞬时流量0.28m³/s(1978年2月),可见八宝河洪枯期流量变化较大,河道落差1200m,平均比降为11‰,水力资源蕴藏量丰富。

4)布哈河

布哈河是青海湖水系第一大河,大部分河段流经天峻县境内,下游河口段左右岸分属刚察县和共和县管辖。它发源于疏勒南山,源头海拔4513m,源流段自西北流向东南,称亚合陇贡玛;至多尔吉曲汇口偏转南流,继转东南接纳右岸支流亚合隆许玛,在纳右岸支流艾热盖后称阳康曲;继续东南流,纳左岸支流希格尔曲后始称布哈河。与纳让沟汇合后,河道偏转向南,过夏尔格曲汇口复东南流,到上唤仓水文站。以上河段长148km,集水面积7840km²,年径流量6.68亿m³。过上唤仓水文站约10km后,河流出山谷,河槽逐渐展宽,比降变缓,水流分散,至天峻县江河镇南部有最大支流江河自左岸汇入,江河下唤仓水文站以上河段长109km,集水面积3048km²,年径流量2.878亿m³。又往下纳左岸支流吉尔孟河,吉尔孟站以上河段长75km,集水面积926km²,年径流量0.491亿m³。向东流经布哈河口水文站,最后注入青海湖,河口高程3195m,河长286.2km,集水面积14 384km²,河道平均比降2.76‰,布哈河口水文站多年平均径流量7.825亿m³。

5)吉尔孟河

吉尔孟河属布哈河北侧支流,发源于沙欧后公卡西麓,全长94km,流域面积930km²(境内流域面积797km²),平均流量1.653m³/s,年径流量0.512 3亿m³。

6)乌哈阿兰河

乌哈阿兰河也称泉吉河,位于青海湖北岸刚察县境内,发源于尔德公贡,源头海拔4308m。河源地区地势较平坦,分布有大面积沼泽地,支流密布,水系呈树枝状,植被良好;干流自北向南,流经中游的峡谷地带、砂卵石河床,水流集中,河宽约25m,水深约0.8m;下游为广阔的湖滨滩地,水流缓慢,河床渗漏严重,大部分河水潜入地下。河流最后经泉吉乡,过沙陀寺水文站,河道分成两股注入青海湖,沙陀寺水文站河长63km,集水面积567km²,河道平均比降12.1‰,多年平均径流量0.220 8亿m³。河流流域面积741km²,多年平均径流量0.255 6亿m³。

7)伊克乌兰河

伊克乌兰河又称沙柳河,位于青海湖北岸刚察县境内,发源于大通山的克克赛尼哈,河源海拔4700m。源流段自西北流向东南,穿行于峡谷之中,河宽13m左右,河床由砂卵石组成;至瓦音(彦)曲汇入后,由北向南略偏东流,河谷渐宽,两岸为砂卵石台地,河道分流串沟,形成众多长满沙柳的河滩沙洲;其间左岸支流鄂乃曲、夏拉等河汇入,干流水量倍增,主流河宽30m。出山口后,流向东南,经刚察水文站,入青海湖湖滨平原。到河口段河水漫流穿过湖滨沼泽区,最后汇入青海湖,流域内牧草茂盛,沟谷坡地灌丛密集,植被良好,河水清澈。河口高程3195m,至刚察水文站沙柳河长85km,集水面积1442km²,河道平均比降8.16‰,多年平均径流量2.507亿m³。河流流域面积1536km²,多年平均径流量2.525 8亿m³。

8)哈尔盖河

哈尔盖河位于青海湖北岸,流经刚察县和海晏县。源头位于大通山脉赞宝化久西南麓,河源海拔4271m。源流段自西北向东南,漫流于高山沼泽之中,泉流源源不断汇集河流,并有多处温泉涌出;两岸支沟较多,呈羽状分布,至海德尔曲汇口,河流偏向南流,经热水煤矿,河流逐渐进入宽谷带,至支流青达玛汇口,以上河段为上游区,长52km,河道稳定,水流集中,河宽15m左右;河谷两岸为阶地,宽约700m,最宽可达2km之多。自青达玛汇口到最大支流察那河汇口为中游段,河道走向从北向南,河道20m,水深0.5m左右,为砂卵石河床,水流平缓而分散,有渗漏现象。查那河汇口以下到河口为下游段,经哈尔盖水文站后,干流分成多股水流蜿蜒穿行于冲洪积扇及湖滨平原之中,砂砾石河床,汛期冲淤变化大,主槽摆动;河水渗漏严重,枯水季节,部分河段全部下潜,至湖滨复出地表,形成大片沼泽区,汇集成涓涓细流注入青海湖。河口高程3195m,至哈尔盖水文站河长86km,集水面积约1425km²,河道平均比降5.64‰,多年平均径流量1.308亿m³。河流流域面积1482km²,多年平均径流量1.315 0亿m³。

9)甘子河

甘子河位于青海湖东北岸海晏县境内,发源于肯特达坂山支脉阿尼窝若,源头海拔4340m。河流自东北流向西南,流经上游山区,称折合玛日曲,两岸坡面为牧草和灌丛覆盖;中游流过查那塘大草滩和雪柔风积沙丘带,河名哈登曲,水流分散;下游始称甘子河,穿湖滨沼泽区,水流分散,汇入错褡裢(由青海湖分裂出的子湖),河口高程3210m。甘子河长47.4km,河道平均比降24‰,河流流域面积369km²,多年平均径流量约0.211 2亿m³。

第二节 地形地貌

1. 地形

海北州地处祁连山中部地带,祁连山系的走廊南山(往东南向延伸称冷龙岭)、托勒山、托勒南山、大通山(往东南向延伸称达坂山)等由西北走向东南,层峰起伏,巍峨绵延,上述山脉构成海北高原明显的骨架。海北州平均海拔3655m,海拔最高点位于瓦乌斯多索卡自然村西北方向9.5km处(祁连县与天峻县交界附近),海拔高度5287m,海拔最低点位于黑河(甘州河)与青海省省界交会处,海拔高度2280m,全州地势高差为3007m,驻地高程3123m。山间多褶皱凹陷盆地,其中面积较大的有门源、青海湖盆地。这些盆地成为全州人口和经济活动的聚集地,也是耕地的集中地。境内地势由西北向东南倾斜,海拔超过3000m的面积占全州总面积的85%以上。

2. 地貌

研究区内地貌类型多样,以川谷、中山、高山地貌为主,其东部地跨黄土高原西缘,又兼有黄土丘陵、黄土沟、黄土坡等地貌;从地貌成因上看,又可分为构造地貌、流水地貌、风成地貌和冰川地貌。州内地貌特点显著,总体地势较高,骨架明显,类型多样,整个高原浩瀚无垠,气势雄伟磅礴。全州可分为3个地貌区:祁连山山地高原区、青海湖北部湖盆区和浩门河河谷区(图2.3)。

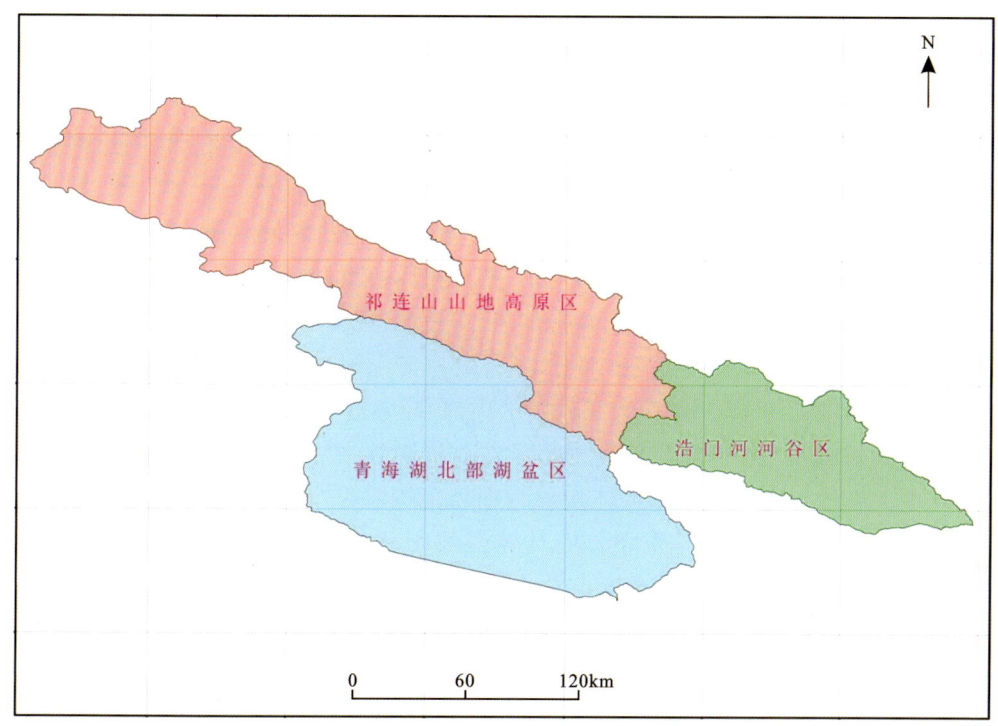

图 2.3　海北州地貌分区简图

1)祁连山山地高原区

祁连山山地高原区包括祁连县全县和刚察县、海晏县大通山分水岭以北广大地区,面积16 965.86 km²,占海北州土地总面积的49.8%。该地貌区呈"四山夹四盆"的形势,走廊南山与托勒山之间形成黑河、八宝河断陷盆地,黑河、八宝河流贯其中;托勒山和托勒南山、大通山之间形成托勒断陷盆地和默勒凹陷盆地,托勒河、默勒河(即大通河)流贯其中。

2)青海湖北部湖盆区

青海湖北部湖盆区是我国著名青海湖内陆盆地的一部分,包括海晏、刚察县大通山分水岭以南、青海湖以北及湟水上游谷地,面积9 937.26 km²,占海北州土地总面积的29.17%。该区北高南低,北部为高山区,中部为低山丘陵地,南部为湖滨平原及湟水谷地。区内布哈河、吉尔孟河、乌哈阿兰河、沙柳河、哈尔盖河、甘子河是青海湖湖水的重要补给来源。

3)浩门河河谷区

浩门河河谷区包括门源县全部,面积7 165.32 km²,占海北州土地总面积的21.03%。西北部为景阳岭,北部为冷龙岭,南部为达坂山,两条山脉之间为第四纪分布广泛而沉积的中新生代断陷盆地,西北低山丘陵广布,东部为深山峡谷区,浩门河水由西北向东南流贯其中。

第三节　地层岩性

1. 前第四系

前第四系由老到新有:元古宇、寒武系、奥陶系、志留系、泥盆系、石炭系、二叠系、三叠系、侏罗系、白垩系、古近系、新近系。

元古宇(Pt):主要分布于陶莱山南坡、陶莱南山北坡、达坂山区和大通山东段地区以及大通河两岸、团保山一带中高山区、包忽图河上游、山口河中上游两侧低山区,构成区内山体主脊,岩性为片麻岩、片岩夹透镜状大理岩、千枚岩,总厚度大于3500m。

寒武系(∈):主要分布于黑河谷地两侧、敖包南山、尕勒德寺大河沟、青羊沟、峡子山、皇城黑山、甘子河西侧隆起带的北缘丘陵区等地,构成区内冷龙岭、达坂山、托莱山主体,以变质岩为主,其岩性主要为基性火山岩及火山碎屑岩、千枚岩、板岩等,厚度大于3000m。

奥陶系(O):主要分布于天宝河中上游、二指哈拉河沟脑、托莱山北坡、玉石沟—大郎沟、油葫芦沟、冷龙岭老虎沟东、托莱山大梁西(上、中部)冷龙岭南坡、达坂山脑一带。该系地层沉积类型复杂,按沉积型相可分为台型、槽型。台型奥陶系主要分布在中祁连山西段,其岩性较单一,主要为灰岩。青海奥陶系主体构成为槽型奥陶系,广泛分布于祁连山地区,岩性复杂,下统以祁连山北部区的阴沟群为代表,下部主要为片理化安山岩、安山玄武岩间夹碎屑岩,中部碎屑岩夹灰岩、凝灰岩,上部安山岩、安山玄武岩夹凝灰岩、碎屑岩。

志留系(S):主要分布于满曲河上游、陶莱山南北两侧、冷龙岭老虎沟西、托莱山吐土河上游一带。岩性为一套以红色为主的杂色碎屑岩,下部有较多的砾质碎屑岩,上部为砂岩、页岩组成的复理石。

泥盆系(D):主要分布于冷龙岭北坡、满曲河上游、青羊沟一带。岩性为黄褐色、紫红色、灰绿色、灰白色巨砾岩、粗砂岩、粉砂岩,局部出现砾状灰岩,厚487~2194m。

石炭系(C):主要分布于冷龙岭北坡、托莱山吐土河上游、扎隆、青羊沟、陶莱山南坡西段、野牛台、黑河谷地北侧一带。下统下部以碎屑岩为主,上部主要为碳酸盐岩、碎屑岩、灰岩夹煤层,厚60~600m。

二叠系(P):主要分布于大河沟、东草沟上游、黑河谷地、油葫芦沟察拉河中上游两侧高山区一带,是青海省主要含煤地层之一。其中,祁连山北部以青羊沟剖面为代表。上部为紫红色—砖红色砂岩、砂页岩,底部以砾岩、砂砾岩为主,厚375~2600m。

三叠系(T):主要分布于陶莱山主脊、青沟上游、油葫芦沟、大通河两岸、陶莱南山南坡地、门源、皇城、俄博、多束等盆地边山、扎日更及那日河上游两侧高山区一带。陆相碎屑岩系分布于祁连山北部,中—下统西大沟群为河流相碎屑岩,岩性为杂色硬砂质长石石英砂岩,含砾砂、粉砂岩、砾岩夹砂质页岩,厚330~1381m。上统南营儿群为湖沼相含煤碎屑岩,岩性为黄绿色中细粒砂岩、页岩及黏土岩,厚度大于1574m。

侏罗系(J)：主要分布于默勒地区分水梁南侧、门源铁迈、瓜拉沟、皇城水磨沟、呼达斯郎木琼上游高山区一带。中—下统主要为含煤碎屑岩，上统为杂色碎屑岩。

白垩系(K)：主要分布于黑河谷地、黄藏寺、八宝河口一带，岩性主要为紫红色碎屑岩系的细砾岩、泥岩、砂岩。

古近系(E)：主要分布于陶莱山南坡、八宝河谷地及小东草沟、拉洞沟、海晏盆地及茶拉滩盆地边缘丘陵区一带，下部为紫红色砂砾岩、含砾岩、粗砂岩夹泥质粉砂岩，上部为紫红色、浅灰色粉砂质泥岩夹砂岩，局部夹薄层石膏，厚度大于1350m。

新近系(N)：主要分布于门源盆地周边丘陵区、八宝河谷地以及刚察县北部丘陵区一带。岩性上部为砖红色泥质砂岩夹泥岩，下部为紫红色砾岩及砂砾岩，厚400~2000m。

2. 第四系

区内第四系分布广泛，大多为陆相，具有高原沉积特色，成因类型有残积、坡积、冲积、洪积、风积、湖积、沼泽沉积、化学沉积、冰碛、冰水沉积等，其岩性为盐渍土、砂类土、黏性土、卵砾石等。由老至新可划分为下更新统(Qp_1)、中更新统(Qp_2)、上更新统(Qp_3)和全新统(Qh)

1) 下更新统(Qp_1)

下更新统按其成因，大致分为两种类型。

(1) 冰碛物(Qp_1^{gl})：分布于黑河、八宝河、小东草沟、扎麻什等谷地及山麓地带。主要为灰黄色、灰色泥砾层，夹巨大漂砾，砾石风化强烈，表面多见锈红色斑点，胶结—半胶结。

(2) 冰水-冰湖相沉积物(Qp_1^{fgl-l})：分布于黑河、陶莱河、八宝河、大通河的河谷地带，岩性为灰绿色—棕黄色的泥质砂砾石、含砾中粗砂、泥质粉细砂、含砾黏土层、半成岩，局部可见铁锈斑点。

2) 中更新统(Qp_2)

中更新统按其成因，分为两种类型。

(1) 冰碛物(Qp_2^{gl})：主要分布于陶莱南山、陶莱山、走廊南山南坡、冷龙岭南麓、海晏盆地及北部高山区山麓等坡麓地带，呈不完整的冰碛台地、冰碛垄岗等地貌。岩性为灰褐色—黄褐色的砂砾石、砾卵石、漂砾、泥砾层、砾卵石，风化强烈，皇城地区冰水堆积物表部覆盖有黄土，局部有铁锈斑痕。根据分布区域不同，地层厚度不一，最薄约10m，最厚达107m。

(2) 冰水堆积物(Qp_2^{fgl})：主要分布于小八宝河、扎麻什河、黑河等河谷谷地。岩性为灰黄色、黄褐色、棕黄色的含泥质砂砾石层，上部有灰黄色的黏质砂土。半胶结—未胶结，多为钙质胶结物，砂砾石成分以片麻岩、砂岩、硅质灰岩、石英岩等为主。

3) 上更新统(Qp_3)

上更新统分为4种类型。

(1) 冰碛堆积物(Qp_3^{gl})：主要分布于区内大古冰槽谷、冰斗及山麓地带。岩性为砾卵石、漂砾、碎块石及泥砂混杂，其成分以花岗片麻岩、砂岩、砾岩为主。该地层在地貌上多形成侧碛、终碛垄岗地形，厚度在50m以上。

(2) 冰水洪积物(Qp_3^{fgl-pl})：主要分布于区内大型河谷谷地的山前平原地带。受构造、地貌、搬运条件、沉积环境等因素控制，各处岩性有差异，纵观全区基本上为一套含泥砂砾卵石层、碎石层夹亚砂土透镜体,结构松散,分选差,砾石成分以变质岩、花岗岩为主。

(3)冲洪积物(Qp_3^{al-pl}):主要分布于门源县白水河右岸、湟水上游山间平原,为砂卵石层,其成分为砂岩、千枚岩等,磨圆度较好,厚20m左右,上部为黄土状粉土,具大孔隙,厚25m左右。

(4)黄土(Qp_3^{eol}):区内分布较少,仅在泉口台以东丘陵顶部大通河高阶地上有零星分布。

4)全新统(Qh)

成因复杂,分布广泛,主要有冰碛堆积物、冲积物、冲洪积物、坡洪积物、滑坡堆积和泥石流堆积物。

(1)冰碛堆积物(Qh^{gl}):主要分布于走廊南山、陶莱山、陶莱南山等现代冰川前缘冰舌末端。海拔一般在4300m以上,岩性为灰白色—灰褐色的含泥质碎块石层,杂乱堆积,许多碎块石上可见清晰擦痕。在微地貌上该地层多形成终碛、侧碛垄岗。堆积厚度一般10~100m不等。

(2)冲积物(Qh^{al}):主要分布在黑河、大通河、陶莱河、八宝河等现代河谷中,组成现代河床及河流阶地。岩性为灰色结构松散的砂卵砾石层,表层多覆盖有亚砂土层,砾石成分多为砂岩、砾岩、火山岩、辉长岩、花岗岩、大理岩、片麻岩、片岩等。

(3)冲洪积物(Qh^{al-pl}):主要分布于山区河谷及陶莱山南坡山前平原地带。呈条带状展布,岩性为灰绿色砂砾块石层,分选磨圆中等,厚度小于5m,在较大的支沟或沟口处形成扇形地。

(4)坡洪积物(Qh^{dl-pl}):主要分布于陶莱山南麓山前地带,形成小坡洪积群带。岩性为青灰黄色含泥碎石,呈次棱角状,并与砾石混杂,厚3~5m。

(5)滑坡堆积(Qh^{del}):主要分布于丘陵前缘中下部的滑坡体上,结构疏松杂乱,岩性复杂,厚度小于15m。

(6)泥石流堆积物(Qh^{sef}):主要分布于沟口河谷阶地上,岩性取决于沟域地层岩性,厚度一般在3~15m之间。

第四节 地质构造

工作区位于祁吕-贺兰"山"字形构造体系弧形挤压带之西翼,是构造强烈发育的地区,其构造形迹主要由压性、压扭性断裂、褶皱及断陷谷地组成,各种构造形迹的延展方向均呈北西西向,大致与现代山脉、谷地的延展方向一致(图2.4)。区内各种构造形迹的组合特征如下。

(1)主干断裂呈北西—南东向展布,多为压性、压扭性的叠瓦式逆冲断层,古生界逆冲于中生界侏罗系、白垩系之上。

(2)"山"字形构造体系,构造形迹与古北西西向构造体系大体一致,表现有明显的继续性,在近地质时期,古老构造表现为复活,成为新构造体系的有机组成部分。

(3)沿主干断裂两侧均见有"入"字形构造,它的派出断裂多属东西走向的压扭性结构面,与主干断裂间呈锐角接触。

(4)在北西西向主干断裂两侧,未见次一级的北北西向和北北东向的扭性、压扭性断裂切割主干断裂。

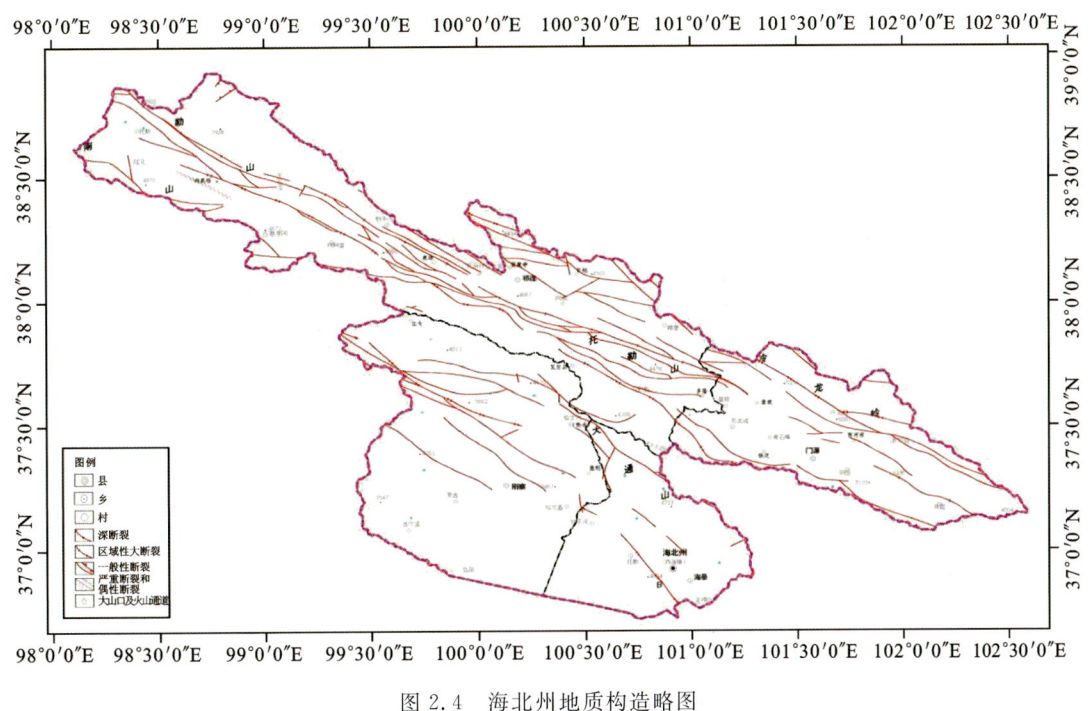

图 2.4 海北州地质构造略图

(5) 在主干断裂上盘反冲出的次一级张性断裂带两侧岩层破碎,张裂隙发育,是地下水运动的主要通道。

断裂及褶皱的相互作用,形成了区内的山脉与谷地相间排列的格局,构成了现代山脉与谷地的雏形。

第五节 新构造运动与地震

1. 新构造运动

区内新构造运动表现为震荡式的隆升运动,新构造运动的继承性和区域的差异性表现十分明显。山脉和盆地(谷地)作为两种不同性质的地貌单元,在新构造运动的表现形式上,前者表现为大幅度的断块隆升,后者则表现为大面积的相对沉降。从而构成了区内新构造运动的基本特征,在地形的形成与发展过程中起着决定性作用。同时,对区内的地质灾害发生具有一定的控制作用。

1) 强烈的隆升运动

走廊南山、陶莱山、陶莱南山、大通山、冷龙岭等均属块断-拱曲上升的造山带,是几经褶皱变质的刚性岩体,受垂直作用运动产生的弧状变形体,而分布于山体两侧具有平缓倾斜的古夷平面是新构造运动在地貌演变过程中的结果。据走廊南山、陶莱山、达坂山古夷平面的分布高度、河谷的切割深度及河谷阶地的分布特征推测,自上新世末期以来,调查区上升幅度达900～1200m,平均每年上升0.8～1.0mm,由此可见区内新构造运动之强烈。

2)震荡式的缓慢隆升运动

区内低级夷平面的抬升,被分割成为低山丘陵;盆地边缘冰湖平原被抬升为高台地和河流两侧的多级基座阶地是中更新世以来震荡式缓慢隆升运动的主要标志。

3)大面积沉降运动

大面积沉降运动是区内新构造运动的基本表现形式之一,位于区内的主要河谷平原(谷地),于山前形成多次叠置洪积扇。另据资料自第四纪以来,大通河、八宝河谷地沉降深度达450～570m,野牛沟等地的第四系沉积厚度达450余米,门源盆地中部的山前倾斜平原第四系松散堆积物厚度达400多米。据物探资料盆地的坳陷深度达500余米,陶莱河谷地第四系沉积则达700余米。按沉积厚度推测,区内的相对沉降幅度大约为0.5mm/a。目前,这一运动仍在继续进行。

4)断裂与褶皱运动

分布在盆地边缘与山体之间的大断裂,都有长期的活动历史,具有明显的继承性。如陶莱山南坡大断裂在油葫芦沟一带可见二叠系砂岩直接逆冲到新近系泥岩之上,冷龙岭断裂可清晰地看见奥陶系千枚岩直接逆冲到(新近系—古近系)红层之上及中更新统的泥砾与该红层呈断层接触等。褶皱是与断裂共存的派生产物,其在时间上具有多期性,后期构造活动与前期的构造活动具有重合、继承和轴向迁移的特征。目前,在第四系沉积物中还没见到明显的褶皱变形现象,但在达坂山北坡(新近系—古近系)红层中所见到的平缓褶曲构造亦是新构造运动的又一证据。

综上所述,新构造运动使山区、丘陵、盆地等地质地貌的各自特征差异性更加明显,对抑制地质灾害分布的差异性起到了一定作用。

2. 地震

海北州属青藏高原北部地震区祁连山地震亚区。喜马拉雅运动以来,随着青藏高原的整体隆升,高原与边缘块体间垂直升降运动加剧,处于高原北部边缘的祁连山断裂构造带原有的深大断裂重新复活,使得这一地区的构造运动及地震十分活跃。这一地区的断裂带自全新世以来,均以左旋扭动方式活动为主,并受到北东向阿尔金断层平行切割牵引,使得断裂构造的地震活动强度较高。主要的发震断裂构造带有加里东期托勒山-冷龙岭深大断裂构造带以及祁连山北缘活动断裂带。据地震资料记载,自1910年到现在,区内发生地震达70余次,其中震级在5级以上的仅2次,其余均在1～4级。地震活动强度较弱、震级小、震源浅。而邻区地震对本区的影响更大,因此,地震是现代地壳频繁运动的有力证据,地震对区内地质灾害的发生具有一定的影响。

海北州最近一次较大地震发生于2022年1月8日1时45分,地点位于门源县(北纬37.77°,东经101.26°),震级达到6.9级,震源深度10km,震中距调查区中心区域距离为99km。根据中国地震局地质研究所的初步研究结果,本次地震的发震断裂为位于冷龙岭断裂和托莱山断裂之间阶区的道沟断裂。震中位于青藏高原块体和阿拉善块体的过渡区，发育有祁连山-河西走廊逆冲断裂系。区内主要大型断裂包括托莱山断裂、冷龙岭断裂、肃南-祁连断裂、门源断裂、民乐-大马营断裂、皇城-双塔断裂、民乐-永昌断裂等。震区属高原地形，高程在1200～5250m之间，地形整体呈西南高、东北低的特征。北西走向的祁连山脉横亘于中部，山体陡峻，其西南侧为门源盆地，地势相对平缓。震区内主要河流有大通河、永安河、道河、老虎沟河、白水河、八宝河、莱日图河、西大河、东大河等，震区内河谷夹于山脉之间，多呈"U"形。本次地震诱发的地质灾害主要包括崩塌、落石、滑坡、砂土液化和地裂缝等。受发震构造、震源机制、地形地貌、地层岩性和气象环境条件等多因素的影响，崩塌、滑坡总体规模较小，而在震中附近的硫磺沟、大梁、景阳岭等地形成了多条地表破裂带，伴生了大量的地裂缝，导致硫磺沟内多处斜坡和人工堆积体成为不稳定斜坡体，并沿地裂缝发育多处喷砂冒水点。

根据《中国地震动参数区划图》(GB 18306—2015)《中国地震动峰值加速度区划图》《中国地震动加速度反应谱特征周期区划图》，海北州震动峰值加速度为0.10～0.20g(图2.5)，相应的地震烈度Ⅶ度，地震动加速度反应谱特征周期0.40～0.45s(图2.6)。

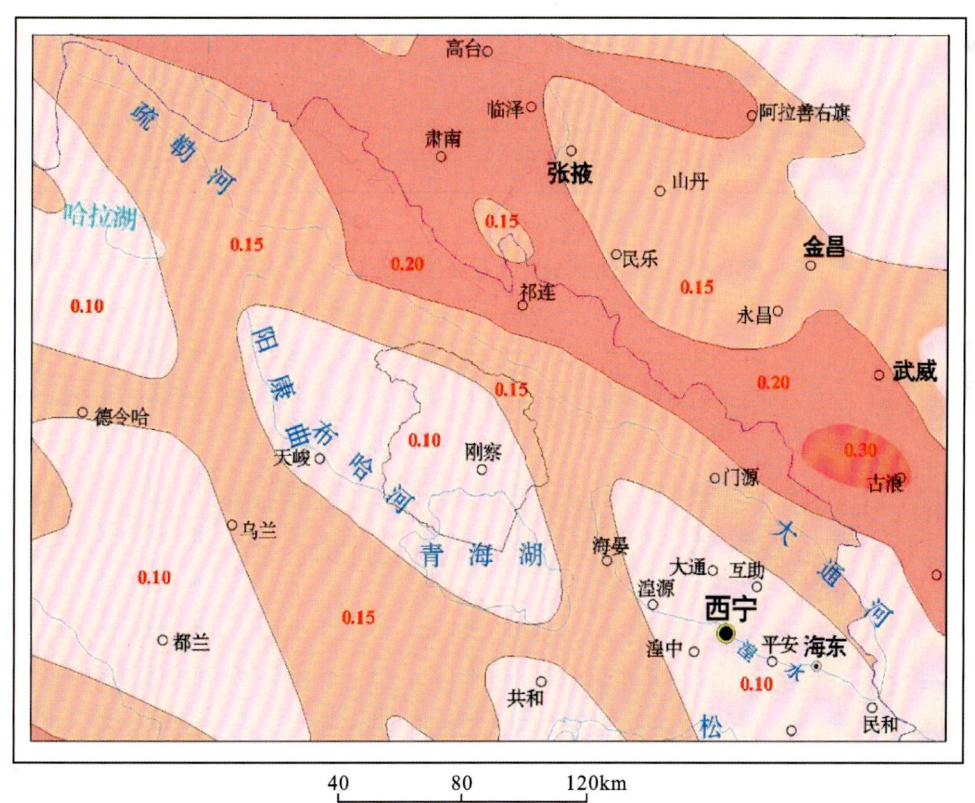

图2.5　海北州地震动峰值加速度图

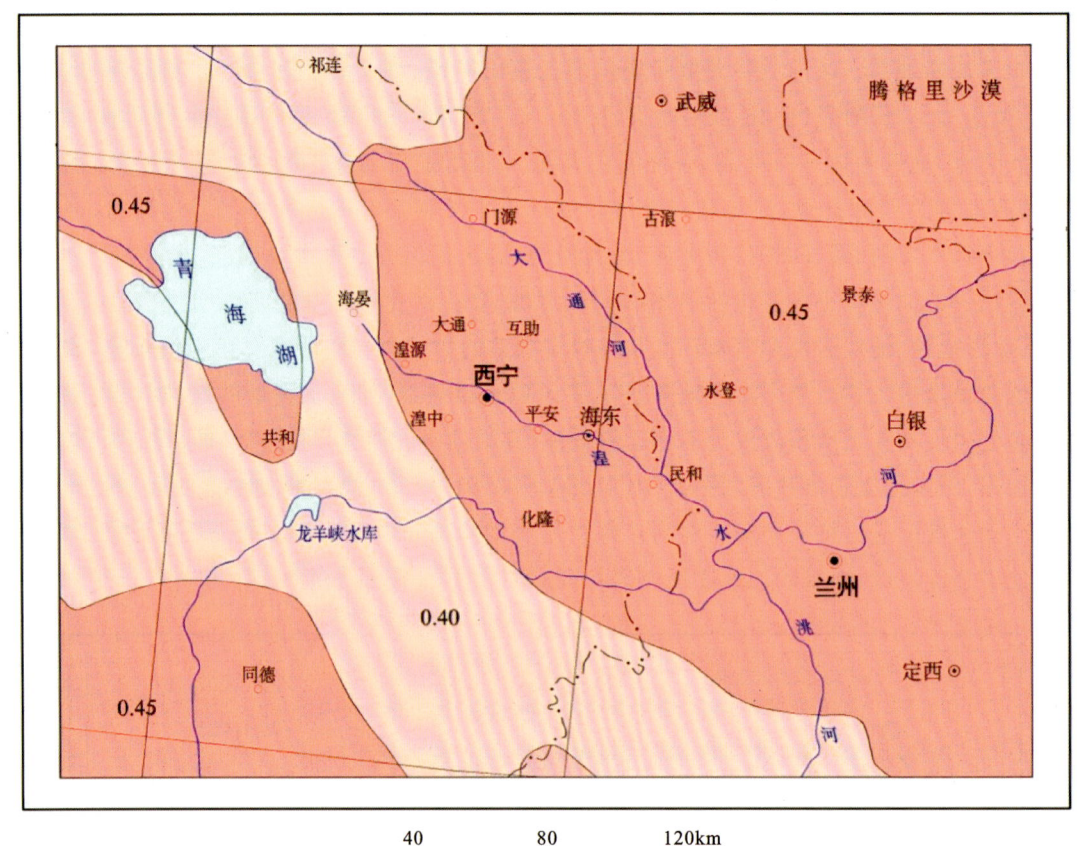

图 2.6 海北州地震动反应谱特征周期区划图

第六节 水文地质条件

海北州地下水资源量为 24.91 亿 m^3,主要分布在大通河谷、青海湖北岸的山前平原和湟水干流谷地,主要由大气降水、地表径流的渗漏和山丘的侧渗,田间回归水补给。各地区气候(降水和蒸发)、地形地貌、植被、覆盖、岩层性状和地质结构不同,地下水以多种形式运动和储存,并与地表水相互转化,使得地下水的分布、储量、水质、埋深及开发条件等有很大差别。根据地下水的赋存条件、水理性质和水动力特征,将区内地下水划分为冻结层地下水、基岩裂隙水、碎屑岩类裂隙孔隙水和松散岩类孔隙水。

1. 地下水的类型及基本特征

1)冻结层地下水

冻结层地下水可分为冻结层上水及冻结层下水,分布于海拔 3800m 以上的中高山地带,补给来源为降水和冰雪消融水。冻结层上水可分为冻结层上松散岩类孔隙水和冻结层上基岩裂隙水。冻结层上松散岩类孔隙水主要分布于现代冰川前缘、古冰斗及冰槽谷坡地段,含水层岩性多为冰碛、坡积的含泥砂碎块石,单泉流量 0.5~1.0L/s,最大可达 7.0L/s。冻结层上基岩裂隙水单泉流量一般在 1～3L/s 之间，最大可达 50L/s，矿化度为 0.1～0.5g/L，属 HCO_3-Ca 或 HCO_3-Ca-Mg 型水。冻结层下水含水层均为基岩，其补给、径流、排泄与局部融区的关系密切。

2）基岩裂隙水

基岩裂隙水主要赋存在前中生代沉积变质岩、侵入岩的风化裂隙和构造的裂隙中。基岩裂隙水主要分布在祁连山地，按岩石结构分为层状岩类裂隙水和块状岩类裂隙水。其中，层状岩类裂隙水多数为潜水，富水程度从中等到贫乏。块状岩类裂隙水主要分布在祁连山区各种岩浆岩和深变质岩的裂隙中。由于各地风化壳厚度、裂隙发育程度以及补给条件有所不同，富水程度也各不相同。补给来源主要为大气降水补给，其次有少量的冻结层上水补给，含水岩组为三叠系及元古界、古生界变质岩、侵入岩，富水性极不均匀。含水层以碎屑岩及变质岩类为主，单泉流量一般小于 1.0L/s。走廊南山北坡奥陶系、志留系中，单泉流量 1～3L/s，个别地段向斜轴部单泉流量大于 3L/s，矿化度小于 0.5g/L，属 HCO_3-Ca-Mg 或 SO_4-HCO_3-Ca 型水。三叠系砂岩、前寒武系片岩中，亦有弱承压水，单位涌水量为 0.013～0.026m^3/d，矿化度小于 1.0g/L，属 HCO_3-Ca-Na 或 SO_4-HCO_3-Ca 型水。花岗岩类风化裂隙潜水，单泉流量一般大于 1.0L/s。据钻孔揭露，风化层厚度为 55m，涌水量 294m^3/d，矿化度 0.12～0.44g/L，属 HCO_3-Ca 或 HCO_3-Ca-Mg 型水。区内断裂构造发育，破裂带脉状水一般构成了富水带。泉流量一般 1～3L/s，最大者达 119L/s。水质较好，矿化度小于 0.5g/L，属 HCO_3-Ca-Mg 或 HCO_3-Mg-Ca 型水。

3）碎屑岩类裂隙孔隙水

碎屑岩类裂隙孔隙水分布于大型河谷两侧低山丘陵地带，含水层岩性主要为新近系、古近系、白垩系以及侏罗系的砂岩、砂砾岩、砾岩。补给来源主要为山区地表水、基岩裂隙水的侧向补给，丘陵区局部地段有风化裂隙水，下部为承压水，但富水性较弱。上部潜水单泉流量小于 1.0L/s，矿化度多小于 1.0g/L，属 SO_4-Ca-Mg 或 HCO_3-Ca-Mg 型水。下部承压水，祁连附近单井涌水量 254m^3/d，矿化度小于 1.0g/L，属 HCO_3-Na-Ca-Mg 或 HCO_3-Ca-Mg 型水。

4）松散岩类孔隙水

松散岩类孔隙水主要呈带状分布于大通河、布哈河、哈尔盖河、黑河、八宝河等较大的河谷区以及青海湖北侧山前冲洪积平原、湖积平原。地域不同，地下水富水性也不同，与地表水转化关系密切，按地貌部位含水层岩性与结构补给条件可分为：河（沟）谷砂砾卵石层潜水、山前平原冰碛冰水泥质砂砾卵石层潜水。前者富水性较好，单孔涌水量大于 1000m^3/d；后者富水性中等，单孔涌水量 100～1000m^3/d，局部地段因基底隆起则透水不含水。

刚察、海晏河谷地区水资源资料较完整，但山丘地区缺乏水资源资料。刚察地区的中西部地下水埋深由南向北一般为 5～10m，东部的哈尔盖河下游冲积、洪积平原由南向北埋深为 5～40m，最深不超过 50m。哈尔盖河平原区单井出水量 200～7500m^3/d，沙柳河平原区单井出水量 630～5400m^3/d，乌哈阿兰河平原区单井出水量 130～856m^3/d，哈达滩出水量 10～50m^3/d，吉尔孟河平原区单井出水量 100～1000m^3/d。

海晏地区滩盆地及河谷区是地下水的富集区。西至哈尔盖河，东至尕海的甘子河地区地下水埋深自乡所在地的48.44m向青海湖方向递减至3.09m。该区地下水位年变幅1.0m,单井抽降50m时,出水量可达264～7700m³/d。尕海以东山前平原和湟水河谷阶地为中等储水条件,潜水埋深30～60m,单井出水量100～1000m³/d。

2. 地下水补给、径流、排泄条件

区内地下水的补、径、排条件主要受气候、地形地貌、地质构造等因素控制。基岩山区因海拔高,降水充沛,加之岩石风化强烈,节理裂隙发育,植被覆盖率较高,有利于大气降水的入渗,转变成地下水后,沿构造断裂、裂隙运移,最终以泉的形式排泄于冲沟中,形成地表水或以暗流形式补给丘陵区碎屑岩类孔隙裂隙水。

丘陵区沟谷发育,地形切割强烈、支离破碎,地下水主要接受基岩裂隙水的侧向补给及少量大气降水的入渗补给,而大气降水则形成地表径流沿沟谷向河谷平原区排泄,地下水一部分以沟间分水岭为界,向两侧冲沟中流泄,一部分则顺坡向低处的河谷平原区排泄。

山前平原和盆地的地下水以径流为主,是径流区。该区地下水类型主要为松散岩类孔隙水和冻结层上水,接受大气降水和季节融冰水的补给,以上层滞水的形式在季节融冻的亚砂土和泥质砂砾石含水层中经过缓慢的径流,在地形低洼处汇集注入地表水体,部分又消耗于蒸发。地下水的循环形式既有水平方向的径流,又有垂直方向的交替,形成了松散岩类冻结层上水独特的补、径、排条件。

松散岩类地下水,除接受地下径流的侧向补给,河流、渠道及农田灌溉水的入渗补给外,局部还接受大气降水入渗补给。沿河谷形成独立的径、排过程,河谷潜水与河水相互转化关系密切。

第七节 人类工程活动

随着人口持续增长和社会经济、科学技术生产力的快速发展,人类工程活动显示出强大的威力,对大自然的作用能力迅速增强,人类工程经济活动已经成为一种重要的、不可忽视的外动力作用,成为地质环境变化和诱发地质灾害的巨大驱动力。目前地质灾害的发生种类、发生频次及危害都呈现明显增长的趋势,且单纯由自然因素引起的地质灾害越来越少见,越来越多的地质灾害都与人类活动有关。据统计,近年来与人类工程活动有关的滑坡占滑坡总数的70%,与人类工程活动有关的崩塌占崩塌总数的90%以上,人类工程活动已成为触发地质灾害的主要因素之一。调查区人类活动概括起来主要包括以下几个方面。

1. 随意削坡取土,人工开挖坡脚

由于区内耕地稀少,当地农民有依山削坡取土、建房的习惯,人为改变了斜坡的坡度、结构和应力状态,破坏了岩土体的整体性,人为创造了临空面,为崩塌、滑坡的发生提供了地形条件。

2. 基础设施建设的工程活动

近几年,基础设施建设步伐加快,路网也逐渐完善,海北州内主要道路为青藏铁路、G315、

G227、S301、S304、S209及茶默公路等。这些道路部分里程分布于基岩山区,受地形控制,道路沿线切坡段多,坡体开挖规模大,开挖形成的高陡边坡众多,缺乏坡脚或坡体支护设施,后期流水作用、风化作用、冻胀作用加剧改变了原岩(土)结构,破坏了原岩(土)体的整体性,为地质灾害发生埋下了安全隐患。同时多数公路涵洞过水断面设计过小,导致原有河道不畅通,容易引发泥石流。

3. 矿产资源开发

据本次调查,海北州矿产资源丰富,开采方式主要为露天开采,带来了一系列环境地质问题:一是矿帮失稳引发崩塌和滑坡;二是开挖破坏改变了原有的地形地貌,破坏了生态环境,极易引发地质灾害;三是渣土随便堆放,挤占自然沟道,形成不稳定斜坡,为泥石流的形成提供了物源。

总体上说,人类工程活动对地质环境产生的影响主要表现为改变了地质环境原有的特征,加快了地质环境演化速率,改变了地质环境演化方式和演化轨迹。因此,人类在从事工程活动的过程中必须主动协调与自然的关系,避免由于盲目设计、盲目施工所带来的损失,合理开发、利用和保护环境,加强科学规划和管理,实现可持续发展。

第八节 社会经济概况

2021年全年全州地区生产总值100.4亿元,按可比价格计算,同比增长3.2%,两年平均增长1.8%。分产业看,第一产业增加值30.31亿元,增长4.4%;第二产业增加值16.79亿元,下降1.2%;第三产业增加值53.3亿元,增长3.8%。三次产业比为30.2∶16.7∶53.1。人均地区生产总值34 013元(按户籍人口测算),比上年增长3.2%。

全年全州完成固定资产投资额43.24亿元,比上年增长7.2%。分产业看,第一产业投资额2.95亿元,增长17.1%;第二产业投资额10.59亿元,增长19.3%;第三产业投资额29.7亿元,增长2.6%,三次产业投资比由同期的6.2∶22∶71.8调整为6.8∶24.5∶68.7。分项目看,500万元以上项目421个,完成项目投资40.84亿元,比上年增长10.3%,其中亿元以上投资项目29个,完成投资18.81亿元,增长35.3%。民间投资累计完成7.34亿元,比上年下降9%。建筑、安装工程完成投资33.56亿元,比上年增长4.7%。

2021年,全州实现财政总收入8.51亿元,比上年下降17%。其中,地方公共财政预算收入6.46亿元,比上年增长19.5%,地方公共财政预算收入中税收收入4.33亿元,增长9.5%(其中,增值税1.86亿元,增长1.9%,个人所得税0.24亿元,增长61.4%,资源税0.49亿元,增长57.7%);非税收入2.13亿元,增长46.8%。地方公共财政预算支出67.52亿元,同比下降28%。其中:教育支出9.86亿元,下降8.8%;文体旅游支出2.62亿元,下降22.4%;社会保障和就业支出14.61亿元,增长3.4%;卫生健康支出6.21亿元,下降34.4%;节能环保支出2.46亿元,下降60.1%;农林水事务支出12.49亿元,下降34.9%;住房保障支出3.69亿元,下降31%。以上民生类支出占地方一般预算支出的比重由上年同期的73%调整至76.9%,占比提高3.9%。

全年全体居民人均可支配收入23 735元,比上年增加2036元,增长9.4%。城镇常住居民人均可支配收入37 827元,增加2340元,增长6.6%;农村常住居民人均可支配收入16 351元,增加1509元,增长10.2%,城乡居民人均收入比(以农村居民人均收入为1)由上年的2.39∶1缩小为2.31∶1。全年全州全体居民人均生活消费支出15 942元,比上年增加2018元,增长14.5%,恩格尔系数为31.2%。城镇常住居民人均生活消费支出21 467元,增长10%,恩格尔系数为30.1%;农村常住居民人均生活消费支出13 048元,增长17.1%,恩格尔系数为32.2%。

第三章 地质灾害发育特征与分布规律

第一节 地质灾害类型

一、滑坡

1. 海北州滑坡

1) 海北州灾害隐患占比情况

根据祁连县、门源县、刚察县、海晏县地质灾害风险调查评价成果,海北州内主要发育滑坡(潜在滑坡)、崩塌(潜在崩塌)和泥石流3种灾害类型。最终查明全州共发育821处地质灾害及隐患点(表3.1)。其中,滑坡(含潜在滑坡)206处,占总数的25.09%;崩塌(含潜在崩塌)318处,占总数的38.73%;泥石流297处,占总数的36.18%。在821处地质灾害及隐患点中,威胁人的隐患点279处,其中滑坡(含潜在滑坡)57处,崩塌(含潜在崩塌)93处,泥石流129处;威胁公路交通设施、水利水电设施、铁路交通设施、农业等的灾害点542处,其中滑坡(含潜在滑坡)149处,崩塌(含潜在崩塌)225处,泥石流168处。

表3.1 地质灾害发育类型及数量表

类型	数量/处	比例/%
滑坡(含潜在滑坡)	206	25.09
崩塌(含潜在崩塌)	318	38.73
泥石流	297	36.18
合计	821	100.00

2) 海北州滑坡灾害类型划分

滑坡(潜在滑坡)灾害为区内较常见发育的地质灾害类型,具有分布面广、数量大、活动性强、破坏大的特点。调查确定海北州有滑坡(潜在滑坡)灾害点206处,占海北州地质灾害总数的25.09%。结合实际情况,根据滑体物质组成、滑坡厚度、运动形式、诱发因素、稳定程度、形成年代和滑坡体积,将滑坡划分为如表3.2所示的几种类型。

表 3.2 海北州滑坡分类表

划分依据	基本类型		数量/处	占比/%
	名称	指标		
滑体物质组成	土质滑坡	发生在冲积、洪积、坡积、崩积、残积等松散层中的滑坡	122	59.22
	岩质滑坡	发生在基岩中的滑坡	84	40.78
滑坡厚度	浅层滑坡	滑坡体厚度 $H \leqslant 10m$	187	90.78
	中层滑坡	滑坡体厚度 $10 < H \leqslant 25m$	16	7.76
	深层滑坡	滑坡体厚度 $25 < H \leqslant 50m$	3	1.46
运动形式	推移式滑坡	始滑部位位于滑坡后缘，主要动力来自滑坡后部的加载	65	31.55
	牵引式滑坡	始滑部位位于滑坡前缘，主要原因是坡脚受河流冲刷或者人工开挖	107	51.94
	混合式滑坡	始滑部位前后缘结合，共同作用	34	16.51
诱发因素	工程滑坡	由施工开挖、建筑物加载和水库蓄水等工程活动引起的滑坡	146	70.87
	自然滑坡	以自然因素为主	60	29.13
稳定程度	稳定滑坡	无活动特征	2	0.97
	基本稳定滑坡	有轻微活动特征	59	28.64
	不稳定滑坡	有明显活动特征	145	70.39
形成年代	新滑坡	全新世以来、有历史记载或滑坡形迹清晰	187	90.78
	老滑坡	晚更新世以来、无历史记载滑坡形迹不清晰	18	8.74
	古滑坡	晚更新世以前发生	1	0.48
滑坡体积	小型滑坡	$\leqslant 10 \times 10^4 m^3$	139	67.48
	中型滑坡	$(10 \sim 100) \times 10^4 m^3$	53	25.72
	大型滑坡	$(100 \sim 1000) \times 10^4 m^3$	14	6.80
	特大型滑坡	$>1000 \times 10^4 m^3$	0	0

2. 刚察县滑坡

1）刚察县灾害隐患占比情况

根据2017年青海省有色地质矿产勘查局八队收集的《青海省海北藏族自治州刚察县1∶5万地质灾害详细调查报告》,青海工程勘察院有限公司于2020年11月提交的青海省海北州刚察县《2020年度地质灾害隐患排查及全省地质灾害隐患核查报告》,调查区内现共发育有210处地质灾害及隐患点,其中泥石流88处,占总数的41.90%;崩塌(潜在崩塌)72处,占总数的34.29%;滑坡(潜在滑坡)50处,占总数的23.81%(表3.3)。210处地质灾害点中,存在隐患点12处(潜在崩塌2处,潜在滑坡1处,泥石流9处);威胁公路交通设施、铁路交通设施、草场、矿山等的灾害点198处(滑坡4处,潜在滑坡45处,崩塌9处,潜在崩塌61处,泥石流79处)。

表3.3 地质灾害发育类型及数量表

类型	数量/处	比例/%
滑坡(含潜在滑坡)	50	23.81
崩塌(含潜在崩塌)	72	34.29
泥石流	88	41.90
合计	210	100

2)刚察县滑坡灾害类型划分

滑坡(潜在滑坡)灾害为区内较常见、发育的地质灾害类型,具有分布面广、数量大、活动性强、破坏大的特点。调查确定刚察县有滑坡(潜在滑坡)灾害点50处,占刚察县地质灾害总数的23.81%。结合调查,刚察县滑坡分类如表3.4所示。

表3.4 刚察县滑坡分类表

划分依据	基本类型		数量/处	占比/%
	名称	指标		
滑体物质组成	土质滑坡	发生在冲积、洪积、坡积、崩积、残积等松散层中的滑坡	13	26.0
	岩质滑坡	发生在基岩中的滑坡	37	74.0
滑坡厚度	浅层滑坡	滑坡体厚度 $H \leqslant 10m$	50	100.0
	中层滑坡	滑坡体厚度 $10 < H \leqslant 25m$	0	0.0
	深层滑坡	滑坡体厚度 $25 < H \leqslant 50m$	0	0.0
运动形式	推移式滑坡	始滑部位位于滑坡后缘,主要动力来自滑坡后部的加载	34	68.0
	牵引式滑坡	始滑部位位于滑坡前缘,主要原因是坡脚受河流冲刷或者人工开挖	15	30.0
	混合式滑坡	始滑部位前后缘结合,共同作用	1	2.0
诱发因素	工程滑坡	由施工开挖、建筑物加载和水库蓄水等工程活动引起的滑坡	48	96.0
	自然滑坡	以自然因素为主	2	4.0

续表3.4

划分依据	基本类型		数量/处	占比/%
	名称	指标		
稳定程度	稳定滑坡	无活动特征	0	0
	基本稳定滑坡	有轻微活动特征	6	12.0
	不稳定滑坡	有明显活动特征	44	88.0
形成年代	新滑坡	全新世以来、有历史记载或滑坡形迹清晰	49	98.0
	老滑坡	晚更新世以来、无历史记载滑坡形迹不清晰	1	2.0
	古滑坡	晚更新世以前发生	0	0.0
滑坡体积	小型滑坡	$<10\times10^4\mathrm{m}^3$	34	68.0
	中型滑坡	$(10\sim100)\times10^4\mathrm{m}^3$	11	22.0
	大型滑坡	$(100\sim1000)\times10^4\mathrm{m}^3$	5	10.0
	特大型滑坡	$(1000\sim10\,000)\times10^4\mathrm{m}^3$	0	0.0
	巨型滑坡	$\geqslant10\,000\times10^4\mathrm{m}^3$	0	0.0

3. 门源县滑坡

1)门源县灾害隐患占比情况

工作区内共发育有257处地质灾害及隐患点,其中滑坡(潜在滑坡)58处,占总数的22.57%;崩塌(潜在崩塌)89处,占总数的34.63%;泥石流110处,占总数的42.80%(表3.5)。257处地质灾害点中,威胁人的隐患点182处(滑坡16处,潜在滑坡21处,崩塌13处,潜在崩塌53处,泥石流79处);威胁公路交通设施、水利水电设施、铁路交通设施、农业等的灾害点75处(滑坡9处,潜在滑坡12处,崩塌4处,潜在崩塌19处,泥石流31处)。门源县地质灾害分布如图3.1所示。

表3.5 地质灾害发育类型及数量表

类型	数量/处	比例/%
滑坡(潜在滑坡)	58	22.57
崩塌(潜在崩塌)	89	34.63
泥石流	110	42.80
合计	257	100

第三章 地质灾害发育特征与分布规律

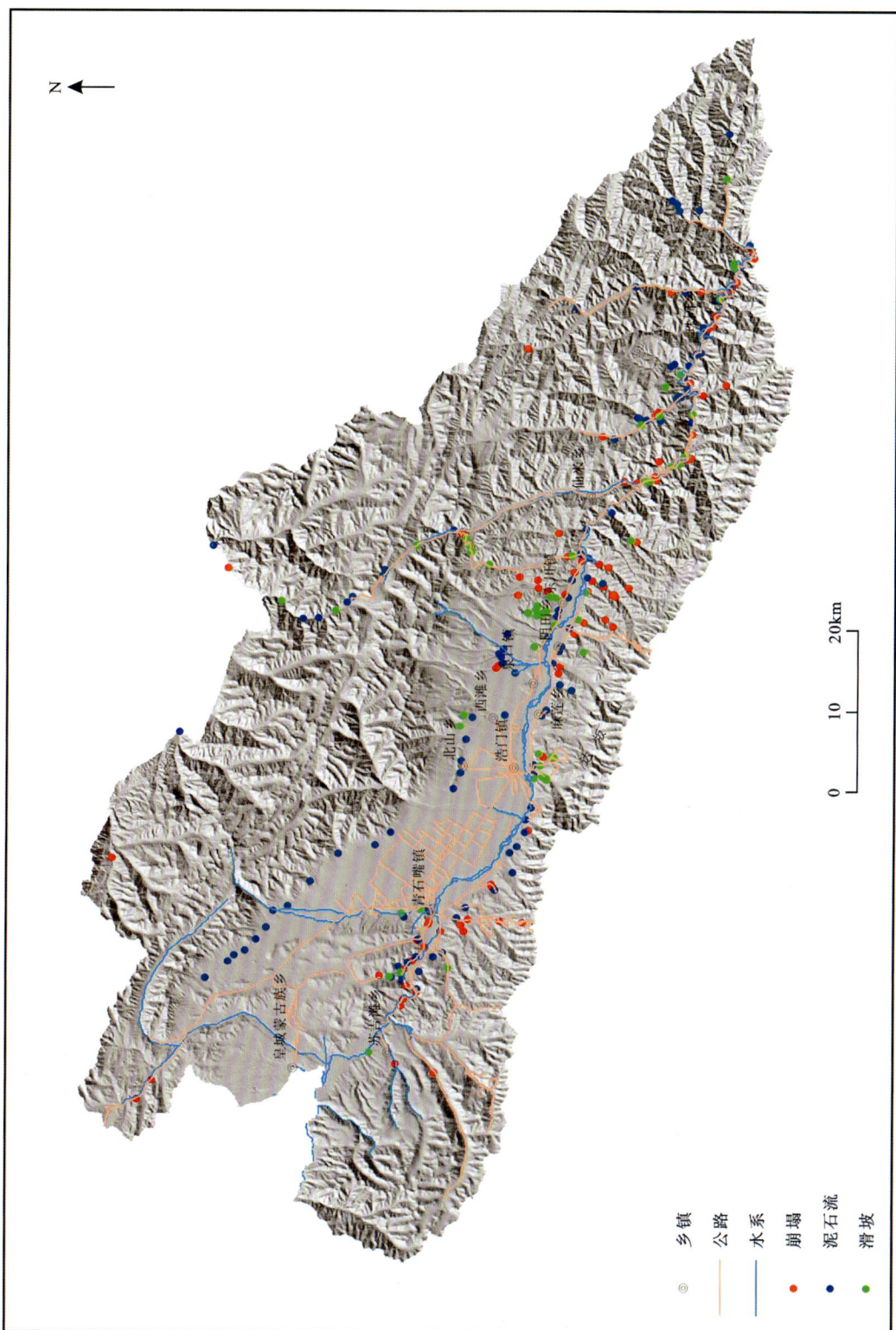

图3.1 门源县地质灾害分布示意图

2)门源县滑坡灾害类型划分

从表3.6中可知,门源县境内滑坡按照物质组成划分,可分为土质滑坡和岩质滑坡,其中土质滑坡50处,占滑坡总数的86.2%,岩质滑坡8处,占总数的13.8%;按照滑坡厚度划分,浅层滑坡($H\leqslant10m$)57处,占总数的98.26%,中层滑坡($10<H\leqslant25m$)1处,占总数的1.74%;按滑坡体积划分,小型滑坡41处,占总数的70.69%,中型滑坡16处,占总数的27.57%,大型滑坡1处,占总数的1.72%,可见区内的斜坡变形以浅层变形为主;按滑坡的运动形式划分,其中牵引式滑坡55处,占总数的94.82%,推移式滑坡2处,占总数的3.44%,复合式滑坡1处,占总数的1.72%;按诱发因素划分,其中以人类工程活动诱发的滑坡为48处,占总数的82.76%,以自然因素诱发的滑坡10处,占总数的17.24%。综上可以看出,门源县的滑坡以土质滑坡为主,物质组成主要为碎石土类,滑坡规模较小,滑坡运动形式单一,主要以牵引式为主,以人类工程活动开挖坡脚导致斜坡变形的占比较大。

表3.6 门源县滑坡分类表

划分依据	基本类型		数量/处	占比/%
	名称	指标		
滑体物质组成	土质滑坡	发生在冲积、洪积、坡积、崩积、残积等松散层中的滑坡	50	86.20
	岩质滑坡	发生在基岩中的滑坡	8	13.80
滑坡厚度	浅层滑坡	滑坡体厚度 $H\leqslant10m$	57	98.26
	中层滑坡	滑坡体厚度 $10<H\leqslant25m$	1	1.74
	深层滑坡	滑坡体厚度 $25<H\leqslant50m$	0	0
运动形式	推移式滑坡	始滑部位位于滑坡后缘,主要动力来自滑坡后部的加载	2	3.44
	牵引式滑坡	始滑部位位于滑坡前缘,主要原因是坡脚受河流冲刷或者人工开挖	55	94.82
	混合式滑坡	始滑部位前后缘结合,共同作用	1	1.72
诱发因素	工程滑坡	由施工开挖、建筑物加载和水库蓄水等工程活动引起的滑坡	48	82.76
	自然滑坡	以自然因素为主	10	17.24

续表 3.6

划分依据	基本类型		数量/处	占比/%
	名称	指标		
稳定程度	稳定滑坡	无活动特征	1	1.72
	基本稳定滑坡	有轻微活动特征	21	36.20
	不稳定滑坡	有明显活动特征	36	62.06
形成年代	新滑坡	全新世以来、有历史记载或滑坡形迹清晰	53	91.38
	老滑坡	晚更新世以来、无历史记载滑坡形迹不清晰	4	6.90
	古滑坡	晚更新世以前发生	1	1.72
滑坡体积	小型滑坡	$\leq 10\times10^4 m^3$	41	70.69
	中型滑坡	$(10\sim100)\times10^4 m^3$	16	27.57
	大型滑坡	$(100\sim1000)\times10^4 m^3$	1	1.72
	特大型滑坡	$>1000\times10^4 m^3$	0	0

4. 海晏县滑坡

1) 海晏县灾害隐患占比情况

调查区内共发育有181处地质灾害及隐患点,其中滑坡(潜在滑坡)48处,占总数的26.52%;崩塌(潜在崩塌)81处,占总数的44.75%;泥石流52处,占总数的28.73%(表3.7)。根据青海省台账,181处地质灾害点中,地质灾害隐患点27处,包含4处滑坡(含潜在滑坡)隐患点,5处崩塌(含潜在崩塌)隐患点,18处泥石流隐患点;威胁公路交通设施、水利水电设施、铁路交通设施、农业等的灾害点154处[滑坡(含潜在滑坡)44处,崩塌(含潜在崩塌)76处,泥石流34处]。

表 3.7 地质灾害发育类型及数量表

类型	数量/处	比例/%
滑坡(含潜在滑坡)	48	26.52
崩塌(含潜在崩塌)	81	44.75
泥石流	52	28.73
合计	181	100

2)海晏县滑坡灾害类型划分

调查确定海晏县有滑坡(潜在滑坡)灾害及隐患点48处,占地质灾害总数的26.52%。结合调查,海晏县滑坡分类如表3.8所示。

表3.8 海晏县滑坡分类表

划分依据	基本类型		数量/处	占比/%
	名称	指标		
滑体物质组成	土质滑坡	发生在冲积、洪积、坡积、崩积、残积等松散层中的滑坡	18	37.50
	岩质滑坡	发生在基岩中的滑坡	30	62.50
滑坡厚度	浅层滑坡	滑坡体厚度 $H \leqslant 10m$	40	83.33
	中层滑坡	滑坡体厚度 $10 < H \leqslant 25m$	7	14.58
	深层滑坡	滑坡体厚度 $25 < H \leqslant 50m$	1	2.05
运动形式	推移式滑坡	始滑部位位于滑坡后缘,主要动力来自滑坡后部的加载	10	20.83
	牵引式滑坡	始滑部位位于滑坡前缘,主要原因是坡脚受河流冲刷或人工开挖	9	18.75
	混合式滑坡	始滑部位前后缘结合,共同作用	29	60.42
诱发因素	工程滑坡	由施工开挖、建筑物加载和水库蓄水等工程活动引起的滑坡	24	50.0
	自然滑坡	以自然因素为主	24	50.0
稳定程度	稳定滑坡	无活动特征	1	2.08
	基本稳定滑坡	有轻微活动特征	18	37.50
	不稳定滑坡	有明显活动特征	29	60.42
形成年代	新滑坡	全新世以来、有历史记载或滑坡形迹清晰	35	72.92
	老滑坡	晚更新世以来、无历史记载滑坡形迹不清晰	13	31.25
	古滑坡	晚更新世以前发生	0	0
滑坡体积	小型滑坡	$\leqslant 10 \times 10^4 m^3$	36	75.00
	中型滑坡	$(10 \sim 100) \times 10^4 m^3$	10	20.83
	大型滑坡	$(100 \sim 1000) \times 10^4 m^3$	2	4.17
	特大型滑坡	$> 1000 \times 10^4 m^3$	0	0

(1)按物质组成划分。

本次调查的 48 个滑坡中,有 18 个土质滑坡,占总数的 37.50%;30 个岩质滑坡,占总数的 62.50%。图 3.2 为岩质滑坡,图 3.3 为土质滑坡。岩质滑坡坡度及相对高差均较大,岩质滑坡滑动面通常由岩层软弱接触面发育而来,包含岩土分界面、不同风化程度分界面等。土质滑坡滑动面通常为圆弧形,当一定厚度土体形成的下滑力大于该部分土体与斜坡接触面的抗滑力时,易发生滑移破坏。

图 3.2　岩质滑坡(HY-008)　　　　　图 3.3　土质滑坡(HY-026)

(2)按滑坡体积划分。

本次调查根据滑坡体积将滑坡划分为小型、中型、大型 3 类,其中小型滑坡最多,共 36 处,占滑坡总数的 75%;其次为中型滑坡,共 10 个,占滑坡总数的 20.83%;大型为 2 个,占滑坡总数的 4.17%。图 3.4 为小型滑坡,图 3.5 为中型滑坡,图 3.6 为大型滑坡。

图 3.4　小型滑坡(HY-092)　　图 3.5　中型滑坡(HY-001)　　图 3.6　大型滑坡(HY-103)

(3)按滑坡厚度划分。

本次调查中,浅层滑坡有 40 个,占滑坡总数的 83.33%;中层滑坡有 7 个,占滑坡总数的 14.58%;深层滑坡 1 个,占滑坡总数的 2.05%。图 3.7 为浅层滑坡,该类滑坡滑动面通常为岩土分界面,斜坡表层土质覆盖层在降水、重力等长期外地质作用下发生滑动,滑动面通常为直线。图 3.8 为中层滑坡,滑坡体厚度介于 10～25m 之间。图 3.9 为深层滑坡,根据滑坡后缘张拉裂缝与前缘的距离推测滑体的厚度。

(4)按运动形式划分。

本次调查中,推移式滑坡有 10 个,占滑坡总数的 20.83%;牵引式滑坡有 9 个,占滑坡总

图 3.7　浅层滑坡(HY-169)　　图 3.8　中层滑坡(HY-146)　　图 3.9　深层滑坡(HY-103)

数的 18.75%;混合式滑坡有 29 个,占滑坡总数的 60.42%。图 3.10 为推移式滑坡,该类滑坡一般由于上部岩层滑动挤压下部产生变形,滑动速度较快,滑体表面波状起伏,多见于有堆积物分布的斜坡地段,多发生在坡度较缓或近水平层状体斜坡的滑移-压致拉裂或塑流-拉裂变形体中,具有间歇裂隙充水和承压型水动力特征。图 3.11 为牵引式滑坡,该类滑坡下部先发生滑动,使上部岩土体失去支撑而变形滑动,目前,该类滑坡多为切坡形成临空面使得斜坡自下至上发生滑动,犹如火车头牵引一样。图 3.12 为混合式滑坡,可分为先牵引后推移和先推移后牵引两种。

图 3.10　推移式滑坡(HY-080)　　图 3.11　牵引式滑坡(HY-019)　　图 3.12　混合式滑坡(HY-096)

(5)按诱发因素划分。

本次调查中自然滑坡有 24 个,占滑坡总数的 50%,图 3.13 为自然滑坡,是暴雨、洪水、地震等自然动力作用引发的滑坡;工程滑坡有 24 个,占滑坡总数的 50%,图 3.14 为工程滑坡,是因切坡形成临空面,坡体卸荷变形,在水作用的推动下发生的滑移。

图 3.13　自然滑坡(XZ2018501)　　图 3.14　工程滑坡(HY-147)

5. 祁连县滑坡

1)祁连县灾害隐患占比情况

本次地质灾害风险调查地质灾害隐患点数据来源主要为《青海省祁连县大通河流域地质灾害调查报告》《2020年度地质灾害隐患排查及全省地质灾害隐患核查报告(海北州片区祁连县)》、2022年祁连县自然资源局台账,本次风险调查没有新增地质灾害点(表3.9)。

表3.9 地质灾害点数据来源统计一览表

序号	地质灾害类型	详查	台账	隐患排查核查	本次新增	最终统计	较详查变化
1	滑坡	30	36	36	0	36	+6
2	崩塌	13	14	14	0	14	+1
3	泥石流	47	47	47	0	47	+0
4	潜在滑坡、崩塌（不稳定斜坡）	74	76	76	0	76	+2
5	地面塌陷	1	0	0	0	0	-1
	合计	165	173	173	0	173	+8

调查区内共发育有173处地质灾害及隐患点(表3.10),其中滑坡(潜在滑坡)50处,占滑坡总数的28.90%;崩塌(潜在崩塌)76处,占崩塌总数的43.93%;泥石流47处,占泥石流总数的27.17%。173处地质灾害点中,威胁人的隐患点58处(滑坡11处,潜在滑坡4处,崩塌4处,潜在崩塌16处,泥石流23处);威胁公路交通设施、水利水电设施、铁路交通设施、农业等的灾害点115处(滑坡25处,潜在滑坡10处,崩塌11处,潜在崩塌45处,泥石流24处)。祁连县地质灾害分布如图3.15所示。

表3.10 地质灾害发育类型及数量表

类型	数量/处	比例/%
滑坡(含潜在滑坡)	50	28.90
崩塌(含潜在崩塌)	76	43.93
泥石流	47	27.17
合计	173	100

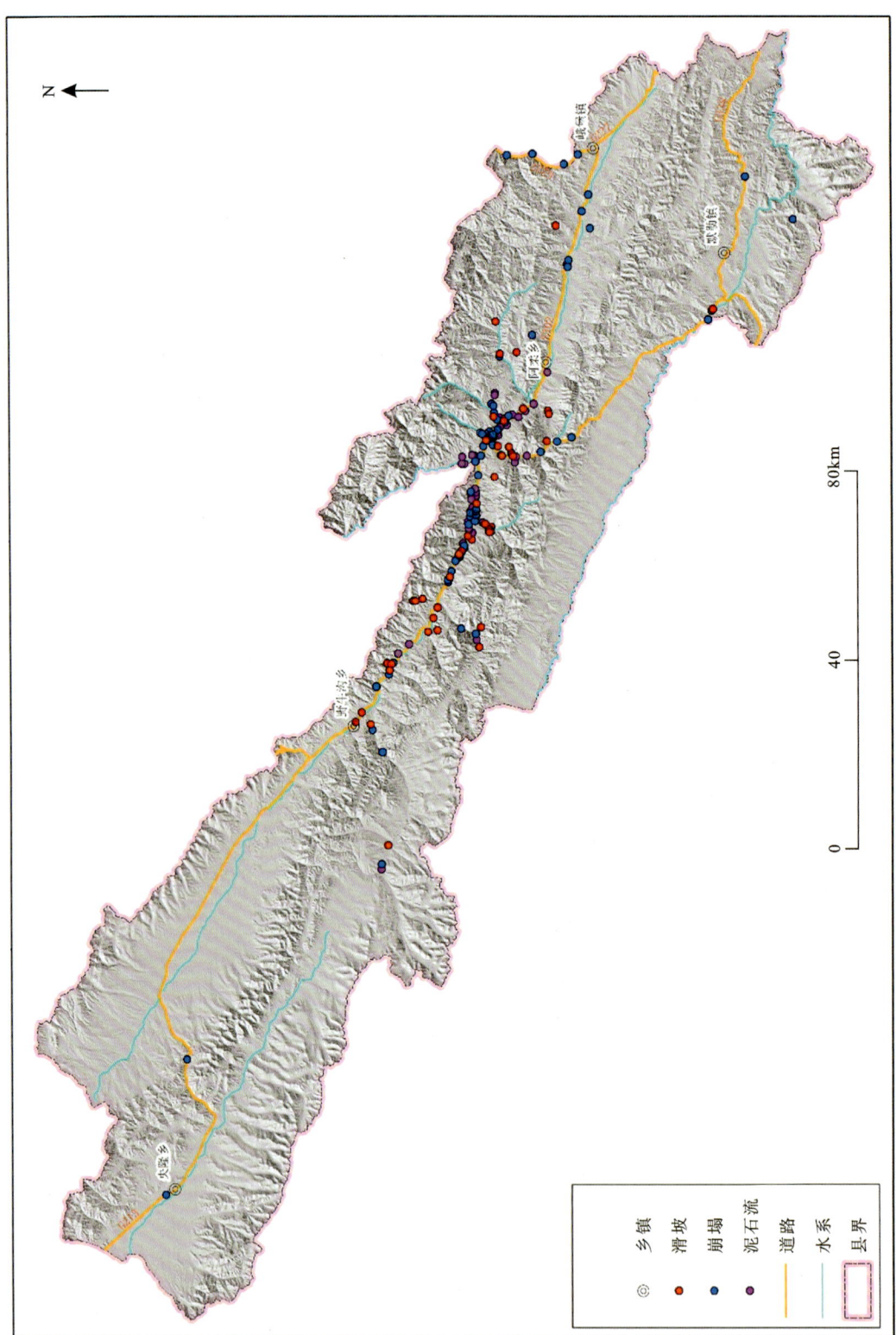

图3.15 祁连县地质灾害分布图

2)祁连县滑坡灾害

调查确定祁连县有滑坡(潜在滑坡)灾害点50处,其中滑坡37处,潜在滑坡13处,占地质灾害总数的28.90%。结合调查,祁连县滑坡分类如表3.11所示。

表 3.11 祁连县滑坡分类表

划分依据	基本类型		数量/处	占比/%
	名称	指标		
滑体物质组成	土质滑坡	发生在冲积、洪积、坡积、崩积、残积等松散层中的滑坡	41	82.0
	岩质滑坡	发生在基岩中的滑坡	9	18.0
滑坡厚度	浅层滑坡	滑坡体厚度 $H \leqslant 10\mathrm{m}$	40	80.0
	中层滑坡	滑坡体厚度 $10 < H \leqslant 25\mathrm{m}$	8	16.0
	深层滑坡	滑坡体厚度 $25 < H \leqslant 50\mathrm{m}$	2	4.0
运动形式	推移式滑坡	始滑部位位于滑坡后缘,主要动力来自滑坡后部的加载	19	38.0
	牵引式滑坡	始滑部位位于滑坡前缘,主要原因是坡脚受河流冲刷或者人工开挖	28	56.0
	混合式滑坡	始滑部位前后缘结合,共同作用	3	6.0
诱发因素	工程滑坡	由施工开挖、建筑物加载和水库蓄水等工程活动引起的滑坡	26	52.0
	自然滑坡	以自然因素为主	24	48.0
稳定程度	稳定滑坡	无活动特征	0	0.0
	基本稳定滑坡	有轻微活动特征	14	28.0
	不稳定滑坡	有明显活动特征	36	72.0
形成年代	新滑坡	全新世以来、有历史记载或滑坡形迹清晰	50	100.0
	老滑坡	晚更新世以来、无历史记载滑坡形迹不清晰	0	0
	古滑坡	晚更新世以前发生	0	0
滑坡体积	小型滑坡	$\leqslant 10 \times 10^4 \mathrm{m}^3$	28	56.0
	中型滑坡	$(10 \sim 100) \times 10^4 \mathrm{m}^3$	16	32.0
	大型滑坡	$(100 \sim 1000) \times 10^4 \mathrm{m}^3$	6	12.0
	特大型滑坡	$> 1000 \times 10^4 \mathrm{m}^3$	0	0

(1) 按物质组成划分。

本次调查的 50 个滑坡中,有 41 个土质滑坡,占滑坡总数的 82.0%;9 个岩质滑坡,占滑坡总数的 18.0%。

(2) 按滑坡规模划分。

本次调查中,小型滑坡最多,共 28 个,占滑坡总数的 56.0%;其次为中型滑坡,共 16 个,占滑坡总数的 32.0%;大型为 6 个,占滑坡总数的 12.0%。

(3) 按滑坡厚度划分。

本次调查中,浅层滑坡有 40 个,占滑坡总数的 80.0%;中层滑坡有 8 个,占滑坡总数的 16.0%;深层滑坡 2 个,占滑坡总数的 4.0%。

(4) 按运动形式划分。

本次调查中,推移式滑坡有 19 个,占滑坡总数的 38.0%;牵引式滑坡有 28 个,占滑坡总数的 56.0%;混合式滑坡有 3 个,占滑坡总数的 6.0%。

(5) 按诱发因素划分。

本次调查中,自然滑坡有 24 个,占滑坡总数的 48.0%;工程滑坡有 26 个,占滑坡总数的 52.0%。

(6) 按现今稳定程度划分。

本次调查中,不稳定滑坡有 36 个,占滑坡总数的 72.0%;基本稳定滑坡有 14 个,占滑坡总数的 28.0%。

二、崩塌

1. 海北州崩塌

海北州的崩塌(潜在崩塌)最为发育。本次工作调查确定海北州共有崩塌(潜在崩塌)灾害点 318 处,占地质灾害总数的 38.73%。海北州崩塌分类如表 3.12 所示。

表 3.12 海北州崩塌分类表

分类依据	类型	数量/处	占比/%
物质组成	土质崩塌	91	28.62
	基岩崩塌	227	71.38
动力成因	自然崩塌	63	19.81
	人工崩塌	255	80.19
运动形式	倾倒式崩塌	65	20.44
	滑移式崩塌	111	34.91
	坠落式崩塌	142	44.65

续表 3.12

分类依据	类型	数量/处	占比/%
规模等级	特大型崩塌	0	0.00
	大型崩塌	24	7.55
	中型崩塌	83	26.10
	小型崩塌	211	66.35

1)按物质组成划分

崩塌按物质组成可划分为基岩崩塌和土质崩塌两类。本次调查中,基岩崩塌共 227 个,占海北州崩塌总数的 71.38%(图 3.16);土质崩塌较少,共 91 个,占海北州崩塌总数的 28.62%(图 3.17)。

图 3.16　基岩崩塌(列干沟南崩塌、德庆营村东南 1km 处潜在崩塌)

图 3.17　土质崩塌(西村崩塌、骆驼脖子潜在崩塌)

2)按规模等级划分

本次调查小型崩塌(体积 $V<10^4 m^3$)最多,共 211 个,占海北州崩塌总数的 66.35%;中型崩塌($10^4 m^3 \leqslant V<10^5 m^3$)共 83 个,占海北州崩塌总数的 26.10%;大型崩塌($10^5 m^3 \leqslant V<10^6 m^3$)共 24 个,占海北州崩塌总数的 7.55%。

3）按运动形式划分

本次调查中,滑移式崩塌有 111 个,占崩塌总数的 34.91%;坠落式崩塌有 142 个,占崩塌总数的 44.65%;倾倒式崩塌有 65 个,占崩塌总数的 20.44%(图 3.18～图 3.20)。

图 3.18　滑移式崩塌(卓尔山崩塌、仁哇尔玛崩塌)

图 3.19　坠落式崩塌(珠固寺沟口水电站潜在崩塌、达隆 4 社潜在崩塌)

图 3.20　倾倒式崩塌(青石嘴镇南沟东 1km 处崩塌、上吊沟村潜在崩塌)

2. 刚察县崩塌

刚察县的崩塌(潜在崩塌)较为发育。本次工作调查确定刚察县有崩塌灾害点 72 处,占该县地质灾害总数的 34.62%。刚察县崩塌分类如表 3.13 所示。

表 3.13 刚察县崩塌分类表

分类依据	类型	数量/处	占比/%
物质组成	土质崩塌	16	22.2
	基岩崩塌	56	77.8
动力成因	自然崩塌	10	14.1
	人工崩塌	62	85.9
运动形式	倾倒式崩塌	17	23.6
	滑移式崩塌	22	30.6
	坠落式崩塌	33	45.8
规模等级	特大型崩塌	0	0
	大型崩塌	0	0
	中型崩塌	17	23.6
	小型崩塌	55	76.4

1) 按物质组成划分

本次调查中，基岩崩塌较多，共 56 处，占崩塌总数的 77.8%；土质崩塌较少，共 16 处，占崩塌总数的 22.2%（图 3.21、图 3.22）。

图 3.21 基岩崩塌（热江公路 2#崩塌）　　图 3.22 土质崩塌（察拉村河岸崩塌）

2) 按规模等级划分

本次调查以中小型崩塌为主，中型崩塌共 17 处，占 23.6%，小型崩塌共 55 处，占 76.4%。

3）按运动形式划分

本次调查中，滑移式崩塌有 22 个,占崩塌总数的 30.6％;倾倒式崩塌有 17 个,占崩塌总数的 23.6％;坠落式崩塌有 33 个,占崩塌总数的45.8％(图 3.23～图 3.25)。

图 3.23　滑移式崩塌(仁哇尔玛崩塌)　　图 3.24　倾倒式崩塌(江仓公路 2♯崩塌)

图 3.25　坠落式崩塌(热江公路 17♯ 潜在崩塌)

3. 门源县崩塌

崩塌是陡坡或直立陡坎上部分岩土体脱离母体,发生坠落、倾倒和滚动,对其下居民或房屋及道路等造成损失的一种地质灾害。门源县的崩塌较为发育,但可以形成灾害或存在灾害隐患的崩塌并不多见。本次调查确定崩塌灾害 89 处,按照不同依据对其进行类型的划分如表 3.14 所示。

表 3.14　门源县崩塌分类表

分类依据	类型	数量/处	占比/％
物质组成	土质崩塌	46	51.7
	基岩崩塌	53	48.3
动力成因	自然崩塌	3	3.4
	人工崩塌	86	96.6

续表 3.14

分类依据	类型	数量/处	占比/%
运动形式	倾倒式崩塌	21	23.6
	滑移式崩塌	14	15.6
	坠落式崩塌	50	56.2
	错断式崩塌	2	2.3
	拉裂式崩塌	2	2.3
规模等级	特大型崩塌	0	0
	大型崩塌	14	15.73
	中型崩塌	28	31.46
	小型崩塌	47	52.81

1)按物质组成划分

本次调查中,基岩崩塌共53处,占崩塌总数的48.3%;土质崩塌共46处,占崩塌总数的51.7%(图3.26、图3.27)。

图 3.26 基岩崩塌(德庆营村东南 1km 处潜在崩塌、龙浪村潜在崩塌)

图 3.27 土质崩塌(达隆 4 社潜在崩塌、骆驼脖子潜在崩塌)

2）按规模等级划分

本次调查中小型崩塌最多，共 47 处，占崩塌总数的 52.81％；中型崩塌共 28 处，占崩塌总数的 31.46％；大型崩塌共 14 处，占 15.73％。

3）按运动形式划分

本次调查中，倾倒式崩塌有 21 处，占崩塌总数的 23.6％；滑移式崩塌有 14 处，占崩塌总数的 15.6％；坠落式崩塌有 50 处，占崩塌总数的 56.2％；错断式崩塌有 2 处，占崩塌总数的 2.3％；拉裂式崩塌有 2 处，占崩塌总数的 2.3％（图 3.28～图 3.31）。

图 3.28　倾倒式崩塌（青石嘴镇南沟东 1km 处崩塌、上吊沟村潜在崩塌）

图 3.29　滑移式崩塌（讨拉村潜在崩塌）　　图 3.30　错断式崩塌（塔里华北 X503 公路潜在崩塌）

图 3.31　坠落式崩塌（珠固寺沟口水电站潜在崩塌、达隆 4 社潜在崩塌）

4. 海晏县崩塌

海晏县的崩塌(潜在崩塌)最为发育。本次工作调查确定崩塌灾害点 81 处,占地质灾害总数的 44.75%。海晏县崩塌分类如表 3.15 所示。

表 3.15 海晏县崩塌分类表

分类依据	类型	数量/处	占比/%
物质组成	土质崩塌	9	11.11
	基岩崩塌	72	88.89
动力成因	自然崩塌	37	45.68
	人工崩塌	44	54.32
运动形式	倾倒式崩塌	15	18.52
	滑移式崩塌	53	65.43
	坠落式崩塌	13	16.05
规模等级	特大型崩塌	0	0
	大型崩塌	5	6.17
	中型崩塌	7	8.64
	小型崩塌	69	85.19

1)按物质组成划分

本次调查的 81 处崩塌中,基岩崩塌较多,共 72 处,占总数的 88.89%;土质滑坡 9 处,占总数的 11.11%。图 3.32 为土质崩塌,斜坡中产生垂直节理裂隙,雨水入渗,增大土体重量,软化结构面,进而导致斜坡稳定性降低。图 3.33 为基岩崩塌,坡体产生节理裂隙,在风化作用下,裂隙张开度增加,雨水进入裂缝,孔隙水压力增大,形成较大的指向临空面的力,进而导致岩体向临空面倾斜。

图 3.32 土质崩塌(HY-172)

图 3.33 基岩崩塌(benY-037)

2) 按规模等级划分

本次调查中小型崩塌最多,共 69 处,占崩塌总数的 85.19%;中型崩塌共 7 处,占崩塌总数的 8.64%;大型崩塌 5 处,占崩塌总数的 6.17%,无特大型崩塌。

3) 按运动形式划分

本次调查中,滑移式崩塌有 53 处,占崩塌总数的 65.43%;坠落式崩塌有 13 处,占崩塌总数的 16.05%;倾倒式崩塌有 15 处,占崩塌总数的 18.52%。图 3.34 为滑移式崩塌,临近斜坡的岩体内存在软弱结构面时,若其倾向与坡向相同,则软弱结构面上覆的不稳定岩体在重力作用下具有向临空面滑移的趋势。图 3.35 为坠落式崩塌,是斜坡上悬空的岩土块体呈悬臂梁受力状态,在重力作用下发生断裂,以自由落体的方式脱离母体的破坏方式。图 3.36 为倾倒式崩塌,该类崩塌所在斜坡垂直裂隙发育,由于风化作用形成贯通的垂直结构面,最终形成巨大而直立的岩体,在降雨条件下,该部分岩体失稳发生倾倒破坏。

图 3.34　滑移式崩塌　　　　图 3.35　坠落式崩塌　　　　图 3.36　倾倒式崩塌

5. 祁连县崩塌

祁连县的崩塌(潜在崩塌)最为发育。本次工作调查确定崩塌(潜在崩塌)灾害点 76 处,其中崩塌 24 处,潜在崩塌 52 处,占祁连县地质灾害总数的 43.93%。祁连县崩塌分类如表 3.16 所示。

表 3.16　祁连县崩塌分类表

分类依据	类型	数量/处	占比/%
物质组成	土质崩塌	20	26.32
	基岩崩塌	56	73.68
动力成因	自然崩塌	13	17.11
	人工崩塌	63	82.89
运动形式	倾倒式崩塌	8	10.52
	滑移式崩塌	22	28.95
	坠落式崩塌	46	60.53

续表 3.16

分类依据	类型	数量/处	占比/%
规模等级	特大型崩塌	0	0
	大型崩塌	5	6.58
	中型崩塌	31	40.79
	小型崩塌	40	52.63

1) 按物质组成划分

本次调查中,基岩崩塌较多,共 56 处,占崩塌总数的 73.68%;土质崩塌较少,共 20 处,占崩塌总数的 26.32%(图 3.37、图 3.38)。

图 3.37 基质崩塌(列干沟南崩塌)

图 3.38 土质崩塌(西村崩塌)

2) 按规模等级划分

本次调查中小型崩塌最多,共 40 处,占崩塌总数的 52.63%;中型崩塌共 31 处,占崩塌总数的 40.79%;大型崩塌共 5 处,占崩塌总数的 6.58%。

3) 按运动形式划分

本次调查中,滑移式崩塌有 22 处,占崩塌总数的 28.95%;坠落式崩塌有 46 处,占崩塌总数的 60.53%;倾倒式崩塌有 8 处,占崩塌总数的 10.52%(图 3.39~图 3.41)。

图 3.39 滑移式崩塌(卓尔山崩塌)

图 3.40 坠落式崩塌(二尕公路 196km 处崩塌)

图 3.41　倾倒式崩塌(歪脖子沟崩塌)

三、泥石流

1. 海北州泥石流

泥石流是一种暴发在山区沟谷中饱含大量泥沙块石的特殊洪流,它是在山地夷平过程中由剧烈侵蚀作用引发的一种泥沙快速运动现象,是水土流失和山地环境恶化发展到极其严重阶段的重要标志。

本次调查中共有 297 处泥石流,占地质灾害总数的 36.18%,为海北州主要的地质灾害之一。泥石流多发生于 6—9 月,均由局地暴雨所诱发,其暴发突然,危害极大。区内泥石流的固体物质主要来源于沟谷中的滑坡、崩塌等重力堆积物以及面蚀和沟道松散堆积物。现按水源类型、物质组成、流域形态、发育阶段、暴发频率、堆积物体积和易发程度将区内泥石流进行分类(表 3.17)。

表 3.17　海北州泥石流类型一览表

分类依据	类型	分类指标及特征	数量/处	占比/%
水源类型	暴雨型泥石流	由暴雨因素激发形成的泥石流	273	91.92
	冰雪融水型泥石流	由冰雪消融激发形成的泥石流	24	8.08
物质组成	水石型泥石流	由砂、石组成,粒径大,堆积物分选性强	89	29.97
	泥石型泥石流	颗粒差异性大,由黏粒、粉粒、砂粒、圆砾、碎块石等大小不同的粒径混杂组成	198	66.66
	泥流型泥石流	由细粒径土组成,偶夹砂砾,黏度大,颗粒均匀	10	3.37

续表 3.17

分类依据	类型	分类指标及特征	数量/处	占比/%
流域形态	沟谷型泥石流	流域多呈扇形或狭长条形,沟床比降一般为 40‰~300‰,流域面积一般大于 0.2km²,一般能划分出形成区、流通区及堆积区,通常上段为清水补给区,下段为固体物质供给区,规模大	276	92.93
	山坡型泥石流	流域面积一般小于 0.2km²,流域形态呈斗状,沟短坡陡,沟谷比降大,无明显的流通区,形成区与堆积区直接相连,规模小	21	7.07
发育阶段	发育期泥石流	山体破碎不稳,日益发展,淤积速度递增,规模小	122	41.08
	旺盛期泥石流	沟坡极不稳定,淤积速度稳定,规模大	85	28.61
	衰败期泥石流	沟坡趋于稳定,以河床侵蚀为主,有淤有冲,由淤转冲	89	29.97
	停歇期泥石流	沟坡稳定,植被恢复,以冲刷为主,沟槽稳定	1	0.34
暴发频率	极高频泥石流	$n \geq 10$ 次/年	0	0
	高频泥石流	1 次/年 $\leq n <$ 10 次/年	92	30.98
	中频泥石流	0.1 次/年 $\leq n <$ 1 次/年	205	69.02
	低频泥石流	$n < 0.1$ 次/年	0	0
堆积物体积	特大型泥石流	一次最大冲出量大于 $50 \times 10^4 m^3$	1	0.34
	大型泥石流	一次最大冲出量$(20 \sim 50) \times 10^4 m^3$	7	2.36
	中型泥石流	一次最大冲出量$(2 \sim 20) \times 10^4 m^3$	75	25.25
	小型泥石流	一次最大冲出量不大于 $2 \times 10^4 m^3$	214	72.05
易发程度	极易发泥石流	丰富的松散固体物源,充足的地表水来源,陡峭的河谷沟床,流速快冲击力强,破坏性大	1	0.34
	轻度易发泥石流	固体物质含量和颗粒相对较小,流速和冲击力也较弱	166	55.89
	易发泥石流	流体性质介于极易发泥石流和轻度易发泥石流之间	130	43.77

1)按水源类型划分

本次调查中的泥石流有 24 处为冰雪融水型泥石流,占泥石流总数的 8.08%;273 处暴雨型泥石流,占泥石流总数的 91.92%。

2)按流域形态划分

泥石流按流域形态可划分为沟谷型泥石流和山坡型泥石流。本次调查中,沟谷型泥石流有 276 处,占泥石流总数的 92.93%;山坡型泥石流有 21 处,占泥石流总数的 7.07%(图 3.42、图 3.43)。

图 3.42　沟谷型泥石流(列干沟、窑沟)

图 3.43　山坡型泥石流(江仓公路 31#、郭米寺)

3)按物质组成划分

泥石流按物质组成可划分为泥石型泥石流、泥流型泥石流和水石型泥石流 3 类。本次调查中泥石型泥石流有 198 处,占泥石流总数的 66.66%;水石型泥石流有 89 处,占泥石流总数的 29.97%;泥流型泥石流有 10 处,占泥石流总数的 3.37%。

4)按发育阶段划分

本次调查发育期泥石流最多,有 122 处,占泥石流总数的 41.08%;旺盛期泥石流有 85 处,占泥石流总数的 28.61%;衰败期泥石流有 89 处,占泥石流总数的 29.97%;停歇期泥石流有 1 处,占泥石流总数的 0.34%(图 3.44～图 3.46)。

图 3.44　发育期泥石流　　　　图 3.45　旺盛期泥石流　　　　图 3.46　衰败期泥石流

5) 按暴发频率划分

本次调查中,中频泥石流最多,共 205 处,占泥石流总数的 69.02%;高频泥石流共 92 处,占泥石流总数的 30.98%。

6) 按堆积物体积划分

本次调查中,小型泥石流最多,共 214 处,占泥石流总数的 72.05%;中型泥石流次之,共 75 处,占泥石流总数的 25.25%;大型泥石流较少,共 7 处,占泥石流总数的 2.36%;特大型泥石流只有 1 处,占泥石流总数的 0.34%。

7) 按易发程度划分

本次调查中,极易发泥石流仅有 1 处,占泥石流总数的 0.34%;轻度易发泥石流最多,共有 166 处,占泥石流总数的 55.89%;易发泥石流次之,共 130 处,占泥石流总数的 43.77%(图 3.47、图 3.48)。

图 3.47　轻度易发泥石流(华秀曲沟)　　　　图 3.48　易发泥石流(东草沟)

2. 刚察县泥石流

刚察县泥石流发育较少,调查发现发育有泥石流 88 处,占地质灾害总数的 42.31%。区内泥石流的固体物质主要来源于沟谷中的滑坡、崩塌等重力堆积物以及面蚀和沟道松散堆积物。刚察县泥石流类型如表 3.18 所示。

表 3.18 刚察县泥石流类型一览表

分类依据	类型	数量/处	占比/%
水源类型	暴雨型泥石流	66	75.00
	冰雪融水型泥石流	22	25.00
物质组成	水石型泥石流	51	57.95
	泥石型泥石流	37	42.05
流域形态	沟谷型泥石流	86	97.73
	山坡型泥石流	2	2.27
发育阶段	发育期泥石流	41	46.60
	旺盛期泥石流	23	26.13
	衰败期泥石流	23	26.13
	停歇期泥石流	1	1.14
暴发频率	极高频泥石流	0	0
	高频泥石流	21	23.86
	中频泥石流	67	76.14
	低频泥石流	0	0
堆积物体积	特大型泥石流	0	0
	大型泥石流	0	0
	中型泥石流	23	26.14
	小型泥石流	65	73.86
易发程度	轻度易发泥石流	67	76.14
	易发泥石流	21	23.86

1)按水源类型划分

本次调查的泥石流中暴雨型泥石流有 66 处,占泥石流总数的 75.0%;冰雪融水型泥石流有 22 处,占泥石流总数的 25.0%。

2)按流域形态划分

本次调查中,沟谷型泥石流有 86 处,占泥石流总数的 97.73%;山坡型泥石流有 2 处,占泥石流总数的 2.27%(图 3.49、图 3.50)。

图3.49 沟谷型泥石流（日哇曲）

图3.50 山坡型泥石流（江仓公路31#）

3）按物质组成划分

本次调查中泥石型泥石流有37处，占泥石流总数的42.05%；水石型泥石流有51处，占泥石流总数的57.95%。

4）按发育阶段划分

本次调查中，发育期泥石流最多，有41处，占泥石流总数的46.60%；旺盛期泥石流有23处，占泥石流总数的26.13%；衰败期泥石流有23处，占泥石流总数的26.13%；停歇期泥石流有1处，占泥石流总数的1.14%。

5）按暴发频率划分

本次调查中，中频泥石流最多，共67处，占泥石流总数的76.14%；高频泥石流共21处，占泥石流总数的23.86%。

6）按堆积物体积划分

本次调查中，小型泥石流最多，共65处，占泥石流总数的73.86%；中型泥石流次之，共23处，占泥石流总数的26.14%。

7）按易发程度划分

本次调查中，轻度易发泥石流有67处，占泥石流总数的76.14%；易发泥石流有21处，占泥石流总数的23.86%（图3.51、图3.52）。

图3.51 轻度易发泥石流（华秀曲沟）

图3.52 易发泥石流（S204东侧6#）

3. 门源县泥石流

本次调查发现门源县共有110处泥石流,占该县地质灾害总数的42.8%,为门源县主要的地质灾害之一。区内泥石流的固体物质主要来源于沟谷中的滑坡、崩塌等重力堆积物以及面蚀和沟道松散堆积物。门源县泥石流类型如表3.19所示。

表3.19 门源县泥石流类型一览表

分类依据	类型	数量/处	占比/%
水源类型	暴雨型泥石流	100	100
	冰雪融水型泥石流	0	0
物质组成	水石型泥石流	24	21.82
	泥石型泥石流	76	69.09
	泥流型泥石流	10	9.09
流域形态	沟谷型泥石流	97	88.18
	山坡型泥石流	13	11.82
发育阶段	发育期泥石流	52	47.27
	旺盛期泥石流	16	14.55
	衰败期泥石流	42	38.18
	停歇期泥石流	0	0
暴发频率	极高频泥石流	0	0
	高频泥石流	19	17.27
	中频泥石流	91	82.73
	低频泥石流	0	0
堆积物体积	特大型泥石流	1	0.91
	大型泥石流	5	4.55
	中型泥石流	26	23.64
	小型泥石流	78	70.91

1)按水源类型划分

门源县本次调查中的泥石流均为暴雨型泥石流。

2)按流域形态划分

本次调查中,沟谷型泥石流有97处,占泥石流总数的88.18%;山坡型泥石流有13处,占泥石流总数的 11.82%。

3) 按物质组成划分

本次调查中泥石型泥石流有 76 处,占泥石流总数的 69.09%;水石型泥石流有 24 处,占泥石流总数的 21.82%;泥流型泥石流有 10 处,占泥石流总数的 9.09%。

4) 按发育阶段划分

本次调查中,发育期泥石流最多,有 52 处,占泥石流总数的 47.27%;旺盛期泥石流有 16 处,占泥石流总数的 14.55%;衰败期泥石流有 42 处,占泥石流总数的 38.18%。

5) 按暴发频率划分

本次调查中,高频泥石流有 19 处,占泥石流总数的 17.27%;中频泥石流有 91 处,占泥石流总数的 82.73%。

6) 按堆积物体积划分

本次调查中,小型泥石流最多,共 78 处,占泥石流总数的 70.91%;中型泥石流次之,共 26 处,占泥石流总数的 23.64%;大型泥石流有 5 处,占泥石流总数的 4.55%,特大型泥石流有 1 处,占泥石流总数的 0.91%。

4. 海晏县泥石流

海晏县本次调查中共有 52 处泥石流,占地质灾害总数的 28.73%,是海晏县主要地质灾害之一。海晏县泥石流类型如表 3.20 所示。

表 3.20 海晏县泥石流类型一览表

分类依据	类型	数量/处	占比/%
水源类型	暴雨型泥石流	52	100
	冰雪融水型泥石流	0	0
物质组成	水石型泥石流	4	7.69
	泥石型泥石流	48	92.31
流域形态	沟谷型泥石流	48	92.31
	山坡型泥石流	4	7.69
发育阶段	发育期泥石流	8	15.38
	旺盛期泥石流	29	55.77
	衰败期泥石流	15	28.85
	停歇期泥石流	0	0
堆积物体积	特大型泥石流	0	0
	大型泥石流	0	0
	中型泥石流	17	32.69
	小型泥石流	35	67.31

续表 3.20

分类依据	类型	数量/处	占比/%
易发程度	易发泥石流	37	71.15
	轻度易发泥石流	15	28.85

1）按水源类型划分

本次调查中的泥石流均为暴雨型泥石流，无冰雪融水型泥石流。

2）按流域形态划分

本次调查中，沟谷型泥石流有 48 处，占泥石流总数的 92.31%；山坡型泥石流有 4 处，占泥石流总数的 7.69%（图 3.53、图 3.54）。

图 3.53　沟谷型泥石流

图 3.54　山坡型泥石流

3）按物质组成划分

本次调查中泥石型泥石流有 48 处，占泥石流总数的 92.31%；水石型泥石流有 4 处，占泥石流总数的 7.69%；无泥流型泥石流。图 3.55 为泥石型泥石流，流体主要组成物质为泥、石、水混合物，多发生于低山丘陵区，山体表面第四系松散覆盖物较厚。图 3.56 为水石型泥石流，多发生于中高山区，山体表面基岩裸露，节理裂隙发育，流体主要组成物质为石、泥混合物。

图 3.55　泥石型泥石流

图 3.56　水石型泥石流

4）按发育阶段划分

本次调查中，发育期泥石流有 8 处，占泥石流总数的 15.38%；旺盛期泥石流最多，有 29 处，占 55.77%；衰败期泥石流有 15 处，占 28.85%。图 3.57 为发育期泥石流，沟道内植被逐渐退化，出现小面积裸地，同时局部出现小型不良地质现象；图 3.58 为旺盛期泥石流，该类泥石流沟道下切较为严重，沟岸两侧伴随小型垮塌，沟道内冲洪积物较多，流域面积相对较大；图 3.59 为衰败期泥石流，该类泥石流所处沟谷植被较为发育，沟道受泥石流冲刷痕迹较弱，冲洪积物较少。

图 3.57　发育期泥石流　　　　图 3.58　旺盛期泥石流　　　　图 3.59　衰败期泥石流

5）按堆积物体积划分

本次调查中，小型泥石流最多，共 35 处，占泥石流总数的 67.31%；中型泥石流次之，共 17 处，占泥石流总数的 32.69%；无大型泥石流和特大型泥石流。

6）按易发程度划分

本次调查中，易发泥石流最多，共有 37 处，占泥石流总数的 71.15%；轻度易发泥石流共 15 处，占 28.85%。图 3.60 泥石流易发程度较高，该类泥石流沟道内松散物较多，为下次泥石流的发生提供了丰富物源。图 3.61 泥石流易发程度较低，该类泥石流沟内泥石流冲刷痕迹不明显且流域面积小。

图 3.60　易发泥石流　　　　　　　　图 3.61　轻度易发泥石流

5. 祁连县泥石流

本次调查中共有 47 处泥石流，占地质灾害总数的 27.17%，为祁连县主要的地质灾害之一。祁连县泥石流类型如表 3.21 所示。

表 3.21 祁连县泥石流类型一览表

分类依据	类型	数量/处	占比/%
水源类型	暴雨型泥石流	45	95.74
	冰雪融水型泥石流	2	4.26
物质组成	水石型泥石流	10	21.28
	泥石型泥石流	37	78.72
流域形态	沟谷型泥石流	45	95.74
	山坡型泥石流	2	4.26
发育阶段	发育期泥石流	21	44.68
	旺盛期泥石流	17	36.17
	衰败期泥石流	9	19.15
	停歇期泥石流	0	0
暴发频率	极高频泥石流	0	0
	高频泥石流	29	61.70
	中频泥石流	18	38.30
	低频泥石流	0	0
堆积物体积	特大型泥石流	0	0
	大型泥石流	2	4.25
	中型泥石流	9	19.15
	小型泥石流	36	76.60
易发程度	极易发泥石流	1	2.13
	易发泥石流	31	65.96
	轻度易发泥石流	15	31.91

1)按水源类型划分

本次调查中的泥石流有 2 处为冰雪融水型泥石流,其余均为暴雨型泥石流。

2)按流域形态划分

本次调查中,沟谷型泥石流有 45 处,占泥石流总数的 95.74%;山坡型泥石流有 2 处,占泥石流总数的 4.26%(图 3.62、图 3.63)。

图 3.62　沟谷型泥石流(列干沟)

图 3.63　山坡型泥石流(郭米寺)

3)按物质组成划分

本次调查中泥石型泥石流有 37 处,占泥石流总数的 78.72%;水石型泥石流有 10 处,占 21.28%。

4)按发育阶段划分

本次调查中,发育期泥石流最多,有 21 处,占泥石流总数的 44.68%;旺盛期泥石流有 17 处,占 36.17%;衰败期泥石流有 9 处,占 19.15%。

5)按暴发频率划分

本次调查中,高频泥石流最多,共 29 处,占泥石流总数的 61.70%;中频泥石流共 18 处,占泥石流总数的 38.30%。

6)按堆积物体积划分

本次调查中,小型泥石流最多,共 36 处,占泥石流总数的 76.60%;中型泥石流次之,共 9 处,占泥石流总数的 19.15%;大型泥石流较少,有 2 处,占 4.25%。

7)按易发程度划分

本次调查中,极易发泥石流仅有 1 处,占泥石流总数的 2.13%;易发泥石流共有 31 处,占泥石流总数的 65.96%;轻度易发泥石流共 15 处,占泥石流总数的 31.91%(图 3.64、图 3.65)。

图 3.64　轻度易发泥石流(麻沟)

图 3.65　易发泥石流(东草沟)

第二节 地质灾害发育特征

一、滑坡发育特征

1. 海北州滑坡发育特征

1）形态特征

海北州滑坡分为岩质滑坡、碎块石滑坡和土质滑坡，滑坡的形态特征在实地和遥感影像上都是比较容易识别的。滑坡后壁平面形态多呈典型的圈椅状，形态明显。滑坡前缘为舌状或长舌状。滑坡平面形态有矩形、舌形、半圆形及不规则形（图3.66～图3.69）。

图3.66 矩形滑坡（莱日德东滑坡）

图3.67 舌形滑坡（柳沟台滑坡）

图3.68 半圆形滑坡（清水沟滑坡）

图3.69 不规则形滑坡（大沟滑坡）

2）边界特征

（1）滑坡后壁。滑坡后壁是滑坡体最为显著的特征要素之一，其位置较高，平面形态多呈弧形，后壁坡度一般较大，在50°～85°间，滑坡坡向与原坡向基本一致，坡度明显大于原坡面；顶部与原斜坡坡面相交，形成明显的坡度转折棱坎，滑坡越新转折越清晰。后壁中部坡高最大，向两侧弧形弯曲并降低，高度多在数米至十数米间，大者可达数十米。壁面总体上较平直,受自然界的风化侵蚀,滑坡由老至新,壁面则由破碎趋于完整。部分老滑坡仅能从整体上显示出滑坡后壁的形态,多发育有小冲沟及以草甸为主的植被,由于风化、流水的侵蚀,在后壁破碎严重时,甚至不易发现,其坡度变小,与周边斜坡接近。新滑坡一般有完整壁面,表面略显凹凸不平,其上植被不发育,与周边斜坡可明显区分。

(2)滑坡侧界。滑坡侧界分两部分:上部为侧壁,与后壁特征相近;下部为滑体边界,在滑动中滑体堆积于下方,向两侧扩展。滑体下滑后,坡面坡度减缓,在斜坡上形成一凹地,凹地两侧即为上部侧界。滑坡发生时间早晚不同,侧界保留的清晰程度也不同。部分老滑坡侧界已不甚清晰,被草甸覆盖,与原坡面呈渐变过渡;由于滑体大多后倾,中部凸起稍高,两侧边界地势最低,有双沟同源现象,下部滑体顺坡向突出,向两侧扩展。新滑坡还可见到明显的台坎。

(3)滑坡前缘。出露位置:滑坡前缘出露于河流或沟谷斜坡坡脚。古滑坡和部分老滑坡的前缘基本没有保存,在长期地质历史中遭受流水侵蚀,已不存在,仅存滑坡体中后部;部分滑坡的前缘被河流的堆积物所掩埋,新滑坡前缘尚存在。滑坡在下滑时多冲向彼岸,堵塞河道,迫使河流弯曲,在地貌上多表现为河流凸岸。前缘是滑坡体的堆积区,坡度平缓,多小于30°。

临空面:受流水侵蚀,处于斜坡坡脚的老滑坡前缘多形成滑坡临空面,其高度一般在数米至十数米间,临空面坡度陡,多在45°以上,甚至直立。表面新鲜地层裸露,可见有滑动挤压形成的致密纹理。

剪出口:土层内型系指区内土质滑坡,滑坡体自土层内部剪出,滑面存在于土体内,剪出口位置在土体中,所见出口位置有高有低,在数米至十米间;土体-基岩型系指区内岩土复合型滑坡,是较常见的一种剪出口,土体与基岩直接接触,滑坡体沿基岩接触面滑下,由于两者工程地质性质差异明显,接触不紧密,再加上上覆土体厚度大,沟谷切割深,坡体临空面大,常见滑坡沿此剪出。

3)滑动特征

滑坡的滑动方向同斜坡的坡向有关,区内沟壑纵横,滑动方向各不相同。滑坡多由坡脚遭受流水侵蚀或人工开挖斩坡引起,滑坡的形成机制比较简单,有牵引式、推移式两种。对于牵引式滑坡,滑体下部滑动带动上部滑动,并由于多次滑动形成梯形坡面;对于推移式滑坡,上部岩层滑动挤压下部产生变形,滑动速度较快,滑体表面呈波状起伏,典型的如照壁山滑坡。

2. 刚察县滑坡发育特征

1)形态与规模特征

(1)平面形态。刚察县的滑坡形态特征明显,易识别,滑坡后壁平面形态多呈圈椅状或半圆形,平面形态呈不规则舌形或半圆形(图3.70、图3.71)。

(2)长度、宽度和厚度。长度:滑坡体长度跨度范围较大,5~400m都有分布,平均长度为68.9m。长度主要集中在5~100m间,有41处,占实地调查滑坡总数的82.00%;大于100m的有9处,占实地调查滑坡总数的18.00%(表3.22)。

图 3.70　不规则舌形(大通河右岸 1♯滑坡)　　图 3.71　半圆形(大通河右岸 2♯滑坡)

表 3.22　滑坡体长度分段统计表

长度区间/m	≤50	50～100	100～200	200～300	300～400	400～500
数量/处	32	9	2	3	4	0
占比/%	64	18	4	6	8	0

宽度：滑坡体宽度跨度范围亦比较大，在 21～1800m 间，平均宽度为 363.4m。宽度主要集中在 21～300m 间，有 35 处，占实地调查滑坡总数的 70.00%；300～700m 间的有 9 处，占实地调查滑坡总数的 18.00%；大于 700m 的有 6 处，占 12.00%(表 3.23)。

表 3.23　滑坡体宽度分段统计表

宽度区间/m	<100	100～200	200～300	300～400	400～500	500～600	600～700	≥700
数量/处	16	10	9	2	3	2	2	6
占比/%	32	20	18	4	6	4	4	12

厚度：滑坡体厚度分布范围为 0.15～5.0m，平均厚度为 2.11m，滑体厚度均不大于 10m。滑坡厚度最大为热江公路 1♯滑坡，厚度为 10.0m，滑坡厚度最小为故仓多潜在滑坡，厚度为 0.15m。

(3)面积和体积。从以上分析看，滑坡体长度主要集中在 5～100m 间，宽度主要集中在 21～300m 间，厚度主要集中在小于 10m。长度居中，宽度最大，厚度最小。从滑坡规模看，其大小主要取决于面积的变化，而面积的变化又主要取决于长度的变化，故长度与滑坡规模具有很大的关系。规模小的滑坡多偏窄，规模大的滑坡多较宽。综合分析以上统计资料，求得滑坡面积为 $(0.029～72.0)×10^4 m^2$，体积为 $(0.006～435.0)×10^4 m^3$。最大面积为江仓公路 4♯潜在滑坡，面积为 $72.0×10^4 m^2$，最小面积为热水煤矿炸药库后上 1♯潜在滑坡，面积为 $0.029×10^4 m^2$。最大体积为莫日外力哈达 1♯潜在滑坡，体积为 $435.0×10^4 m^3$，最小体积为思乃曲 4♯潜在滑坡，体积为 $0.006×10^4 m^3$(表 3.24)。

表 3.34 滑坡规模统计表

体积/m³	<10×10⁴	(10~100)×10⁴	(100~1000)×10⁴	≥1000×10⁴
数量/处	34	11	5	0
占比/%	68	22	10	0

2)边界特征

(1)滑坡后壁。滑坡后壁分布位置较高,平面形态多呈弧形或半圆形,后壁中部坡高最大,向两侧弧形弯曲并降低,一般高 3~10m,滑壁坡度明显大于原始斜坡坡度,坡向与原始坡向基本一致,滑壁面总体上较为平直。滑坡后壁面较为完整,可见明显的滑坡擦痕,与周边斜坡具有明显区别。

(2)滑坡周界。由于滑体大多后倾,中部稍凸起,下部顺坡向突出,向两侧边界地势较低,常有沟或张性状裂缝带。滑坡周界与周边斜坡具明显区别。

(3)滑坡前缘。滑坡前缘多出露于河流或沟谷两岸,且多遭受侵蚀,在下滑时迫使河流弯曲,在地貌上多为河流凸岸,区内滑坡临空面的形成主要是后期侵蚀导致。

3)表部特征

调查区的滑坡为推移式滑坡,且具有二次滑动,在滑坡体表面上表现为隆起或平台,平台宽窄不等,顺坡向下倾。滑坡体上冲沟不发育,滑体完整性较好。大都保留着典型的滑坡特征,滑坡后壁清晰,可见明显擦痕,滑坡体基本未被侵蚀,滑体前缘前行受阻,形成前缘鼓胀,两侧发育有 2~4cm 宽的剪切裂缝。

4)内部特征

(1)滑坡体岩性特征。调查区主要为碎石土滑坡,多发生于三叠系分布区的斜坡上,滑体主要由残坡积层构成,以碎石及粉土为主,物源为斜坡强风化层及人工堆积采矿渣体。

(2)滑床。滑床埋藏于滑体之下,两侧冲沟多未切穿,土体结构稍密,胶结程度较差。

3. 门源县滑坡发育特征

门源县滑坡灾害发育,具有分布零散,活动性强的特点,调查确定的滑坡灾害点有 58 处,占门源县地质灾害总量的 22%。

1)形态与规模特征

(1)平、剖面形态。滑坡分为岩质滑坡和土质滑坡,滑坡的形态特征在实地和遥感影像上都是比较容易识别的。滑坡后壁平面形态多呈典型的圈椅状,形态明显。滑坡前缘表现为舌状或长舌状。古滑坡和老滑坡前缘多遭受侵蚀,甚至连滑体大部分或全部都被冲蚀殆尽,仅保留后缘圈椅形态和因侵蚀坍塌而残留的坡面较陡的少量滑体。滑坡平面形态有矩形(图 3.72)、舌形、不规则形、半圆形(图 3.73)。门源县滑坡剖面形态有:凸形、凹形、阶梯形、复合形(图 3.74)

滑坡按平面形态统计特征如下:半圆形滑坡 43 处,占总数的 74.14%;舌形滑坡 8 处,占总数的 13.79%;不规则形滑坡 5 处,占总数的 8.62%;矩形 2 处,占总数的 3.45%(表 3.25)。

图 3.72 矩形滑坡(东山根滑坡)

图 3.73 半圆形滑坡(下碱沟中段滑坡)

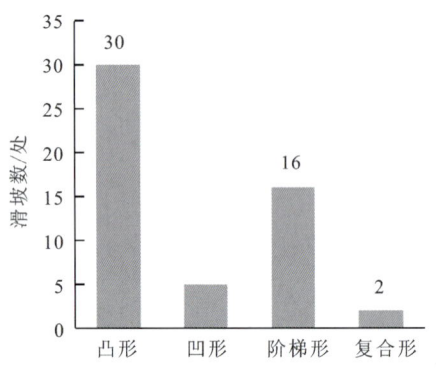
图 3.74 门源县滑坡剖面特征统计

表 3.25 门源县典型滑坡平面特征

序号	平面形态	主要特征	数量/处	占比/%
1	半圆形	滑坡后壁呈圆弧形。滑坡体下滑后近平行推进,滑体平面投影为近半圆形	43	74.14
2	矩形	滑坡后壁近直线,像被切割过一样,滑壁较陡,两侧受节理裂隙等结构面控制,平面投影近似矩形	2	3.45
3	舌形	滑坡后壁呈短弧线形,滑体向前运动距离较远,长度远大于宽度,平面投影呈舌形	8	13.79
4	不规则形	滑坡后壁形态不明显或不规则,滑体运动无主方向或变形破坏严重,平面形态复杂	5	8.62

(2)长度、宽度和厚度。据58处实地滑坡调查资料,对相关数据进行分区和统计,得出长度、宽度和厚度主要集中分布区间。

长度:滑坡体长度跨度范围较大,最小仅3m,为下聚养滩潜在滑坡,最大可达1300m,为梅花村滑坡。滑坡体长度在0~50m之间的共24处,占总数的41.4%;滑坡体长度在50~100m之间的共20处,占总数的34.5%;滑坡体长度在100~150m之间的共6处,占总数的

10.3%；滑坡体长度大于 300m 的共 3 处，占滑坡总数的 5.2%。区内滑坡体长度主要在 0～150m 之间（表 3.26）。

表 3.26　门源县滑坡体长度特征

长度/m	0～50	50～100	100～150	150～200	200～250	250～300	>300
数量/处	24	20	6	3	1	1	3
占比/%	41.4	34.5	10.3	5.2	1.7	1.7	5.2

宽度：滑坡体的宽度跨度范围亦较大，2～800m 都有分布。滑坡体宽度在 0～50m 间的有 6 处，占滑坡总数的 10.3%；滑坡体宽度在 50～100m 间有 5 处，占总数的 8.6%；滑坡体宽度在 100～150m 间的有 14 处，占总数的 24.1%。根据表 3.27 可知，门源县滑坡体宽度在 0～300m 之间分布最多，约占滑坡总数的 77.6%（表 3.27）。

表 3.27　门源县滑坡体宽度特征

宽度/m	0～50	50～100	100～150	150～200	200～250	250～300	300～350	>350
数量/处	6	5	14	8	11	1	6	7
占比/%	10.3	8.6	24.1	13.8	19.0	1.7	10.3	12.1

厚度：滑坡体厚度主要集中在 0～5m，有 35 处，占实际调查滑坡总数的 60.3%；5～10m 分布有 18 处，占 31.0%；10～15m 分布有 2 处，占 3.4%；15～20m 及 20m 以上，共分布 3 处，约占 5.1%（表 3.28）。

表 3.28　门源县滑坡体厚度特征

厚度/m	0～5	5～10	10～15	>15
数量/处	35	18	2	3
占比/%	60.3	31.0	3.4	5.1

2）表部特征

（1）微地貌。微地貌特征表现为：自前缘到后壁分别逐级滑落，在滑坡体表面自上而下可见逐级错降的台坎。

老滑坡完整性较好，冲沟浅且少，发生滑坡后的斜坡部位呈凹陷状，易于汇集降水，植被发育较好，草丛茂盛（图 3.75）。近代发生的新滑坡保留着典型的滑坡特征，不仅后壁和侧壁基岩裸露，壁面新鲜明晰，而且滑坡体基本没有被侵蚀（图 3.76）。

（2）裂缝。古滑坡和老滑坡时代久远，滑体上裂缝已被充填，近期发生的滑坡，其上裂缝清晰可见，滑体两侧有张性裂缝，裂缝宽数厘米，近似平行排列，间距数厘米到数米，因随滑坡规模不同而不等（图 3.77、图 3.78）。

图 3.75　老滑坡(下碱沟脑滑坡)

图 3.76　新滑坡(上措龙沟沟口西滑坡)

图 3.77　滑坡后缘拉张裂缝(宋家湾滑坡)

图 3.78　滑坡前缘公路鼓胀裂缝(王驴达坂滑坡)

4. 海晏县滑坡发育特征

1)形态与规模特征

(1)平面形态。

调查区滑坡在实地调查或遥感影像上,形态特征明显,易识别,滑坡后壁平面形态多呈典型的舌形或半圆形,后壁大都较陡,坡度50°～70°,区内滑坡平面形态主要有半圆形、舌形、矩形、不规则形等,其中半圆形滑坡有15处,占滑坡总数的31.25%;舌形滑坡有21处,占43.75%;不规则形滑坡有5处,占10.42%;矩形滑坡有7处,占14.58%(图3.79、图3.80)。

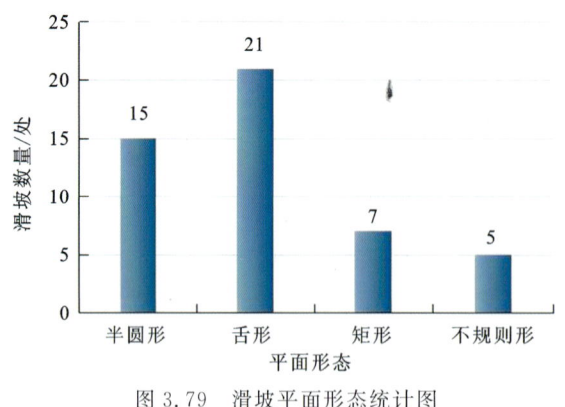
图 3.79　滑坡平面形态统计图

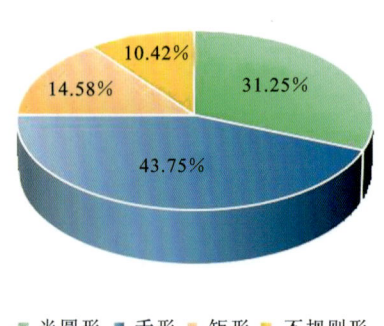
图 3.80　滑坡平面形态占比图

(2)长度、宽度和厚度。

根据 48 处滑坡野外实地调查资料,对相关数据进行分区和统计,得出长度、宽度和厚度主要集中分布区间,以及最集中分布区。

长度:滑坡体长度跨度范围较大,5~310m 都有分布,平均长度为 59m。主要集中在 0~50m,有 31 处,占实地调查滑坡总数的 64.58%;大于 300m 的最少,共 1 处,占 2.08%(表 3.29)。滑坡长度最大为扎汉沟中游左岸滑坡,长度为 310m;滑坡长度最小为光明村 2#潜在滑坡,长度为 5m。

表 3.29 滑坡体长度统计表

长度/m	0~50	50~100	100~200	200~300	>300
数量/处	31	6	8	2	1
占比/%	64.58	12.50	16.67	4.17	2.08

宽度:滑坡体宽度集中在 100~200m,共计 24 处,占滑坡总数的 50%;大于 300m 的滑坡数量最少,占滑坡总数的 6.25%。滑坡宽度最大为小薪陇哇曲右岸滑坡,宽度为 600m;滑坡宽度最小为光明村 2#潜在滑坡,宽度为 20m(表 3.30)。

表 3.30 滑坡体宽度统计表

长度/m	0~50	50~100	100~200	200~300	>300
数量/处	7	9	24	5	3
占比/%	14.58	18.75	50	10.42	6.25

厚度:滑坡体厚度分布范围 0.3~35m。厚度在 10m 以内的滑坡有 39 处,占总数的 81.25%,为浅层滑坡;厚度在 10~25m 之间的滑坡有 7 处,占总数的 14.58%,为中层滑坡;厚度在 25~50m 之间的滑坡有 2 处,占总数的 4.17%,为深层滑坡(表 3.31)。

表 3.31 滑坡体厚度分布区间统计表

长度/m	0~10	10~15	15~20	20~25	25~30	>30
数量/处	39	2	3	2	1	1
占比/%	81.25	4.17	6.25	4.17	2.08	2.08

2)边界特征

(1)滑坡后壁。滑坡后壁是滑坡体显著特征之一,分布位置较高,平面形态多呈弧形或半圆形,后壁中部坡高较大,向两侧弧形弯曲并降低,后壁一般高 2~45m,滑壁坡度明显大于原始斜坡坡度,多在 50°~70°之间,坡向与原始坡向基本一致,滑壁面总体上较为平直。老滑坡后壁面较为完整,仅 4 处滑坡后壁发育有小型崩塌及浅层溜滑,由于后壁与滑体坡度相差较大,使得后壁与滑体形成一斜坡,与周边斜坡有明显区别。新滑坡后壁受流水冲蚀影响,后壁表部小型冲沟发育,后壁较破碎。

(2)滑坡周界。随滑坡发生时间早晚不同,周界保留的程度也不同,部分老滑坡周界因受长期风化剥蚀及水流冲蚀,侧界已不清晰,被草甸覆盖,与原坡面呈渐变过渡。新滑坡中部稍凸起,下部顺坡向突出,向两侧边界地势较低,滑坡周界与周边斜坡有明显区别。

3)滑坡前缘

(1)出露位置。滑坡前缘多出露于河流或沟谷两岸,老滑坡多堆积于坡脚,且前缘多遭受侵蚀。部分老滑坡在下滑时迫使沟道弯曲,在地貌上呈现为凸岸,如小薪陇哇曲右岸滑(HY057)、黄草村2#滑坡(HY117)等。新滑坡前缘直抵梁子水库,前缘呈舌状凸起。前缘是滑坡体的堆积区,坡度一般在40°~50°之间。

(2)临空面。区内滑坡临空面的形成主要是因堆积及后期侵蚀所致。老滑坡前缘临空面主要是因后期流水侵蚀及前缘人工开挖所致,形成高2~9m、坡度大于45°的陡坎,甚至直立,局部见有滑动挤压形成包块。

(3)剪出口。区内滑坡均为岩质滑坡,剪出口位置相对较低。区内剪出口出露位置越低,则滑体的厚度越大,剪出口距滑体前缘的距离越远,则滑坡滑动速度越快,滑坡体规模越大。

4)表部特征

区内滑坡主要为推移式滑坡,仅2处滑坡具有二次滑动。所调查的48处滑坡中有6处滑体表部发育有平台,平台宽20~100m不等,平台坎高多在1~10m之间,坡度多在40°~60°之间或近于直立,平台顺坡向下倾,坡度在10°左右或近于水平。

区内13处老滑坡中,有5处滑体表部冲沟发育,均为小型冲沟,沟宽0.5~7.0m,切深0.1~10.0m,这些冲沟将滑体表部切割成条块状,滑体完整性差。区内仅1处新滑坡,滑体表部冲沟发育,冲沟宽0.2~0.8m,切深0.5~1.2m,冲沟切割滑体表部碎破,调查时,滑体表部及两侧未见裂缝。

5)内部特征

滑坡体岩性特征:滑坡多发生在砂岩、泥岩地层中,构成滑坡体的物质主要为砂岩、泥岩碎块,呈混杂状,厚度变化较大,总趋势是中前缘较厚,中后缘较薄。

滑带:埋藏于滑体之下,是整体移动的滑体与稳定的滑床间形成的一个错动的滑动空间,调查中未见其露头。

滑床:岩质滑床埋藏于滑体之下,滑体未被冲沟切穿,滑床露头很少。

5. 祁连县滑坡发育特征

1)形态与规模特征

(1)平面形态。调查区滑坡分为岩质滑坡、碎块石滑坡和土质滑坡,滑坡的形态特征在实地和遥感影像上都是比较容易识别的。滑坡后壁平面形态多呈典型的圈椅状,形态明显。滑坡前缘为舌状或长舌状。祁连县滑坡平面形态有矩形、舌形、半圆形及不规则形。

(2)长度、宽度与厚度。根据50处滑坡野外实地调查资料,对相关数据进行分区和统计,得到滑坡长度、宽度和厚度主要集中分布区间,以及最集中分布区。

长度:滑坡体长度跨度范围较大,5~1240m都有分布,平均长度为168.8m。主要集中在5~200m,有40处,占实地调查滑坡总数的80.00%;大于200m的有10处,占20.00%(表3.32)。滑坡长度最大为冰沟村2#滑坡,长度为1240m;滑坡长度最小为小东索沟1#滑坡和河西村潜在滑坡,这两处滑坡长度均为5.5m。

表3.32 滑坡体长度分段统计表

长度/m	5~50	50~100	100~200	200~300	300~400	400~500
数量/处	22	9	9	1	4	1
占比/%	44	18	18	2	8	2
长度/m	500~600	600~700	700~800	800~900	900~1000	≥1000
数量/处	1	0	0	0	1	2
占比/%	2	0	0	0	2	4

宽度:滑坡体宽度跨度范围亦比较大,在5~1211m之间,平均宽度为206.8m。94.00%集中在5~500m之间,有47处(特别是在5~200m之间,有30处,占实地调查滑坡总数的60.00%);500~700m的有0处;大于700m的有3处,占6.00%(表3.33)。滑坡宽度最大为峡拉河河口潜在滑坡,宽度为1211m;滑坡宽度最小为八宝镇冰沟村滑坡,宽度仅为5m。

表3.33 滑坡体宽度分段统计表

宽度/m	5~100	100~200	200~300	300~400	400~500	500~600	600~700	>700
数量/处	20	10	8	6	3	0	0	3
占比/%	40	20	16	12	6	0	0	6

厚度:滑坡体厚度分布范围为0.8~60m,平均厚度为7.1m(表3.34)。主要集中在0.8~20m之间,有48处,占总数的96%;特别是在0.8~10m之间有40处,占滑坡总数的80%;20~30m之间有1处,占2.00%;大于30m的有1处,占2%。滑坡厚度最大为野牛沟乡边麻村照壁山滑坡,厚度为60m;滑坡厚度最小为边麻村135#潜在滑坡,厚度为0.8m。

表3.34 滑坡体厚度分段统计表

厚度/m	0.8~10	10~20	20~30	>30
数量/处	40	8	1	1
占比/%	80	16	2	2

(2)面积和体积。从以上分析看,滑坡体长度主要集中在5~200m,宽度主要集中在5~500m,厚度主要集中在0.8~10m。综合分析以上统计资料的长度、宽度和厚度数据,求得滑

坡面积为$(0.007\sim49.5)\times10^4m^2$,体积为$(0.013\sim510.5)\times10^4m^3$。面积最大的为牛心山滑坡,面积为$49.5\times10^4m^2$;面积最小的为八宝镇冰沟村3社滑坡,面积为$0.007\times10^4m^2$。体积最大的为牛心山滑坡,体积为$510.5\times10^4m^3$,体积最小的为清水沟滑坡,体积为$0.013\times10^4m^2$(表3.35)。

表3.35 滑坡规模统计表

体积/m^3	$<10\times10^4$（小型）	$(10\sim100)\times10^4$（中型）	$(100\sim1000)\times10^4$（大型）	$\geqslant1000\times10^4$（特大型）
数量/处	28	16	6	0
占比/%	56	32	12	0

2)内部特征

(1)滑坡体。受斜坡地质结构制约,滑坡体主要由碎石土组成,土体杂乱不均匀。滑坡体在滑动时松动解体,稳定后在重力作用下,又重新压密固结。在滑坡前缘,可见土石混杂体。由于调查期间降雨较多,滑坡体内多含有水分,部分滑坡有积水洼地。

(2)结构面与滑带。斜坡结构面主要有节理面和层面两大类。节理面包括原生的垂直节理、构造节理、风化节理、卸荷节理、湿陷节理等。对滑坡而言,节理面主要控制滑坡的后壁拉裂位置,与滑动面关系不大。层面主要有上覆土体和基岩接触层面,层面控制着滑动面的位置,其在土体中的位置越高,所形成滑坡的规模就越小。

滑带埋藏于滑体之下,调查中仅在一些滑坡前缘断面处可见其露头。滑带是整体移动的滑体与稳定的滑床间形成的一个错动的滑动空间。据野外所见,在土体中大多数表现为一个面,较为平直或微显弯曲,滑动面光滑;在基岩中则表现为2~3个滑动面,滑动面呈梯形,典型的如柏树沟滑坡就属于此类。

滑坡主滑面土体挤压破碎,次级错动面发育,节理密集成带,带宽0.1~0.2m。滑带附近滑体发育有与滑面平行或斜交的多组裂缝,结构破碎。滑带附近滑床多为基岩,致密坚硬,稍湿,发育有与滑带平行的剪切裂缝,裂面平直,缝宽0.1~0.3m。

二、崩塌发育特征

1. 海北州崩塌发育特征

崩塌多发生于公路旁的陡坡,前方多有河流流经。崩塌体多覆盖于道路上或部分滚落至河流中,不易保存,故而仅可见较少崩塌体堆积于坡脚。由于崩塌多瞬间发生,速度快,危险性较大,其造成的危害并不亚于滑坡。据崩塌资料统计,产生崩塌的坡形一般为凸形或直线形,坡顶高程在2757~3703m之间,坡高3~124m,坡度多集中在70°~85°。

崩塌变形模式存在倾倒式、滑移式、错断式和混合式4种。发生崩塌的斜坡坡体较陡,上部植被发育极差,且多发育有节理裂隙,在雨水或重力作用下裂隙不断增大,最终发生崩塌。

坡体发生崩塌后,部分未崩落的岩体可能形成危岩体残留于坡面。所形成的坡体较陡,坡度在60°以上,由于坡面无植被,坡体裸露,极易被雨水侵蚀和风化形成危岩体。坡体物质的崩落导致坡体受力失衡,坡体易发生鼓胀等变形破坏而形成危岩体,故其安全隐患较大。

崩塌的其他特征如下。

①崩塌规模不大,多属小型崩塌。崩塌发生速度快,危害大。崩塌规模虽无大型,但是由于瞬间发生,速度快,历时短,其危害性往往甚于滑坡。崩塌多发生于威胁居民区以及人类活动频繁的公路地段,特别是在强降雨及暴雨天气下,存在隐患的地段要加强防范,以免造成不必要的损失。

②崩塌发生的坡度陡,变形破坏模式多样。在崩塌形成过程中可有几种变形破坏方式,呈现复合式崩塌,尤其是斜坡在拉裂式崩塌变形后可进一步发展转变为倾倒式崩塌和滑移式崩塌。

2. 刚察县崩塌发育特征

1)崩塌

刚察县崩塌相对较少,共9处,除1处土质崩塌外,其余均为岩质崩塌。崩塌变形模式存在倾倒式(6处)和滑移式(3处)。崩塌多发育于山体斜坡的中部、顶部,岩体节理裂隙发育,相互切割,多呈块裂。由于差异风化,下部软弱岩层抗风化能力弱,形成凹岩腔,使上部较坚硬岩石凸出失去支撑。刚察县崩塌具有以下特征。

(1)崩塌数量少、规模小、堆积体不易保存。

根据现场调查,区内崩塌体多坠落破碎,所构成的威胁大多已清除;冲沟里的崩塌大多成为泥石流的物源被冲走,崩塌体不易长期保存;此外,区内中高山的地质单元主要为三叠系砂岩、板岩及加里东期侵入岩,岩体节理裂隙发育,多发育小型崩塌,小型崩塌堆积体部分被人类活动所清除。

(2)崩塌发生速度快、危险性大。

崩塌具有规模小、发生时间短、速度快、危害性强等特点。崩塌发生后,部分未崩落的岩体可能形成危岩体堆积于坡面,由于坡面较陡,坡体裸露,极易被雨水侵蚀或风化而崩落,威胁坡脚处路过的行人和车辆,安全隐患大。

(3)崩塌发生的坡度陡。

据调查,调查区内崩塌为凸形和直线形,其中直线形7处,凸形2处,坡度集中在55°~82°。

2)潜在崩塌

刚察县发育的潜在崩塌共63处,除15处土质崩塌外,其余均为岩质崩塌。崩塌变形模式存在倾倒式(11处)、滑移式(19处)和坠落式(33处)。刚察县潜在崩塌具有以下特征。

(1)发育坡型以直线型为主。

调查区内潜在崩塌发育坡形以直线形为主的有48处,占潜在崩塌总数的76.19%;以凸形为主的有11处,占17.46%;以阶梯形为主的有4处,占6.35%。

(2)发育坡度较陡。

据统计,调查区内潜在崩塌发育坡度分布在65°~90°,且主要集中在70°~85°,共计51

处,占潜在崩塌总数的80.95%;坡度大于85°的8处,占潜在崩塌总数的12.7%;坡度小于70°的4处,占潜在崩塌总数的6.35%。根据已有资料,区内坡度小于45°的坡体也存在不稳定的情况,这与坡体的内部结构和变形模式有关,如顺坡体结构面、节理裂隙开挖坡脚时,可能降低坡体稳定性或坡体变形破坏的潜在因素,致使坡体逐渐发展为灾害隐患。

(3)主要因人工开挖形成。

调查区内潜在崩塌主要是人工切坡而成,特别是切坡筑路,削坡采矿。据统计,在所有的潜在崩塌中,因人类工程活动而形成的有51处,占潜在崩塌总数的76.19%,主要是修建道路切坡形成的;自然形成的潜在崩塌有12处,占总数的23.81%。

(4)变形破坏特征。

调查区内潜在崩塌的变形特征主要表现在以下几个方面。①斜坡浅表部垮塌,在斜坡表部由于修建公路,导致斜坡发生了小规模的垮塌。②斜坡由于受风化卸荷影响较大,岩体较为破碎,在公路开挖形成高陡边坡时,容易形成崩塌地质灾害,如国道G315、省道S204公路两侧的斜坡多属此类情况。③斜坡表部由于风化破碎严重,有些地方甚至表部为全风化层,一旦改变斜坡体原来所处的平衡条件,在斜坡体表部可能会发育新的崩塌。

3. 门源县崩塌发育特征

1)形态与规模

(1)形态特征。

本次实地调查89处崩塌,大型崩塌很少见。崩塌多发生于公路旁的陡坡,前方多有河流流经。堆积体多覆盖于道路上或坡脚地带,不易保存,故而仅可见较少堆积体堆积于坡脚。由于崩塌多瞬间发生,速度快,危险性较大,其造成的危害性较大。据崩塌资料统计,产生崩塌的坡形一般为凸形或直线形,坡顶高程在2388～3959m,坡高4～125m,坡度多集中在45°～85°(表3.36)。

表3.36 崩塌原始坡度统计表

坡度划分/(°)	<50	50～70	71～85	86～90
数量/处	45	12	14	8
占比/%	41.7	16.7	33.3	8.3

(2)规模特征。

崩塌规模不大,多属小型崩塌。崩塌发生速度快,危害大。崩塌规模虽无大型,但是由于瞬间发生,速度快,历时短,其危害性往往甚于滑坡。发生崩塌多是威胁居民区以及人类活动频繁的公路地段,特别是在强降雨及暴雨天气下,存在隐患的地段要加强防范,以免造成不必要的损失,门源县89处崩塌中,其中小型47处,占53%;中型27处,占30%;大型15处,占17%(图3.81)。

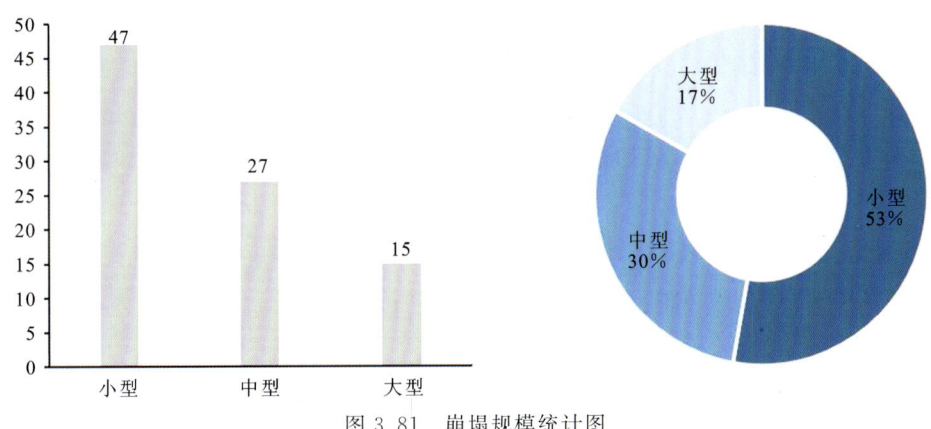

图 3.81 崩塌规模统计图

2) 几何特征

对门源县境内 89 处崩塌的相关数据进行分区和统计,得到长度、宽度和厚度的主要集中分布区间及最集中分布区,具体如下。

(1)高度。

崩塌体高度跨度范围较大,10~200m 均有分布(表 3.37),但主要集中在 0~10m,共 45 处,占实地调查崩塌总数的 50.6%;高度在 10~20m 之间的有 7 处,占总数的 7.9%;高度在 20~30m 之间的有 10 处,占调查总数的 11.2%,高度 50m 以上的有 19 处,占总数的 21.4%。

表 3.37 崩塌体高度统计表

高度/m	0~10	10~20	20~30	30~40	40~50	>50
数量/处	45	7	10	6	2	19
占比/%	50.6	7.9	11.2	6.7	2.2	21.4

(2)宽度。

崩塌体宽度跨度范围非常大,在 0~50m 之间的有 33 处,占实地调查崩塌总数的 37.1%;宽度在 50~100m 之间的有 14 处,占总数的 17.7%;宽度在 100~150m 之间的有 8 处,占总数的 9.0%;宽度大于 200m 的有 30 处,占总数的 33.7%,总体上崩塌体宽度分布出现两头多中间少的分布趋势(表 3.38)。

表 3.38 崩塌体宽度统计表

宽度/m	0~50	50~100	100~150	150~200	>200
数量/处	33	14	8	4	30
占比/%	37.1	15.7	9.0	4.5	33.7

（3）厚度。

崩塌体厚度分布范围为1～20m。在1～2m之间的有2处，占实地调查崩塌总数的2.2%；宽度在2～3m之间的有18处，占总数的20.2%；宽度为3～4m的有26处，占总数的29.2%；宽度为4～5m的有29处，占总数的32.6%；宽度大于5m的有14处，占总数的15.7%。厚度分布在2～5m之间的崩塌占比最大（表3.39）。其中厚度最大的崩塌为上白土沟潜在崩塌，崩塌体厚度为35m，崩塌体最小的厚度为1.5m，为达隆4社潜在崩塌。

表3.39 崩塌体厚度统计表

厚度/m	1～2	2～3	3～4	4～5	>5
数量/处	2	18	26	29	14
占比/%	2.2	20.2	29.2	32.6	15.7

3）成因机制特征

区域内崩塌的变形模式包括滑移式、倾倒式、错断式、拉裂式、坠落式5种，以坠落式为主，共50处，其中，倾倒式崩塌21处、滑移式崩塌13处、拉裂式崩塌3处、错断式崩塌2处（图3.82）。发生崩塌的斜坡体较陡，上部植被发育极差，且多发育有节理裂隙，在雨水或重力作用下裂隙不断增大，最终发生崩塌。

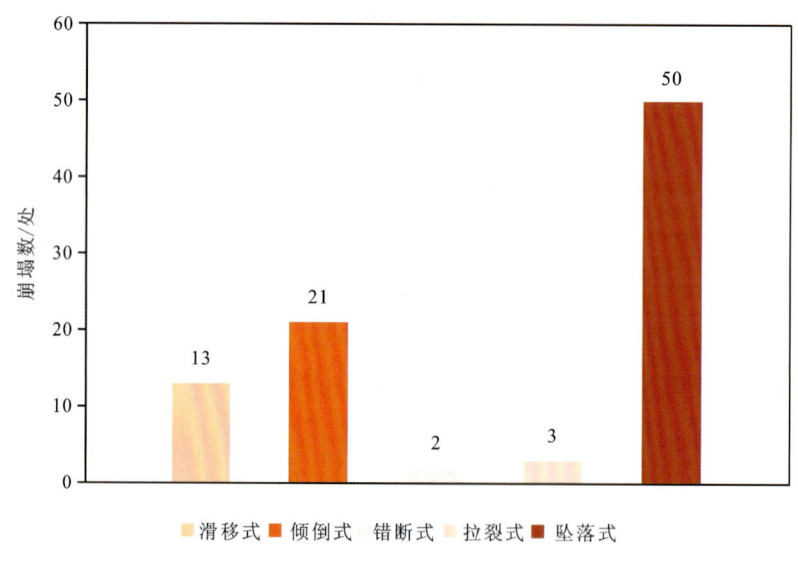

图3.82 崩塌成因机制统计图

4. 海晏县崩塌发育特征

本次共调查81处崩塌。崩塌多发生于公路旁的陡崖，一是由于切坡修路形成临空面，在卸荷作用及风化作用下发生块石剥（坠）落形成的；二是自然斜坡上部危岩体发生剥落形成的。发生崩塌的斜坡坡体较陡,上部植被发育稀少,岩体节理裂隙发育,在雨水或重力作用下裂隙不断增大,最终发生崩塌。由于崩塌多覆盖于道路上或部分滚落至河流中,不易保存,故而可见少量崩塌体堆积于坡脚处。

1)崩塌数量少、规模小、堆积体不易保存

本次实地调查的崩塌堆积物很少,主要原因有2点:一是崩塌体多坠落破碎,对村民房屋及公路等设施构成的威胁大多已清除;二是冲沟里的崩塌大多成为泥石流的物源被冲走,崩塌体不易长期保存。

2)崩塌发生速度快,危害大

崩塌规模虽小,但由于瞬间发生,速度快,其危害性较大。崩塌发生后,部分未崩落的岩体可能形成危岩体残留于坡面,所形成的坡面较陡,由于坡面无植被覆盖,坡体裸露,极易因雨水侵蚀或风化而崩落,安全隐患大。据区内本次调查资料统计,崩塌对居民房屋、县乡公路、砂石路等构成威胁,没有记载造成人员伤亡及财产损失的崩塌。

3)崩塌发生的坡度陡

据本次调查的81处崩塌资料统计,产生崩塌的坡型一般为凸形和直线形,其中,直线形占大多数,崩塌体所在处的斜(边)坡坡高12～60m,坡度50°～80°,崩塌变形模式主要为滑移式,其次为倾倒式。

5. 祁连县崩塌发育特征

本次实地调查13处崩塌,除4处土质崩塌外,其余皆为岩质崩塌。崩塌多发生于公路旁的陡坡,前方多有河流流经。崩塌体多覆盖于道路上或部分滚落至河流中,不易保存,故而仅可见较少崩塌体堆积于坡脚。

由于崩塌多瞬间发生,速度快,危险性较大,其造成的危害性并不亚于滑坡。据调查,其中有记载的崩塌灾害有3起,造成经济损失0.9万元。

据崩塌资料统计,产生崩塌的坡形一般为凸形或直线形,坡顶高程在2757～3703m,坡高3～124m,坡度多集中在70°～85°(表3.40)。

表3.40　崩塌体原始坡度分段统计表

坡度划分/(°)	<70	71～85	86～90
数量/处	2	11	0
占比/%	15.4	84.6	0

祁连县崩塌变形模式存在倾倒式(9处)、滑移式(3处)和错断式(1处)3种。发生崩塌的斜坡坡体较陡,上部植被发育极差,且多发育有节理裂隙,在雨水或重力作用下裂隙不断增大,最终发生崩塌。坡体发生崩塌后,部分未崩落的岩体可能形成危岩体残留于坡面;所形成的坡体较陡,坡度在60°以上,由于坡面无植被,坡体裸露,极易被雨水侵蚀和风化形成危岩体。坡体物质的崩落导致坡体受力失衡,坡体易发生鼓胀等变形破坏而形成危岩体,故其安

全隐患较大。

祁连县崩塌的其他特征如下。

①崩塌规模不大,多属小型崩塌。崩塌发生速度快,危害大。崩塌规模虽无大型,但是由于瞬间发生,速度快,历时短,其危害性往往甚于滑坡。发生崩塌多是威胁居民区以及人类活动频繁的公路地段,特别是在强降雨及暴雨天气下,存在隐患的地段要加强防范,以免造成不必要的损失。

②崩塌发生的坡度陡,变形破坏模式多样。在崩塌形成过程中可有几种变形破坏方式,呈现复合式崩塌,尤其是斜坡在拉裂式崩塌变形后可进一步发展转变为倾倒式崩塌及滑移式崩塌。

三、泥石流发育特征

1. 海北州泥石流发育特征

本次共调查297处泥石流,泥石流是该地区较为发育的地质灾害。根据野外实际调查,泥石流主要分为两类。

1) 常流水长沟道型泥石流

此类泥石流沟内有常年流水,汇水面积大,主沟长度长,大小支沟发育;固体物源丰富,提供方式多样化;暴发频率为高频。若遇强降雨,发生泥石流,危害极大。在本次调查中以深水槽泥石流为此类泥石流的典型代表。固体物源主要有物源区冰川冻融作用形成的碎屑物质、坡面侵蚀以及两岸斜坡崩滑堆积物。目前沟口公路上修有桥涵,泥石流堆积物向下游堆积,挤压八宝河,使其偏移。

2) 无常流水短沟道型泥石流

此类泥石流沟内为季节性流水,汇水面积较第一类小,主沟长度较长,小支沟发育,沟谷纵坡降大,固体物源较丰富,暴发频率为中频,沟口堆积扇上常有居民房屋。若遇强降雨,发生泥石流的频率高,泥石流暴发凶猛,流速快,危害大。本次调查中以查曲沟泥石流为此类泥石流的典型代表,流域面积较小。固体物源主要为坡面侵蚀堆积物,物源方量中等,轻微堵塞,危害性大,威胁对象为居民和公路。

海北州泥石流的主要特点如下。

(1) 分布广,数量多,暴发频繁。

本次调查的泥石流共297处,主要分布在黑河、大通河、沙柳河、哈尔盖河等两岸支沟中,分布较广,这些地方具有泥石流发育的有利地形条件。该地域有效降雨强度大,导致泥石流极为发育。境内降水较为集中,多年平均降水量273.5~394.7mm,全年降水量的80%以上集中在6—9月,且夜雨多,这几个月亦是地质灾害的易发期。

(2) 物源方量大,粒径粗,易启动,致灾强。

泥石流固体物源主要有滑坡堆积物和坡面侵蚀堆积,沟谷切割较深,纵坡比适当,易于保存堆积,方量大;物源多为砂砾石土和碎石,粒径较大,结构极其松散,若遇强降雨、暴雨,能够提供很好的水动力条件,一旦启动,其流速较快,破坏力较大,致灾强。

2. 刚察县泥石流发育特征

调查区内沟谷发育,支沟较多,沟床纵坡降较大。构造作用强烈,岩体较破碎,暴雨时容易诱发泥石流。据本次调查统计,调查区有泥石流沟 88 处,占灾害点总数的 42%,是区内发育的主要地质灾害之一。

区内泥石流的流域面积大多数小于 5km², 横断面以 "V" 形为主, 主沟纵坡降多数大于 100‰, 这为泥石流的形成提供了有利的地形条件, 并且泥石流泥沙沿程补给长度长, 据统计, 区内 88 处泥石流, 补给长度比大于 60% 的有 48 处, 占泥石流总数的 54.5%; 补给长度比在 30%~60% 的有 36 处, 占 40.9%; 补给长度比小于 30% 的有 4 处, 占 4.5%, 这为泥石流提供了较丰富的物源条件。

调查区泥石流的主要特点如下。

1) 分布广,数量多,暴发频繁

本次调查的泥石流 88 处, 主要分布在大通河谷、哈尔盖河、沙柳河两侧及各支沟冲沟内, 这些地方具有泥石流发育的有利地形条件。该地域有效降水强度大, 导致泥石流极为发育。县境内降水较为集中, 多年平均降水量 480.43mm, 日最大降水量 57.7mm, 小时最大降水量 21.2mm, 10min 最大降水量 11.8mm, 全年降水量的 80% 以上集中在 6—9 月, 这几个月亦是地质灾害的易发期。在调查的 88 处泥石流中有 21 处泥石流为高频泥石流。

2) 物源方量较大,易启动,致灾强

泥石流固体物源主要有重力堆积物和坡面侵蚀堆积,沟谷切割较深,纵坡比适当,易于保存堆积,方量大。物源多为硬岩风化层和岩体节理发育较破碎的硬岩,若遇强降雨、暴雨时,能够提供很好的水动力条件,一旦启动,其流速较快,破坏力较大,致灾强。

3. 门源县泥石流发育特征

1) 泥石流沟谷形态特征

据调查统计,门源县共发育泥石流 110 处,主要以沟谷型泥石流为主,共 97 处,占泥石流总数的 88.2%,其次发育山坡型泥石流共 13 处,占泥石流总数的 11.8%(图 3.83)。

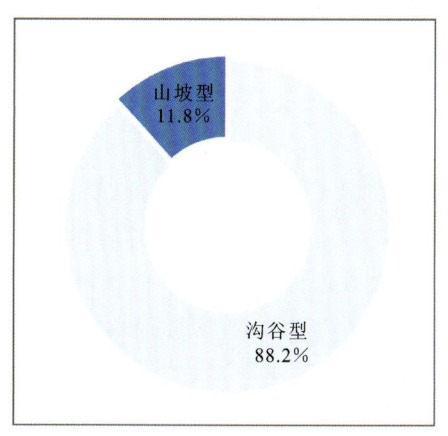
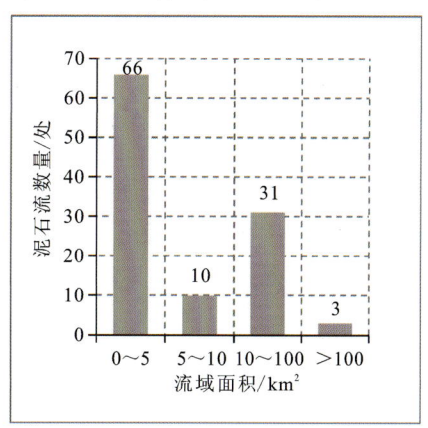

图 3.83　泥石流流域特征统计图

泥石流的流域面积是确定其规模大小的主要因素之一,据统计,门源县内有 66 处泥石流流域面积小于 5km²,占总数的 60%,因此泥石流大多形成于流域面积较小的沟谷,工作区内的泥石流发育特征表明,较小的汇水区面积更有利于泥石流的形成和启动。

2)泥石流总体发育特征

本次调查过程中泥石流共有 110 处,是该地区最为发育的地质灾害。本次调查的泥石流隐患中,固体物源主要为坡面侵蚀堆积。根据野外实际调查,门源县泥石流主要分为 3 类。

(1)常流水长沟道型泥石流。

此类泥石流沟内有常年流水,汇水面积大,主沟长度长,大小支沟发育,固体物源丰富,固体物质提供方式多样化,暴发频率为高频,沟道内及沟口堆积扇上常有居民房屋,若遇强降雨,发生泥石流,危害极大。本次调查以金子沟泥石流(MY-012)为此类泥石流典型(图 3.84)。固体物质来源主要为河流堆积物、坡面侵蚀和两岸斜坡崩塌堆积物,以及人工开挖导致的大量碎屑物质,危害性大,威胁对象为下游沟道和堆积扇上居民点、穿过泥石流堆积区的国道 G227 约 2km,居民输电线路约 3km 以及村内道路约 2km,威胁财产 410 万元。

图 3.84　金子沟泥石流流通区及汇水区全貌

(2)无常流水短沟道型泥石流。

此类泥石流沟为季节性流水,汇水面积较第一类小,主沟长度较长,小支沟发育,沟谷纵坡降大,固体物源较丰富,暴发频率为中频,沟口堆积扇上常有居民房屋。若遇强降雨,发生泥石流的频率高,泥石流暴发凶猛,流速快,危害大。本次调查以德庆营 2 社泥石流(MY-004)为此类泥石流典型,流域面积较小(图 3.85)。固体物质主要由坡面侵蚀以及两岸斜坡崩塌滑坡堆积物提供。危害性大,威胁对象为沟口居民点,威胁 15 户 65 人,威胁财产 260 万元。

(3)陡峻坡面型泥石流。

此类泥石流沟无常年流水,汇水面积小,固体物源少,无支沟,沟道长度短,沟道纵坡降大,常为数条泥石流沟并排平行出现,暴发频率为高频,威胁山坡脚下的居民房屋。地形陡峻,沟谷坡降大的地貌条件,不仅为泥石流提供了动力条件,而且陡峭的山坡上植被难以生长,在暴雨作用下,极易发生泥石流,且危害大。本次调查以皇城乡东沟泥石流为此类泥石流典型(MY-122),威胁危害对象为正在修建的高铁及隧道口,威胁财产 1200 万元(图 3.86)。

图 3.85　德庆营 2 社泥石流物源区及流通区段

图 3.86　皇城乡东沟泥石流全貌及堆积区前缘高铁桥墩

门源县泥石流发育最明显的特征主要有以下两个方面。一是分布广，数量多，暴发频繁，本次调查的泥石流共 110 处。县境内多年平均降雨量为 526.1mm，且降雨量多集中于 6—9 月，所以泥石流灾害多发生于 6—9 月。

二是物源方量大，粒径粗，易启动，致灾强。泥石流固体物源主要有滑坡堆积物和坡面侵蚀堆积物，沟谷切割较深，纵坡比适当，易于保存堆积，方量大；物源多为砂砾石土和碎石，粒径较大，结构极其松散，若遇强降雨、暴雨时，能够提供很好的水动力条件，一旦启动，其流速较快，破坏力较大，致灾强。

4. 海晏县泥石流发育特征

本次野外调查区共发育有 52 处泥石流，是区内发育的主要地质灾害之一。

1）泥石流沟道较长

区内泥石流沟道长短不一，据统计，调查的 52 处泥石流沟，主沟长度小于 1.0km 的有 20 处，占泥石流总数的 38.46%；主沟长度介于 1~2km 之间的有 6 处，占 11.54%；主沟长度介于 2~3km 之间的有 5 处，占 9.62%；主沟长度介于 3~4km 之间的有 4 处，占 7.69%；主沟长度介于 4~5km 之间的有 8 处，占 15.38%；主沟长度介于 5~6km 之间的有 3 处，占 5.77%；主沟长度介于 6~7km 之间的有 4 处，占 7.69%；主沟长度不小于 7km 的有 2 处，占 3.85%（表 3.41）。

表 3.41 泥石流沟道长度统计表

长度/km	<1	1～2	2～3	3～4	4～5	5～6	6～7	≥7
数量/处	20	6	5	4	8	3	4	2
占比/%	38.46	11.54	9.62	7.69	15.38	5.77	7.69	3.85

2）泥石流泥沙沿程补给长度长

区内泥石流沟两岸泥沙补给长度较长。据统计，区内52处泥石流，补给长度比大于60%的有38处，占泥石流总数的73.1%；补给长度比30%～60%的有14处，占泥石流总数的26.9%。区内泥石流沟两岸泥沙补给长度较长，为泥石流提供了较丰富物源。

3）泥石流形成区沟谷坡度大

区内泥石流沟谷两岸山坡坡度多呈陡坡，据统计实地调查52处泥石流中坡度大于32°的有49处，占实地调查总数的94.2%；坡度介于25°～32°的有3处，占实地调查总数的5.8%。

4）泥石流沟主沟平均纵坡降较大

据统计，区内52处泥石流中主沟平均纵坡降小于52‰的有1处，占泥石流总数的1.92%；主沟平均纵坡降52‰～105‰的有8处，占泥石流总数的15.4%；主沟平均纵坡降105‰～213‰的有25处，占泥石流总数的48.1%；主沟平均纵坡降大于213‰的有18处，占泥石流总数的34.6%（表3.42）。

表 3.42 泥石流平均纵坡降统计表

平均纵坡降/‰	<52	52～105	105～213	≥213
数量/处	1	8	25	18
占比/%	1.92	15.38	48.08	34.62

5）泥石流流域面积以小于5km²为主

区内泥石流流域面积自0.01～14.3km²均有分布，其中以0.2～5km²最多，共计19处，占泥石流总数的34.6%；其次为小于0.2km²的有18处，占36.5%；5～10km²的有11处，占泥石流总数的21.2%；10～100km²的有4处，占泥石流总数的7.7%。

6）组成泥石流的物质多为风化和节理发育的硬岩

区内泥石流大多发育于巴燕峡湟水两岸低山丘陵区，因此决定了构成区内泥石流的物质主要为片麻岩、砂岩的风化松散堆积物。区内52处泥石流，其泥石流组成物质主要由土及软岩构成的泥石流7处，占泥石流总数的13.4%；组成物质软硬相间的泥石流3处，占泥石流总数的5.8%；组成物质由风化和节理发育的硬岩构成的泥石流42处，占泥石流总数的80.8%。

7）泥石流出沟口有固定沟道及堵塞程度轻微的居多

区内52处泥石流中有固定沟道的有33处，占泥石流总数的63.5%；无固定沟道的有19处，占泥石流总数的36.5%。堵塞程度中等的有21处，占泥石流总数的40.4%；堵塞严重的有5处，占泥石流总数的9.6%；堵塞轻微的有25处，占泥石流总数的48.1%，无堵塞1处，占泥石流总数的1.9%。

8)泥石流最大一次冲出物规模多为小型

区内 52 处泥石流中小型泥石流有 35 处,占泥石流总数的 67.3%;中型泥石流有 17 处,占 32.7%,由此可见区内泥石流规模以小型为主。

9)泥石流大多处于衰退期

区内泥石流大多处于衰退期。衰退期的泥石流沟岸岸坡趋于稳定,以沟床侵蚀为主,有淤有冲,由淤转冲,沟坡稳定,植被恢复,沟槽稳定。据统计,区内 52 处泥石流中处于发育期有 1 处,占实地调查总数的 1.9%;处于旺盛期的有 19 处,占实地调查总数的 36.5%;处于衰退期有 29 处,占实地调查总数的 55.8%;处于停歇期的有 3 处,占实地调查总数的 5.8%。

5. 祁连县泥石流发育特征

本次共调查 47 处泥石流,泥石流是该地区较为发育的地质灾害。根据野外实际调查,该区域内泥石流主要分为两类。

1)常流水长沟道型泥石流

在本次调查中以深水槽泥石流为此类泥石流典型。固体物质主要有物源区冰川冻融作用形成的碎屑物质、坡面侵蚀以及两岸斜坡崩滑堆积物。目前沟口公路上修有桥涵,泥石流堆积物向下游堆积,挤压八宝河,使其偏移。

2)无常流水短沟道型泥石流

在本次调查中以查曲沟泥石流为此类泥石流典型,流域面积为较小。固体物质来源主要由坡面侵蚀堆积物提供,物源方量中等,轻微堵塞,危害性大,威胁对象为居民和公路。

调查区泥石流的主要特点如下。

(1)分布广,数量多,暴发频繁。

本次调查的泥石流 47 处,其主要分布在黑河两岸支沟中,分布较广,具有泥石流发育有利地形条件。该地域有效降雨强度大,导致泥石流极为发育。县境内降水较为集中,多年平均降水量 273.5~394.7mm,全年降水量的 80% 以上集中在 6—9 月,且夜雨多,这几个月亦是地质灾害的易发期。在调查的 47 处泥石流中有 29 处泥石流为高频泥石流。

(2)物源方量大,粒径粗,易启动,致灾强。

泥石流固体物源主要有滑坡堆积物和坡面侵蚀堆积,沟谷切割较深,纵坡比适当,易于保存堆积,方量大。物源多为砂砾石土和碎石,粒径较大,结构极其松散,若遇强降雨、暴雨时,能够提供很好的水动力条件,一旦启动,其流速较快,破坏力较大,致灾强。

第三节　地质灾害分布规律

一、空间分布规律

1. 海北州地质灾害空间分布规律

区内地质灾害分布规律严格受自然地质条件和人为因素的制约,地质灾害在空间上有相对集中和呈条带状展布的分布规律(图 3.87),具体表现如下。

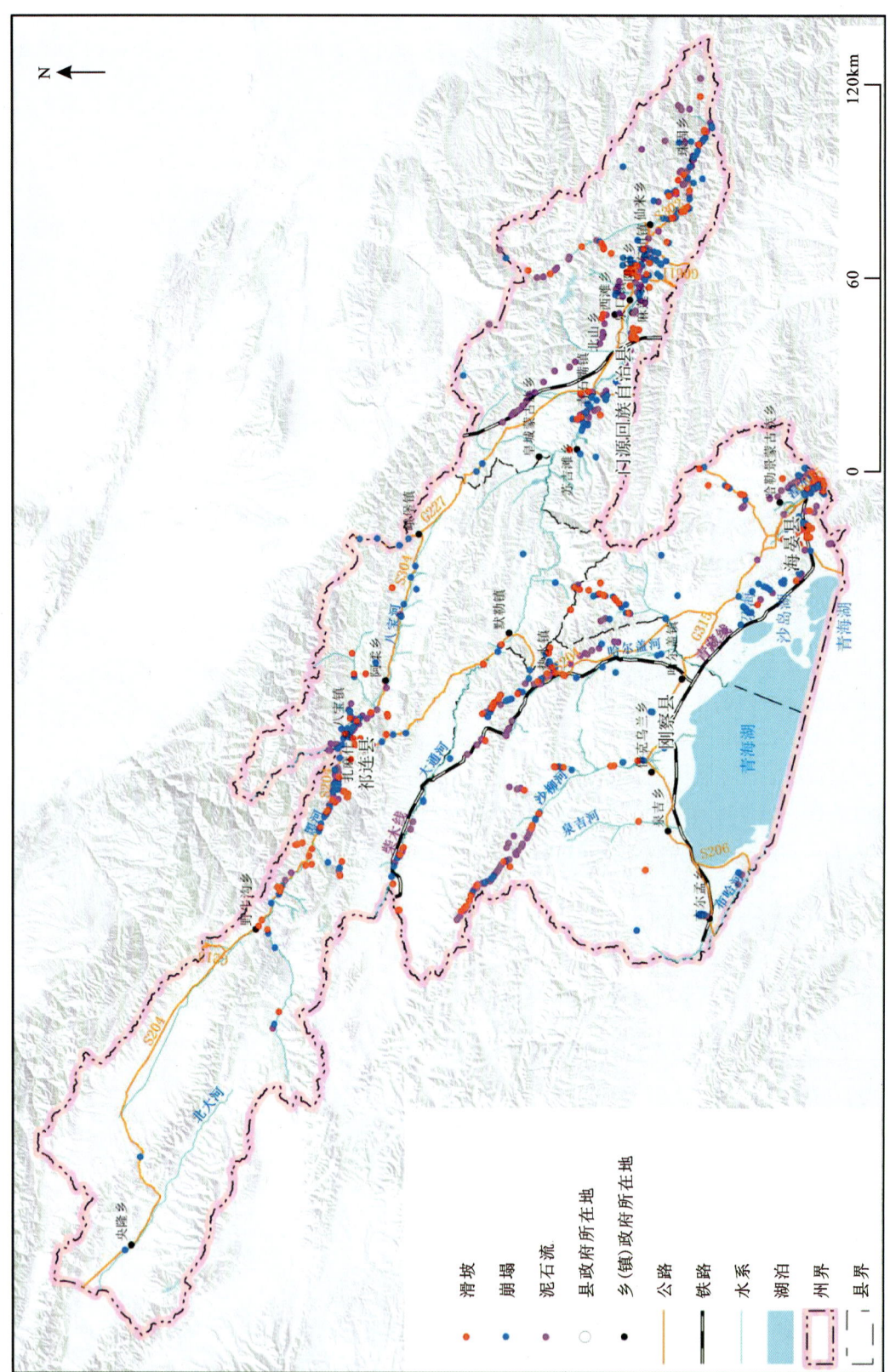

图3.87 海北州地质灾害及隐患分布图

1）沿河流、公路两侧呈条带状集中

据本次调查资料统计，地质灾害大部分分布于河谷、公路两侧，特别是潜在滑坡，潜在滑坡更具有线性分布特点，主要集中在修建公路切坡形成的高陡边坡处（如黑河峡谷公路两侧）和人工切坡建房而成的陡崖处。

区内滑坡（潜在滑坡）、崩塌（潜在崩塌）、泥石流分布密度和致灾作用与河流及沟谷的发育期密切相关。在一般的沟谷形成早期，以垂直侵蚀作用为主，沟谷两侧崩塌、滑坡频发，但绝大多数规模较小。由于早期沟谷内人烟稀少，一般不易致灾，属于不良自然现象；壮年期河流以侧向侵蚀为主，河流两侧边坡风化、卸载作用强烈，处于河流侵蚀岸的斜坡易发生滑坡、崩塌，壮年期河流两侧斜坡地带冲沟发育，为泥石流的发育提供了地形地貌条件，泥石流多发，在人口居住及存在工程基础设施地段产生灾害。在宽阔的（即成型）河谷，如湟水河河谷，自然条件下低山丘陵前缘老滑坡坡体总体较稳定，在风化和卸载作用下，多形成剥落和局部不稳定。但是，由于成型河谷区地形平坦开阔，人口、工程和基础设施密集，河谷边坡处人类不合理工程活动较多，人为引发的滑坡、崩塌灾害也时有发生。

2）地质灾害受地形地貌控制明显

据调查资料，区内滑坡（潜在滑坡）、崩塌（潜在崩塌）、泥石流灾害发育区坡体高陡，地形坡度一般为$40°\sim80°$，山体基岩风化较强，表层岩石破碎。这一规律在境内公路两侧尤为明显，由于公路的建设，在修筑公路时大量开挖斜坡坡脚，形成高陡临空面，促使滑坡、崩塌的发生。

中高山区地形波状起伏，天然次生林大面积覆盖，自然植被较好，为天然林带，整体覆盖率大于60%，水土流失程度较弱，重力侵蚀对谷坡的破坏较轻，其沟壑密度较小，坡积土层厚度不大，一般山梁部位已见基岩出露，谷坡完整性保持较好，地质灾害发育程度较低。由于基岩风化严重，常发育小型崩塌及水石型泥石流。

河谷平原区和构造剥蚀低山丘陵区，河谷较为开阔，地势平坦，但该地区人口较多，人口密度大，人类工程经济活动相对较强，故地质灾害也较为发育。在高海拔低缓丘陵区和高海拔冲洪积平原区，人口密度小，人类工程经济活动较小，故该地区的地质灾害发育程度较低。

地形地貌的不同导致人口密度及人类工程活动不同，地质灾害发育程度是不均匀的，这种不均匀包括地质灾害发育的个数和类型的不均匀性。

3）在易滑或易崩地层岩性组合部位相对集中

区内易滑地层或软弱结构面主要为古近系红色泥岩层、黄土和黄土状土、泥岩顶部风化壳与黄土接触面，以及基岩中的风化破碎带；易崩地层为黄土和坡度大的花岗岩、砂砾岩等基岩的风化破碎带。黄土垂直节理发育，在高陡边坡部位，卸荷裂隙和风化裂隙更甚，故在黄土高陡边坡地段，黄土崩塌及不稳定斜坡密集。而在基岩高陡边坡地段，差异性风化致使泥岩风化缩进，砂岩地层悬空，裂隙发育并开启，加之河流侧蚀、人工切坡等原因，崩塌较为集中。

4）人类工程活动对地质灾害的分布有一定的作用

近几年随着基础建设进程加快，受地形和经济条件的限制，进行工程建设时，高陡斜坡大量出现，对泥石流原始下泄通道及堆积扇无序开挖破坏，对地质灾害的防治重视程度不够，从而使地质灾害发生频率越来越高。

2. 刚察县空间分布规律

受地形地貌、构造、岩土体结构、植被、人口分布、人类活动强度等因素影响,刚察县地质灾害主要分布于北部构造剥蚀高山地区,分别沿境内大通河、沙柳河两侧呈条带状分布。总体具有以下两大特征。

1) 地质灾害受地形地貌控制明显

区内形成自北西向南东倾斜的地形,可分为侵蚀构造高山、侵蚀构造中山、构造剥蚀丘陵和堆积平原区。北部大通山地段为高山区,沟谷相间,植被发育程度较低,河流下蚀和侧蚀作用强烈,寒冻风化作用强,人工开挖斜坡,部地形陡峭,风化残积层易失稳,区内崩塌(潜在崩塌)、滑坡(潜在滑坡)以及泥石流发育,共发育地质灾害点164处。中部为中山区及丘陵区,中山区以侵蚀构造为主,相对高差200m,植被较发育,流水侵蚀和物理风化作用较强,坡度较缓,一般小于20°,区内地质灾害较发育,共发育地质灾害点26处;丘陵区植被发育良好,斜坡坡度小于15°,现代河流侵蚀切割微弱,地质灾害发育程度一般,共发育地质灾害点18处。南部为平原地带,地形低缓、开阔,沟谷切割深度不大,植被发育程度高,地质灾害发育少,共发育地质灾害点2处(图3.88)。

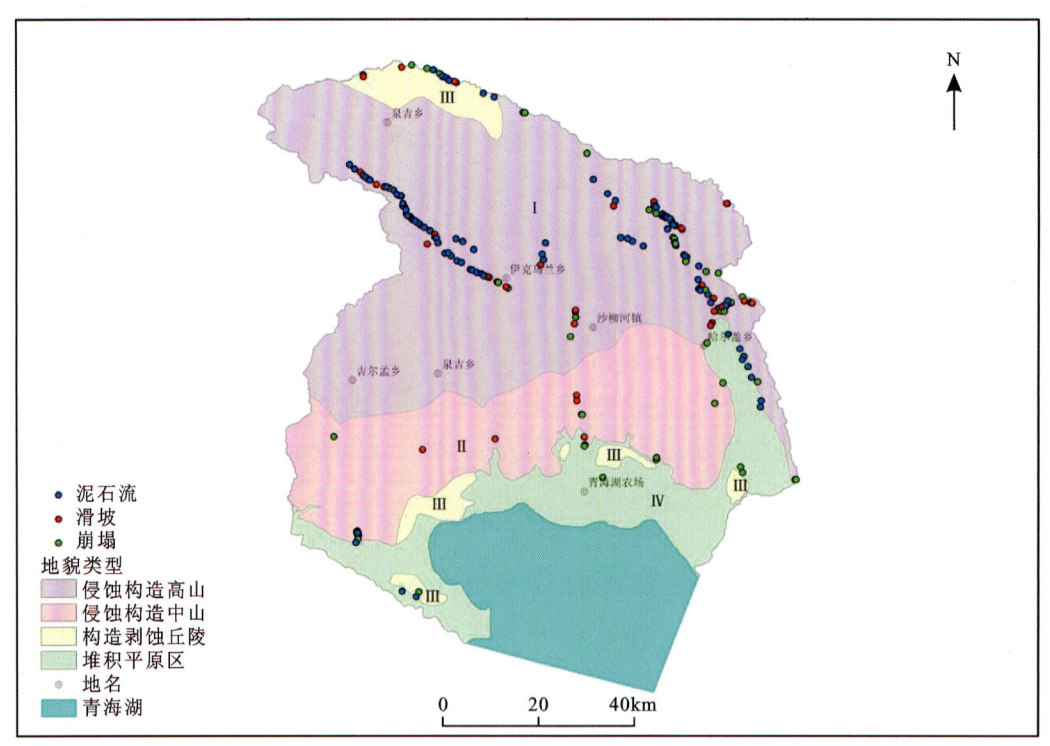

图3.88 刚察县地质灾害分布图

2) 人类工程活动对地质灾害的分布影响较明显

调查区内地质灾害的分布与人类工程活动密切相关,人口密集,不规范的人类工程活动强度大的地区,是地质灾害的发育区。区域内人工开挖坡脚形成潜在滑坡、崩塌主要分布在

315国道亚秀麻路段、省道204热水至刚察县段、热水至江仓公路、沙柳河镇至江仓公路以及部分村道路段,共发育有56处潜在滑坡和崩塌。区内矿山46处,现有开发煤矿矿区5处,在建5处,煤矿开发诱发的地质灾害主要为采矿坑及矿渣堆积体边缘所形成的潜在崩塌以及滑坡(潜在滑坡),据统计,区内主要开采矿山共形成潜在崩塌2处,潜在滑坡9处,滑坡1处。

调查区发育的地质灾害类型有滑坡(潜在滑坡)、崩塌(潜在崩塌)和泥石流,其空间分布特征分述如下。

(1)滑坡(潜在滑坡)的分布。

调查区内滑坡(潜在滑坡)主要分布在构造侵蚀高山区,构造侵蚀中山区及丘陵区次之,堆积平原区未见滑坡现象。本次调查发现,区内发生明显变形的滑坡4处,存在滑动破坏趋势的潜在滑坡46处,主要为人类工程活动形成的。岩质斜坡沿刚察-江仓公路、热江公路等道路两侧及矿山开采区分布,土质斜坡分布于大通河南岸的低山丘陵区,以碎石土层为主。危害对象主要是公路、河道。

(2)崩塌(潜在崩塌)的分布。

调查区内崩塌(潜在崩塌)主要分布在构造侵蚀高山区,沿省道S204、热江公路及沙柳河镇至江仓道路两侧,呈带状分布,以自然岩质斜坡为主,受寒冻风化等作用,人工岩质斜坡较少,为修建道路所致;构造侵蚀中山区及丘陵区次之,沿道路两侧分布,以土质斜坡为主,多为道路工程建设时开挖坡脚所致,整体呈星点状分布;堆积平原区局部出现人工土质边坡潜在崩滑现象。

(3)泥石流的分布。

调查区内泥石流灾害主要分布在构造侵蚀中、高山区,发育在大通河谷、哈尔盖河、沙柳河两侧及各支沟冲沟内,河谷区为泥石流的主要承灾区,整体呈带状分布;构造侵蚀中、高山区发育的泥石流以沟谷型泥石流为主,多处于发育期;构造侵蚀中、高山区泥石流以水石型泥石流为主,汇水面积大,相对高差及纵坡降大,受寒冻风化、降雨融雪以及河流侵蚀形成,沟内松散固体物源丰富,沟谷纵比降大,沟口扇形地发育程度较一般。坡面泥石流主要发育于大通山区,在山前坡脚地带泥石流呈扇状堆积,呈梳状分布,具汇水面积小、纵坡降大、相对高差大、坡体植被覆盖低等特征,坡体强风化层及残坡积层为泥石流的主要物源。

低山丘陵区分布的泥石流,其上游大多处于低山丘陵区,沟口大多处于堆积平原区。有固定排导沟道,堆积物沿沟堆积,属沟谷型泥石流,沟谷两侧植被覆盖率较高,固体补给物源主要是沟谷中上游滑坡、崩塌或残坡积物,大多处于发展期,具汇水面积小、相对高差小于50m、纵坡降较大、物源以上游崩滑体为主、沟口仅残存堆积扇等特征。

3. 门源县空间分布规律

1)沿河流两侧呈条带状集中

据本次调查资料统计,地质灾害均分布于河谷两侧,特别是潜在滑坡和潜在崩塌具有带状分布特点,区内滑坡(潜在滑坡)、崩塌(潜在崩塌)、泥石流分布密度和致灾作用与河流及沟谷的发育期密切相关。在一般的沟谷形成早期,以垂直侵蚀作用为主,沟谷两侧崩塌、滑坡频发,但绝大多数规模较小。由于早期沟谷内人烟稀少,一般不易致灾,属于不良自然现象;壮年期河流以侧向侵蚀为主,河流两侧边坡风化、卸载作用强烈,处于河流侵蚀岸的斜坡易发生滑坡、崩塌,壮年期河流两侧斜坡地带冲沟发育,为泥石流的发育提供了地形地貌条件,泥石流多发,在人口居住及存在工程基础设施地段产生灾害(图3.89)。

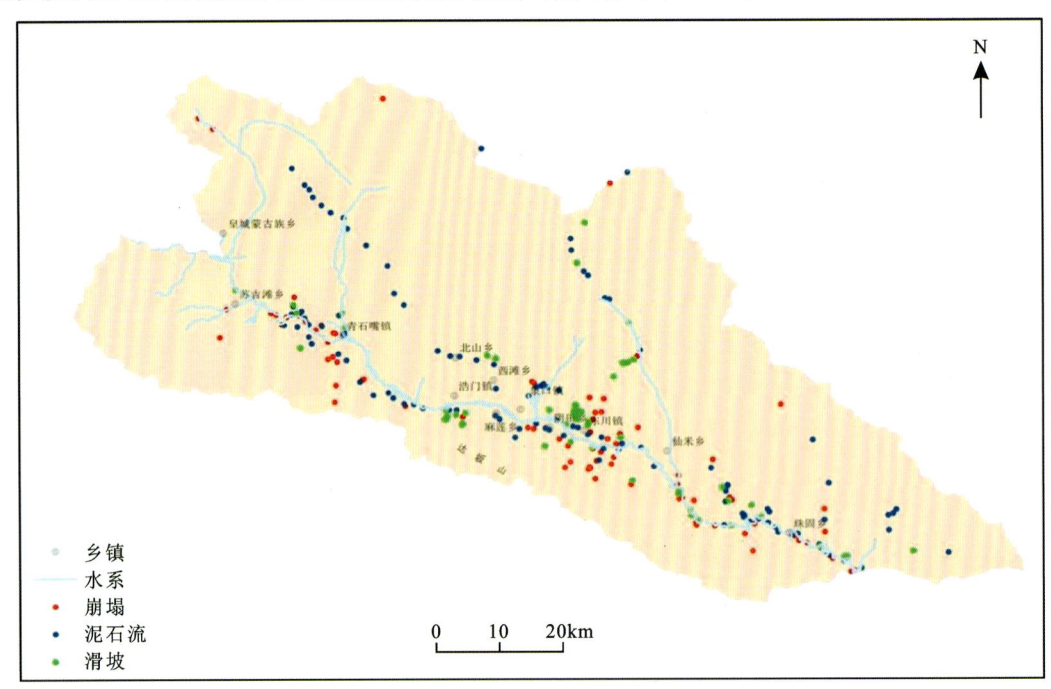

图3.89 门源县灾害点沿水系分布图

2)地质灾害受地形地貌控制明显

据调查资料统计,门源县由东向西,地质灾害分布密度逐渐变小,活动性也有所减弱。区内滑坡、崩塌、泥石流灾害发育区,在地貌上多处于高山峡谷区,坡体高陡,地形坡度一般为20°～70°。山体基岩寒冻风化强烈,表层岩石破碎,坡脚堆积大量松散物。

侵蚀堆积河谷平原区和侵蚀剥蚀低山丘陵区,包括阴田乡、东川镇、西滩乡、泉口镇,河谷较为开阔,地势平坦,但是谷坡陡峻且该地区人口较多,人口密度大,人类工程经济活动相对较强,故地质灾害也较为发育;侵蚀构造中高山区,包括皇城乡、苏吉滩乡,占地面积广,人口密度小,人类工程经济活动微小,故该地区的地质灾害发育程度是较低的。

从图3.90可以看出,东部地区地质灾害发育数量大于西部地区。

3)人类工程活动对地质灾害的分布有一定的作用

据本次调查资料统计,地质灾害发育程度与人类工程活动强度呈正相关关系。例如大多数潜在滑坡、潜在崩塌主要是由于人工开挖造成,主要集中在修建公路切坡形成的高陡边坡处和人工切坡建房而成的陡崖处(图3.91)。

4. 海晏县空间分布规律

1)滑坡

(1)在县境内中高山区集中分布。

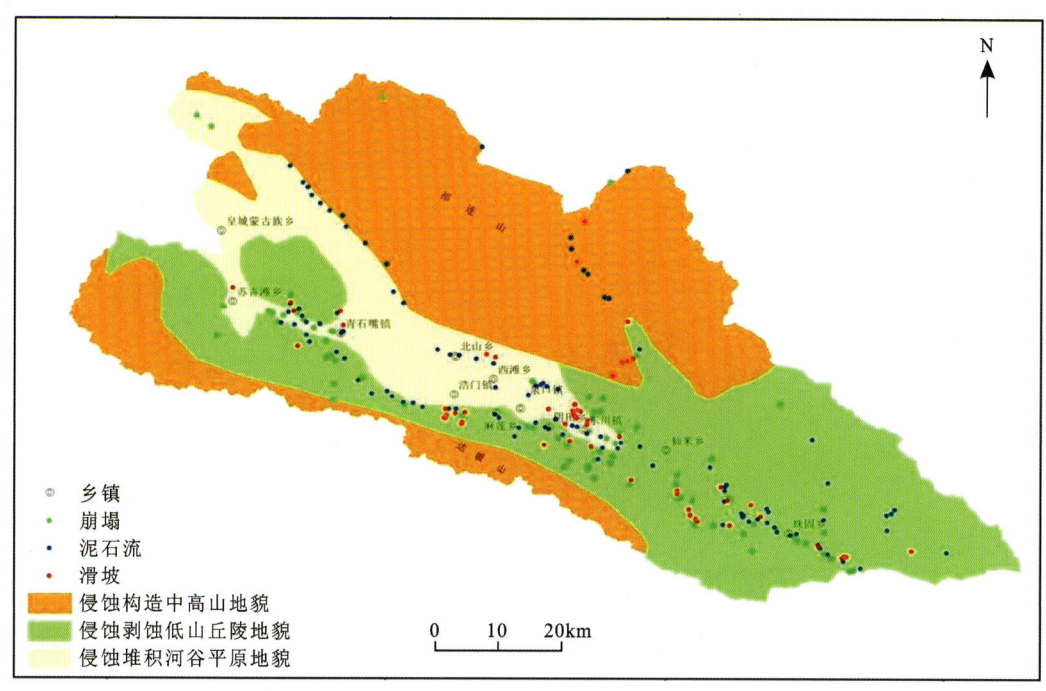

图 3.90 门源县地貌与灾害点分布图

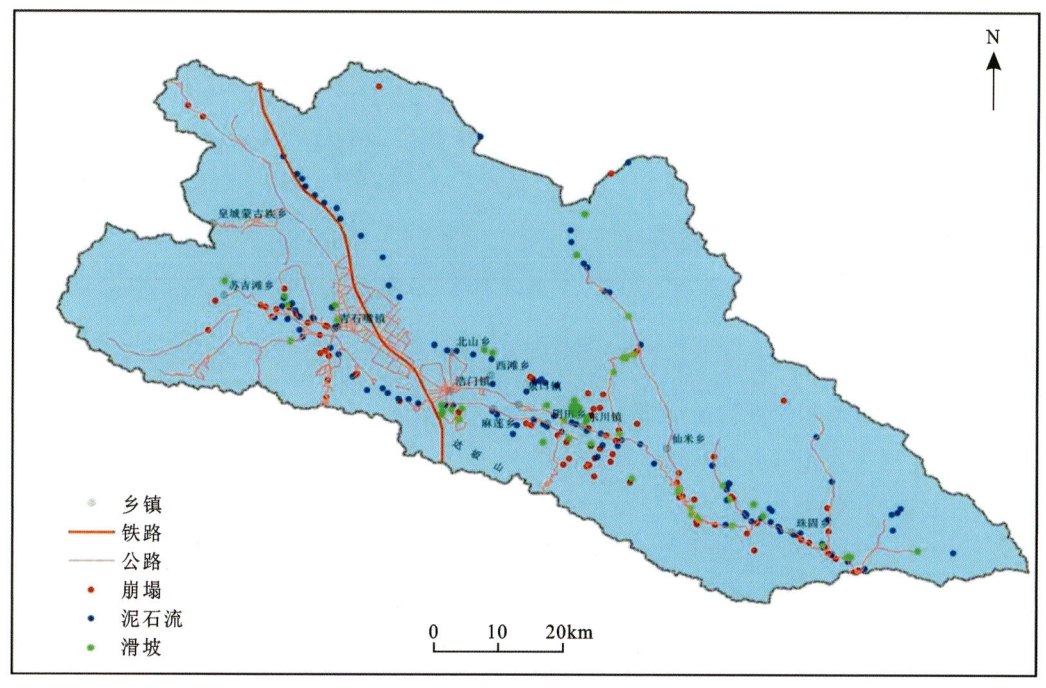

图 3.91 门源县道路与灾害点分布图

经调查,县境内 48 处滑坡中,16 处分布于冰蚀构造高山区,11 处分布于侵蚀构造中高山区,16 处分布于构造剥蚀低山及丘陵区,5 处分布于冰碛冰水台地区。根据上述统计数据可以看出,海晏县滑坡灾害主要分布于中高山区,高陡地形是滑坡的主控因素,滑坡的发育主要受自然因素的影响,其分布密度和致灾作用与河流及沟谷的侵蚀切割作用密切相关,沟谷中下游以侵蚀作用为主,沟道侵蚀严重,沟谷两侧谷坡风化、卸荷作用强烈,在强烈侵蚀和侧蚀作用下形成高陡斜坡及临空面,尤其是处于河流(沟)侵蚀岸的斜坡易发生滑坡灾害。而沟谷上游侵蚀切割相对较弱,滑坡灾害发育较少(图3.92)。

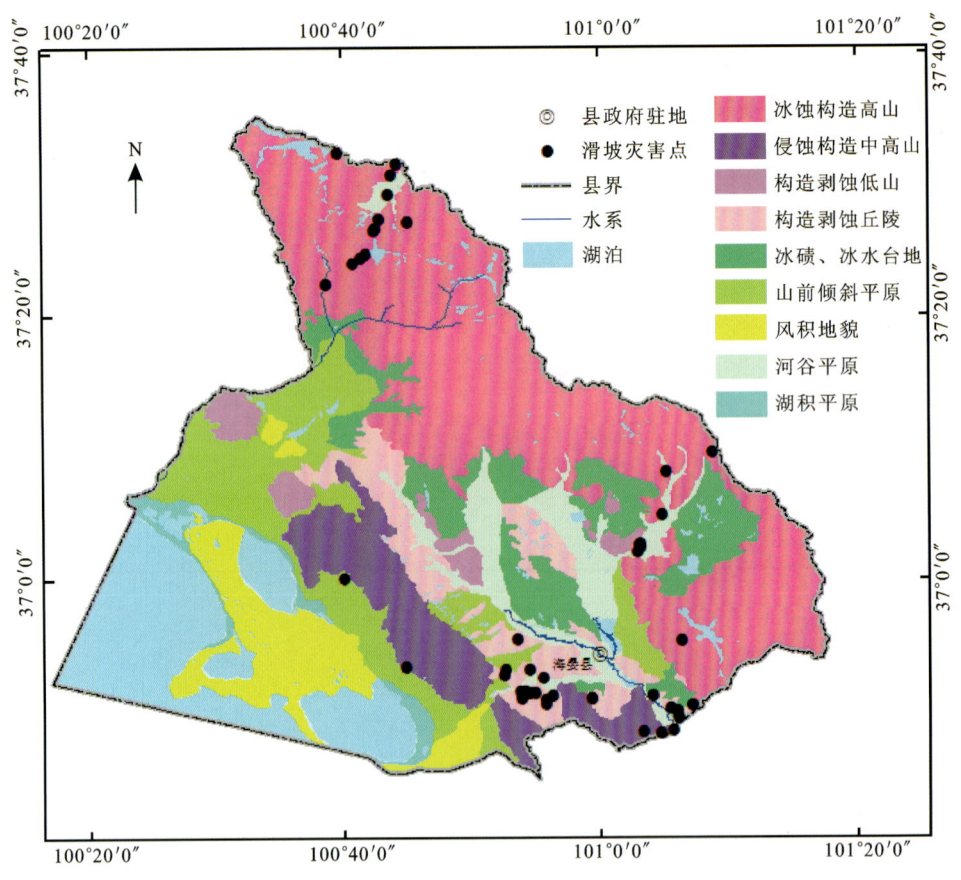

图 3.92　滑坡分布与地形地貌图

(2)在砂岩、砂砾岩及泥岩地层集中分布。

调查区内滑坡大多为岩质滑坡,调查的48处滑坡,发生在砂砾岩、砂岩及泥岩地层中21处,占调查总数的43.75%。泥岩、砂岩表部风化强烈,岩性软弱,遇水易软化、崩解,下部完整泥岩或砂岩为相对隔水层,在此层之上易形成软弱结构面。

(3)在直线形斜坡地段相对集中分布。

平直形和凸形坡易产生滑坡灾害,在调查的48处滑坡中,原始坡形为凸形坡的滑坡约10处,占滑坡总数的20.8%;直线形滑坡22处,占滑坡总数的45.8%;由此可见区内滑坡主要发生在直线形斜坡带。

2)崩塌

(1)在高山区与丘陵区集中分布。

经调查,县境内共发育81处崩塌,28处分布于构造侵蚀高山区,19处分布于构造侵蚀中高山区,31处分布于构造剥蚀丘陵区,其余分布于低山区和冰碛、冰水台地。其中,高山区岩性主要为片麻岩、千枚岩等层状变质岩,在风化作用下,节理裂隙发育,在降雨地震等诱发因素影响下易形成崩塌;丘陵区主要为土质崩塌,由于雨水侵蚀冲刷或潜蚀作用,斜坡结构复杂,在重力作用下发生垮塌。由此可看出海晏县崩塌灾害主要分布于高山区和丘陵区,这与各区域的岩土体工程地质特性有着密切的联系(图3.93)。

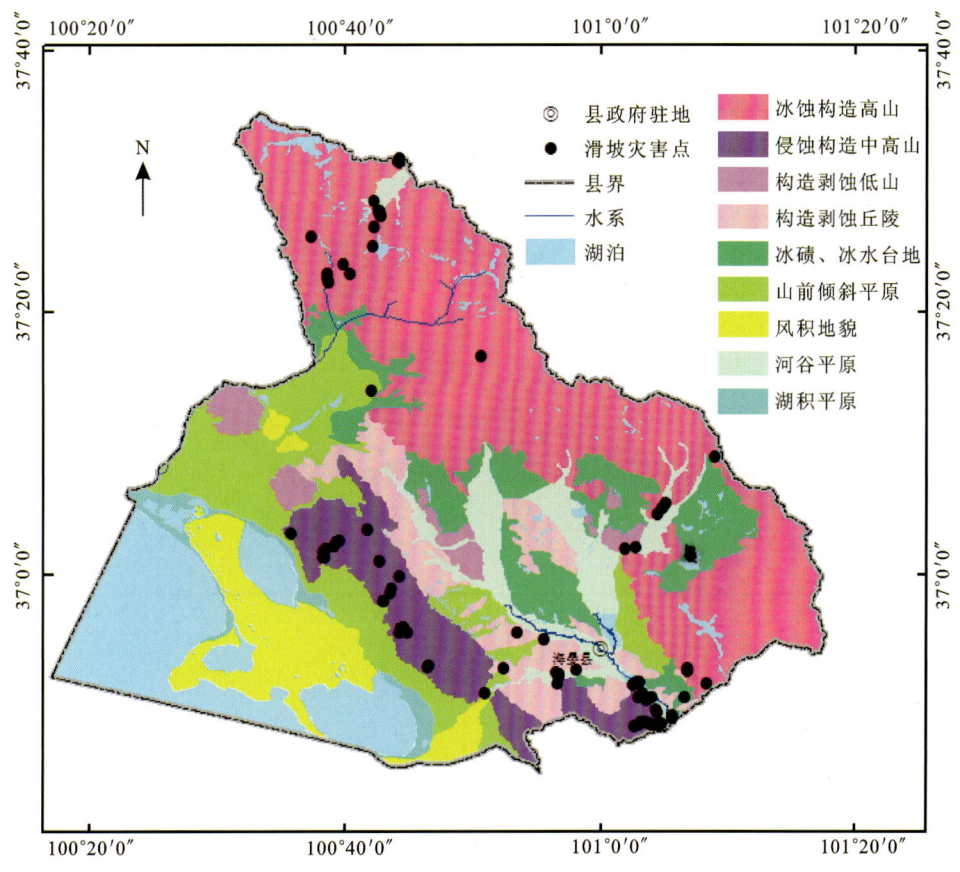

图3.93　崩塌与地形地貌关系图

(2)在片麻岩、千枚岩、花岗岩地层集中分布。

县境内崩塌均大多为岩质崩塌,调查的81处崩塌中,发生在片麻岩、千枚岩、花岗岩地层中51处,占调查总数的62.96%;元古界片麻岩、千枚岩及侵入花岗岩岩体节理裂隙发育,风化强烈,在高陡斜坡地带易形成危岩、崩塌。

3)泥石流

县境内泥石流具有分布广、规模小、发生频率较高等特点,根据本次调查,境内共发育52处泥石流,主要发育于巴燕峡湟水两岸山区,其次为县境内北部高山区及青海湖东北部中高山区,类型为沟谷型泥石流和坡面型泥石流,以轻度易发沟谷型泥石流为主。沟谷型泥石流主要分布在湟水、擦拉河两岸各大支沟及青海湖北部中高山区冲沟内;坡面流主要分布于湟水右岸丘陵区斜坡前缘(图3.94)。

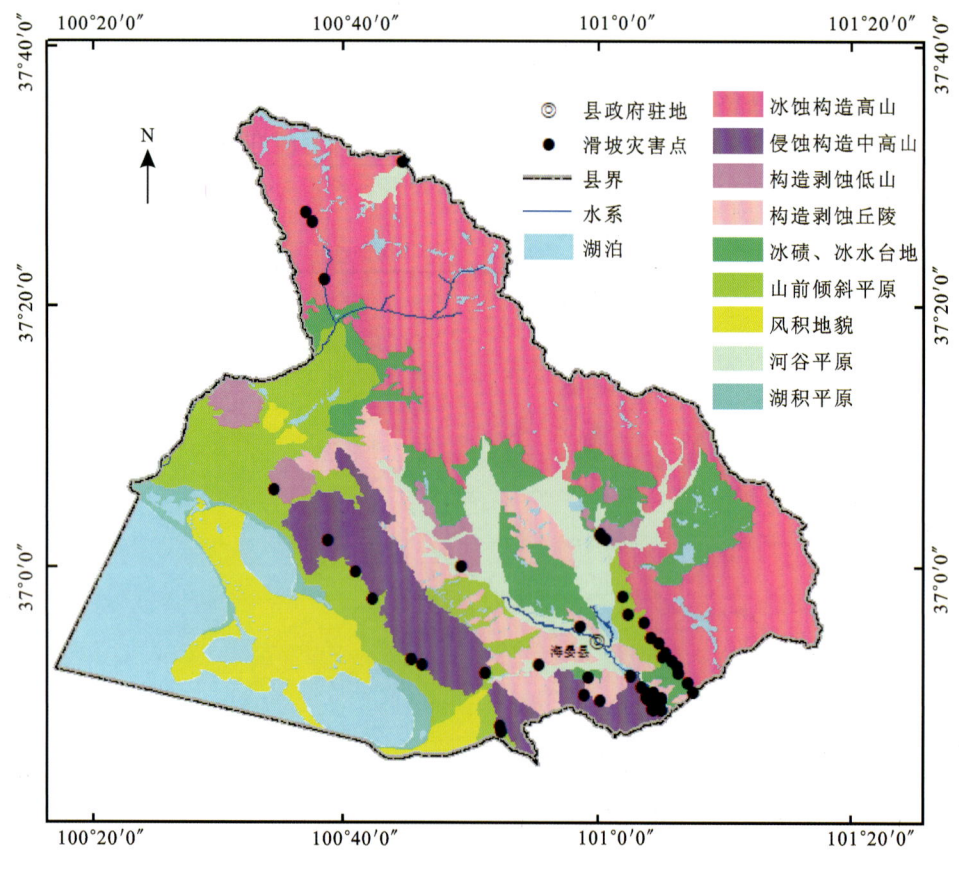

图 3.94　泥石流与地形地貌关系图

5. 祁连县空间分布规律

1）沿河流两侧呈条带状集中

据本次调查资料统计，地质灾害均分布于河谷两侧，特别是潜在滑坡，潜在滑坡更具有线性分布特点，主要集中在修建公路切坡形成的高陡边坡处（如黑河峡谷公路两侧）和人工切坡建房而成的陡崖处。

区内滑坡（潜在滑坡）、崩塌（潜在崩塌）、泥石流分布密度和致灾作用与河流及沟谷的发育期密切相关。在一般的沟谷形成早期，以垂直侵蚀作用为主，沟谷两侧崩塌、滑坡频发，但绝大多数规模较小。由于早期沟谷内人烟稀少，一般不易致灾，属于不良自然现象；壮年期河流以侧向侵蚀为主，河流两侧边坡风化、卸载作用强烈，处于河流侵蚀岸的斜坡易发生滑坡、崩塌。壮年期河流两侧斜坡地带冲沟发育，为泥石流的发育提供了地形地貌条件，泥石流多发，在人口居住及存在工程基础设施地段产生灾害。

2）地质灾害受地形地貌控制明显

据调查资料，区内滑坡（潜在滑坡）、崩塌（潜在崩塌）、泥石流灾害发育区坡体高陡，地形坡度一般为 40°～90°，山体基岩风化较强，表层岩石破碎。这一规律在境内黑河峡谷公路两侧尤为明显，由于公路的建设，在修筑公路时大量开挖斜坡坡脚，形成高陡临空面，促使滑坡、崩塌的发生。

河谷平原区和构造剥蚀低山丘陵区，包括八宝镇、扎麻什乡，河谷较为开阔，地势平坦，但该地区人口较多，人口密度大，人类工程经济活动相对较强，故地质灾害也较为发育。在高海拔低缓丘陵区和高海拔冲洪积平原区，包括央隆乡、峨堡镇、阿柔乡、野牛沟乡，人口密度小，人类工程经济活动较小，故该地区的地质灾害发育程度较低。

从图 3.95 可以看出，中部地区地质灾害发育数量大于东西部。

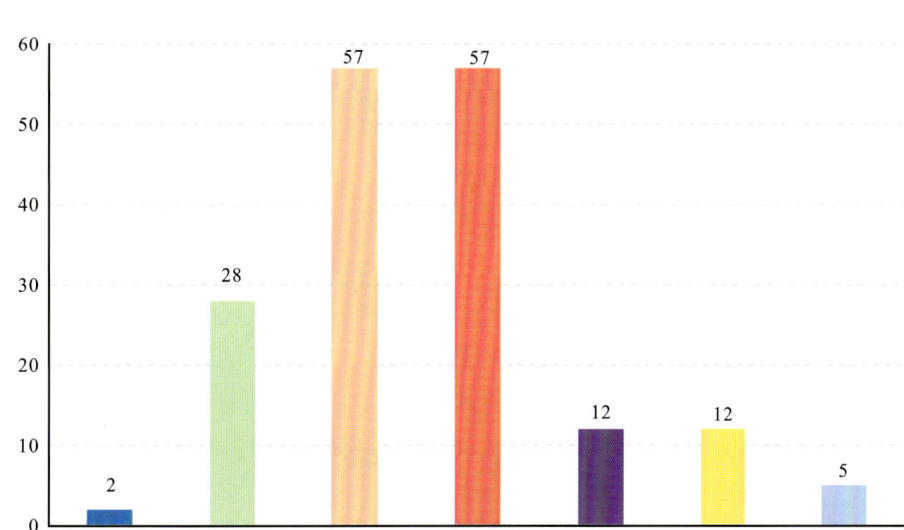

图 3.95　各乡镇地质灾害点统计柱状图

3）人类工程活动对地质灾害的分布有一定的作用

调查区内地质灾害的分布与人类工程活动密切相关，人口密集，不规范的人类工程活动强度大的地区，是地质灾害的发育区（表 3.43）。

表 3.43　各乡镇地质灾害统计表

乡镇名称	面积/km²	滑坡/处	潜在滑坡/处	崩塌/处	潜在崩塌/处	泥石流/处	合计	密度/(处·100km²)
峨堡镇	1158	1	0	0	9	2	12	1.04
八宝镇	823	9	2	15	13	18	57	6.93
扎麻什乡	541	12	3	8	15	19	57	10.54
阿柔乡	1203	6	0	0	2	4	12	1.00
央隆乡	2590	0	0	0	2	0	2	0.08
野牛沟乡	4549	8	8	1	7	4	28	0.62
默勒镇	3054	1	0	0	4	0	5	0.20
合计	13 918	37	13	24	52	47	173	1.25

二、时间分布规律

在时间域上,地质灾害也呈现出集中分布的规律。主要表现为:在地质历史时期,滑坡、崩塌在晚更新世末和全新世初期相对集中;在人类历史时期,滑坡、崩塌在人类活动强烈时期相对集中;在一年之内,滑坡(潜在滑坡)、崩塌(潜在崩塌)、泥石流在雨季相对集中。

1. 在晚更新世末和全新世初期相对集中

全新世以来,青藏高原区构造运动总体表现为以上升为主的振荡性升降运动,造成区内沟谷发育,为泥石流发生提供了地形地貌条件,而受切割的沟谷两侧出现了大量的斜坡,这些斜坡在多重因素的作用下逐渐发展形成滑坡、崩塌。

2. 在现代人类活动强烈的时期相对集中

调查发现近10年新发生的滑坡(潜在滑坡)、崩塌(潜在崩塌)、泥石流等多数是由人类工程活动引起的,表现出在人类历史时期,滑坡(潜在滑坡)、崩塌(潜在崩塌)、泥石流在人类活动强烈的时期相对集中,特别是潜在滑坡、潜在崩塌,主要是不合理的人类工程活动破坏了斜坡的结构,使原始斜坡应力发生变化,导致斜坡失稳发生崩塌、滑坡等地质灾害。

3. 在雨季相对集中

据统计资料,地质灾害发生大多集中在每年6—9月,最集中的是7、8月。而在年内,根据降雨强度,可分为汛期、冻融期、非雨季节,其分布规律也有所不同。滑坡、崩塌、泥石流等地质灾害集中发生于暴雨季节(7—9月),说明地质灾害的发生与雨季集中降雨有密切关系,在连阴雨滞后期也是滑坡、崩塌高发期。区内季节性小冲沟及大部分泥石流沟平常干枯无水,但在暴雨后往往会突发洪水,加之沟谷纵坡陡,洪水沿途侵蚀沟槽,极易诱发或激发泥石流。

第四章　地质灾害孕灾地质条件分析

孕灾条件与地质灾害关系密切,其特征在极大程度上影响着地质灾害的类型、分布、发生的频率、规模和强度等,例如陡坡地带极易发生滑坡灾害;峭壁、断崖区域常发生崩塌灾害;松散岩土体覆盖且汇水面积较大的沟谷地带则易诱发泥石流和山洪灾害。研究区地处祁连山中部地带,海拔较高,地势陡峻,地表水系发育,支流支沟密布,总体地形较为破碎,局部岩土体风化严重,裂隙节理发育,为滑坡、崩塌、泥石流等灾害的形成提供了良好的孕育环境。本章从地形地貌、地质构造、工程地质岩组、斜坡结构、气象水文、水文地质条件、人类工程活动共7个方面全面分析不同孕灾条件对地质灾害的影响,并完成区域孕灾地质条件分区评价工作。

第一节　地形地貌与地质灾害

一、地形地貌对滑坡和崩塌的影响

1. 坡形

坡形影响坡体内应力状态和地下水分布,进而直接影响斜坡的稳定状态。区内斜坡坡面形态可以划分为5个基本类型:凸形、直线形、阶梯形、凹形和复合形。斜坡坡形直接反映了在内外营力作用下坡体演变的历史过程。凸形坡反映地壳隆升强烈、河流下切速度大于坡体剥蚀速度的演变历史。凹形坡是河流侵蚀基准面长期处于稳定时期的产物。直线形坡则意味着内外营力对坡体的作用基本处于平衡状态。

对524处地质灾害点所在斜坡坡形进行统计(表4.1)。在统计的206处滑坡(潜在滑坡)中有68处斜坡坡面形态属于凸形,占滑坡总数的33.01%;64处斜坡坡面形态属于直线形,占总数的31.07%;34处斜坡坡面形态属于凹形,占总数的16.50%;35处斜坡坡面形态属于阶梯形,占总数的16.99%;5处斜坡坡面形态属于复合形,占总数的2.43%。318处崩塌中有198处斜坡坡面形态属于直线形,占崩塌(潜在崩塌)总数的62.26%;86处斜坡坡面形态属于凸形,占总数的27.04%。

表 4.1　海北州地质灾害及隐患点所在斜坡坡形统计表

序号	坡形	滑坡（潜在滑坡）统计		崩塌（潜在崩塌）统计		合计/处	占比/%
		数量/处	占比/%	数量/处	占比/%		
1	凸形	68	33.01	86	27.04	154	29.39
2	直线形	64	31.07	198	62.26	262	50.00
3	凹形	34	16.50	17	5.36	51	9.73
4	阶梯形	35	16.99	16	5.03	51	9.73
5	复合形	5	2.43	1	0.31	6	1.15
合计		206	100.00	318	100.00	524	100.00

2. 坡度

坡度可以明显地改变应力的分布状况。随坡度变陡,坡面附近张力带范围也随之扩大和增强,坡脚应力集中带最大剪应力值也随之增高,使斜坡变得更加不稳定,从而产生各种灾害。

本次调查的 206 处滑坡中,2 处发生在 2°～20°之间,占滑坡总数的 0.97%；68 处发生在 20°～40°之间,占滑坡总数的 33.01%；86 处发生在 40°～60°之间,占滑坡总数的 41.75%。50 处滑坡发生在 60°以上,主要为潜在滑坡；滑坡主要发育的坡度区间为 20°～60°,崩塌发育的主要坡度区间为 60°以上,在这两个区间范围内崩塌共有 267 处,占崩塌总数的 83.97%,如表 4.2 所示。

表 4.2　海北州地质灾害及隐患点所在斜坡坡度统计表

序号	坡度区间	滑坡（潜在滑坡）统计		崩塌（潜在崩塌）统计		合计/处
		数量/处	占比/%	数量/处	占比/%	
1	0°～20°	2	0.97	1	0.31	3
2	20°～40°	68	33.01	7	2.20	75
3	40°～60°	86	41.75	43	13.52	129
4	60°～80°	46	22.33	161	50.63	207
5	80°～90°	4	1.94	106	33.34	110
合计		206	100.00	318	100.00	524

二、地形地貌对泥石流的影响

泥石流的形成与地形地貌关系密切,影响泥石流的地形地貌因素主要包括泥石流的流域形态、流域面积、主沟长度、沟床比降、流域形态指数等。不同的地形地貌，泥石流的发生频率、规模及危害程度不尽相同。

分水脊线和泥石流活动范围线内的面积为泥石流的流域面积，调查区泥石流发生于流域面积 20km² 以下的沟谷内（占 90%）；集中发生在流域面积 0.2～5km² 支沟中。作为泥石流形成和流通的丘陵区，其主要地形特点为沟深坡陡、水文网切割强烈，地形支离破碎，相对高差大，具体特征为：沟谷上游多为三面环山，一面出口的漏斗状或树叶状，周围山高坡陡，谷坡 30°～40°（局部呈直立状）；植被覆盖率低，有利于水和碎屑固体物质聚集；沟床纵坡降大（100‰ 以上），沟床较大的沟谷，其沟形相对较直，主沟切割深度较浅，并且坡积物相对较薄，沟内堆积物较少，形成泥石流的物源条件越差，淤堵越不明显，高位势能易于将沟内堆积物冲出，形成坡面泥石流或洪流，且频率较高。沟谷具有较好的汇水条件，但又不足以形成常年性水流，在突发降雨条件下，亦容易将沟内堆积松散物源一次性冲出，有利于泥石流的快速直泻；沟谷下游开阔平坦，有利于碎屑固体物质的堆积。综上所述，独特的地形条件，不但容易产生崩塌、滑坡和坡面水土流失，有利于为泥石流提供丰富的物质，而且由于产洪迅速，有利于暴发泥石流的相应水动力条件的形成。

第二节 地质构造与地质灾害

一、地质构造格局影响地质灾害的总体分布

调查区位于祁吕—贺兰"山"字形构造体系弧形挤压带的西翼，是构造强烈发育的地区，其构造形迹主要由压性、压扭性断裂、褶皱及断陷谷地组成，各种构造形迹的延展方向均呈北西西向，大致与现代山脉、谷地的延展方向一致。主干断裂呈北西—南东方向展布，多为压性、压扭性的迭瓦式逆冲断层，古生界地层逆冲于中生界侏罗系、白垩系之上。在主干断裂上盘反派出的次一级张性断裂带两侧岩层破碎，张裂隙发育，是地下水运动的主要通道。大的构造格局控制了调查区内地层岩性、地形地貌和地震分布，进而也不同程度地控制了地质灾害的发育程度和分布规律。

地质构造的发育与演变造就了现今区内的地形地貌，影响着滑坡、泥石流等地质灾害的发育与分布的格局。滑坡、崩塌发育带的总体方向与构造带方向基本一致。按照构造应力场与河谷延伸方向的关系，区内主要河谷延伸方向与现代构造应力场方向基本呈正交或斜交，受其影响，各河谷阶地斜坡稳定性较差，容易形成滑坡、崩塌灾害。

特别是第四纪初的强烈差异性升降运动，造成沟谷切割强烈，基岩裸露。新构造运动整体震荡式隆升的这一基本特征，构成了区内地形地貌轮廓，伴随着后期水流等强烈侵蚀切割作用，在山体及丘陵前缘形成了高陡斜坡，为滑坡崩塌泥石流等地质灾害的形成提供了良好的地形地貌条件和丰富的固体物源条件。

二、断裂、褶皱对地质灾害的影响

断裂，特别是深大断裂和活动断裂对滑坡及崩塌的控制非常明显。断裂构造能使岩体破

碎、地形突变、地应力集中、地下水作用活跃,为滑坡、崩塌的发育创造了良好条件。因此,断裂带常常是滑坡、崩塌密集分布的地带,尤其是在断裂的支、叉、拐、端部位集中分布。断裂活动降低了断裂带及其周围地质体的完整性,致使其岩体力学强度降低。在断层发育地带,沿断层发育着岩土体结构破碎的构造软弱带,为滑坡的发生提供了良好的物质条件;地表水在流通过程中,通常会沿着这些软弱的结构带流过,切割地表,形成沟谷,为滑坡的发育形成场地条件。断裂运动的影响,使岩体产生多组构造节理裂隙,破坏岩体的完整性,各种结构面成为滑坡、崩塌产生的可能滑面。断裂的长期活动对断裂带及其周围的地质体来说,是一个持续不断的动力源,在一定的条件下,斜坡岩土体的应力超过其强度,就会产生斜坡变形破坏,促发滑坡及崩塌。

断裂构造不仅对滑坡的分布、发育有一定的控制作用,而且对滑坡的特征产生很大影响。根据断裂走向与主滑方向的相互关系,滑坡滑动方向与断裂走向正交或接近正交,滑坡形态上呈凹槽状,一般较长,两侧为陡壁或冲沟,后壁低矮,以牵引式为主,区内崩塌分布受断裂控制不明显。由此可见断裂构造对泥石流、滑坡、崩塌及斜坡发育起着重要的影响作用。

三、地震对地质灾害的影响

海北州属青藏高原北部地震区祁连山地震亚区。喜马拉雅运动以来,随着青藏高原的整体隆升,高原与边缘块体间垂直升降运动加剧,处于高原北部边缘的祁连山断裂构造带原有的深大断裂重新复活,使得这一地区的构造运动及地震十分活跃。全新世以来,这一地区的断裂带均以左旋扭动方式活动为主,并受北东方向阿尔金断层平行切割牵引,使得断裂构造的地震活动强度较高。主要的发震断裂构造带有加里东期托勒山—冷龙岭深大断裂构造带和祁连山北缘活动断裂带。据地震资料记载,从1910年到现在,区内发生地震达70余次,其中震级在5级以上的仅2次,其余均在1~4级。地震活动强度较弱、震级小、震源浅。而邻区地震对本区的影响次数更多,因此,地震是现代地壳频繁运动的有力证据,地震对区内地质灾害的发生具有一定的影响。地震对滑坡、崩塌的影响主要表现为对斜坡岩土体结构的累进破坏效应。累进破坏效应一般是指岩土体在某强度的地震应力作用下,作用一次时并不发生破坏,但是在该强度下持续反复作用多次时即引起岩土体的破坏。地震时滑体与坡体沿结构面产生的不协调的运动过程中,滑动面的摩擦系数变小,或者震动过程中进入滑面的水使滑面的孔隙水压力增高,有效应力降低,抗滑力也相应的减小,起到了减小阻力的效应。岩土体的振动使滑体向坡下产生了滑移现象,致使滑动面的静摩擦状态转变为动摩擦状态,一般岩土体的动摩擦系数小于其静摩擦系数,这就使其抗滑力变小,使原本处于稳定状态的滑体可能产生滑动。另外,震动产生的动量积累到一定数值时也会使滑体开始滑动。地震时崩塌节理、裂隙面随震动发生变化,剪应力增大,斜坡岩土体稳定性变差,长期逐步发生改变,达到一定条件时将会以滑塌、倾倒等方式形成灾害。

本次调查发现境内有多处滑坡是由地震引发的地质灾害。如2022年1月8日1时45分,门源县(北纬37.77°,东经101.26°)发生6.9级地震,震中距调查区中心区域距离为99km。2022年地震诱发的滑坡多为岩质滑坡,主要分布在大圈窝、红沟、二道沟内,多沿发震断裂呈线性分布,最大滑坡位于G227线宁张公路二道沟—大西沟段,由一系列线性分布的小型滑坡体组成,高度10～20m不等,总宽约320m;滑坡堆积体堵塞了G227公路,巨大的石块冲出公路,造成了张扁高速施工区围挡破坏。震中附近的硫磺沟内滑坡分布较为集中,但多数为高陡斜坡冰碛物流滑或"U"形河谷高角度岸坡表层土体溜滑,规模均相对较小。从滑坡整体形态和其他细部特征分析,这些老滑坡再次发生整体滑动的可能性不大,但是在暴雨或地震作用下,老滑坡局部发生滑动的可能性较大。故在雨季(6—9月)应加强对这些滑坡的监测预警工作。门源县地震诱发典型滑坡如图4.1所示。

图4.1 门源县地震诱发典型滑坡图

第三节 工程地质岩组与地质灾害

一、易滑地层

1. 黄土

黄土主要分布于区内丘陵区顶部及黑河、陶莱河、八宝河及大通河河流阶地上,具垂直节理,孔隙发育。该土体受自身结构的控制,在临空条件下,易产生滑坡和崩塌,也是泥石流的物源之一。黄土结构疏松,大孔隙和垂直节理发育,天然状态下土体抗拉强度较低,遇水后力学强度急剧降低,具湿陷性,湿陷系数在0.03～0.149之间,在临空面的上缘附近易形成卸荷裂隙,有利于降水的入渗形成软弱结构面,从而导致滑坡的发生。黄土平均渗透系数0.05m/d,垂直渗透性更大,内摩擦角25°～40°,力学性质差。据本次野外调查,黄土节理裂隙密度达4～5条/m,因此区内黄土特殊的岩性特征是区内滑坡发生的主要内因。

2. 新近系、古近系泥岩、砂岩

新近系在调查区与滑坡、潜在滑坡、潜在崩塌灾害关系最密,呈层状软弱相间结构,是构成区内最主要的易滑地层。泥岩遇水后极易软化崩解,岩层整体力学强度较低,泥岩干抗压强度为23.7MPa,软化系数K_d小于0.3,内摩擦角40°～45°,内聚力200～300kPa;砂岩干抗压强度20.0MPa,软化系数K_d在0.14～0.37之间,内摩擦角23°～30°,内聚力120～136kPa。砂砾岩、砾岩单轴干抗压强度为25～30MPa。该岩组的分布地区是区内地质灾害的主要发生地区。

3. 黄土状土

黄土状土主要分布于Ⅱ、Ⅲ级阶地上，质地疏松，含钙质，土体中大孔隙与垂直节理极发育。平均渗透系数 6.208×10^{-5} cm/s，平均压缩系数 0.055MPa^{-1}，内摩擦角 $26°$，内聚力为 2kPa。层厚 1~15m，具湿陷性，湿陷系数 0.015~1.000，自重湿陷系数 0.015~0.084，湿陷等级为Ⅲ~Ⅳ自重湿陷，土体工程地质性质差。因此，区内黄土状土特殊的岩性特征是区内滑坡、潜在滑坡、潜在崩塌发生的主要内因，属易滑地层。

二、易崩地层

调查区内分布有元古界、寒武系、奥陶系、志留系、泥盆系、石炭系、二叠系、三叠系的变质岩、白垩系砾岩、砂岩及加里东期花岗岩、花岗闪长岩，构成境内山体的主体，因受构造运动的影响，岩石节理、裂隙、片理发育，岩石裸露，均一性差，在陡坡或岩壁下常形成小型崩塌，该岩组分布地带是地质灾害较易发地带。

第四节 斜坡结构与地质灾害

岩土体特征是斜坡变形破坏的物质基础，它的性质和结构对崩塌、滑坡的活动具有决定性作用。地质灾害的发育很大程度与该地区的岩土体特征有密切相关性，不同斜坡地质结构所演变形成的地质灾害类型、规模也大不相同，其所对应的灾害损失差异较大。对斜坡地质结构与地质灾害发育类型的相关研究认为，斜坡结构控制着地质灾害空间分布和斜坡破坏模式，坡型、坡度、坡高等坡体几何形态控制地质灾害的类型和失稳概率。岩性坚硬、结构完整、抗剪强度大、抗风化能力强的岩石，斜坡整体性好，不容易发生变形破坏。相反岩性松软、结构不完整，特别是裂隙发育，存在软弱夹层时，斜坡容易变形失稳。

一、土体型

土体型主要包括碎石类土型、黄土类土型和卵砾类土型。

1. 碎石类土型

碎石类土型斜坡由第四系残坡积碎石土组成，如图 4.2 所示，数量较多，广泛分布于区内。该类型斜坡稳定性从碎石类土本身来讲，主要与碎石类土的工程地质性质密切相关，碎石类土结构松散，易于降水入渗，抗拉强度低，易在临空面附近形成卸荷裂隙，工程地质性质较差，形成的斜坡一般不稳定，易发生滑坡、崩塌。

2. 黄土类土型

黄土类土型斜坡区内分布较少，主要分布于区内东部丘陵区顶部及河流高级阶地上，具垂直节理，孔隙发育，具湿陷性，湿陷系数 0.03~0.149。该土体受自身结构影响，在临空条件下,易产生滑坡和崩塌,如图4.3所示,也是泥石流的物源之一。

图4.2　碎石类土型斜坡　　　　　　　图4.3　黄土类土型斜坡

3. 卵砾类土型

卵砾类土型斜坡区内分布较少,主要分布于山间河谷谷地及青海湖北侧平原上,如图4.4、图4.5所示,表层覆盖有薄层洪积粉土,结构松散,孔隙大,透水性强,下层为砂砾卵石层,砾石含量20%～40%,呈次棱角状,富水性差、透水性强,降雨入渗,发生潜蚀作用,斜坡体内细小颗粒被雨水携带出坡体外,使得坡体出现较大孔隙,形成骨架结构,当骨架结构支撑力小于斜坡上部土体重力时,斜坡易发生滑坡或崩塌。该土体受自身结构影响,在临空条件下,易产生滑坡或崩塌,也是泥石流的物源之一。

图4.4　公路旁卵砾类土型斜坡　　　　图4.5　卵砾类土型斜坡发育垂直裂缝

二、基岩类型

基岩类型主要包括灰岩、板岩、花岗岩、片岩、砂岩及砂砾岩。斜坡广泛分布于国道G315、227,省道S204、S304公路两侧以及各县乡道两侧,数量多。岩体节理裂隙发育,表层风化强烈,加之人类工程活动影响,易于发生滑坡、崩塌。为了进一步量化分析,选取岩层倾角(α)、斜坡坡角(β)、岩层倾向与斜坡坡向间的夹角(γ)作为岩质斜坡结构划分的基本条件,将海北州岩质斜坡结构类型划分为4类,如图4.6所示。

A类：顺向斜坡 $0°\leqslant\gamma\leqslant90°,\alpha\leqslant\beta$。这类斜坡，岩层倾向坡外，临空面可见层理，前部无阻挡，重力作用对其影响大，一旦层理面与节理面贯通，危岩体便会脱离母岩，发生失稳。

B类：切向斜坡 $0°\leqslant\gamma\leqslant90°,\alpha\geqslant\beta$。这类斜坡，岩层走向与坡向相交，受重力影响较大，临空面可见层理，易受风化形成危岩体，当节理面贯通坡外时，发生失稳。

C类：反向斜坡 $\gamma>90°$。这类斜坡，岩层反倾坡内，岩体受重力作用影响最小，只有当节理面贯通坡外时，危岩体才会脱离母岩，发生失稳。

D类：平缓层状斜坡，$\gamma=90°$或$\alpha=0°$。这类斜坡，岩层在剖面上呈水平，重力作用对其影响中等，发生失稳的可能性中等。

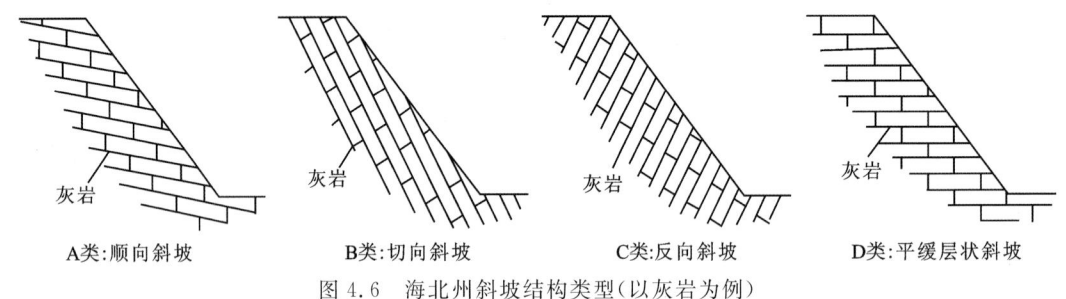

图4.6　海北州斜坡结构类型（以灰岩为例）

第五节　气象水文与地质灾害

一、降雨对地质灾害的影响

水是引发地质灾害的重要因素之一，大气降雨与地质灾害的孕育和发生密切相关，对灾害的发生起着极其关键的作用。降雨主要指异常降雨，异常降雨包括暴雨和长历时降雨。当降雨强度充分大、降雨时间足够久时，大量的表面径流，一部分沿山坡面冲沟流走，其余部分则沿地面各种节理、裂隙进入斜坡中。由于这部分水的物理作用、机械作用（重力作用、颗粒的潜蚀等）和化学作用（黏土的分散、可溶盐的溶解等），使这些通道不断变大加深。这些落水洞形成后将更大规模地拦截地面径流，当这些落水洞深度达到不透水层或弱透水层（基岩面等）时，入渗水将停留，引起土层的局部饱和，甚至形成饱和带，从而导致斜坡失稳。研究表明，强度暴雨很容易引发地质灾害，其中长时间暴雨（24h）引发率最高，其次是1h的强度暴雨，而10～30min极短时间的强度暴雨引发比例也比较高。

以年降水量较多的海晏县为例，县境内多年平均降水量为446.8mm，年内降水分配极不均匀，多集中在每年7—9月，一日最大降雨量为64.0mm；1h最大降雨量为17.3mm；10min最大降雨量为7.9mm。

据调查，海晏县地质灾害主要发生在6—9月，与降雨量以及降雨特征关系密切，区内近年发生滑坡和崩塌频次与多年月平均降水量呈明显的正相关关系。降雨的多少直接影响地质灾害的发生频率，每年的雨季同时也是地质灾害的高发季节，其他月份发生的地质灾害则明显减少。因此，降雨是地质灾害的主要诱发因素之一。海晏县大雨、暴雨多集中在6—9

月,其中尤其以 8 月居多,因此大雨、暴雨引起的洪涝是海晏县的主要灾害之一。据海晏县志记载降雨造成的灾情如下。

(1)1967 年 8 月 1 日晚,暴雨成灾,降水量达 78mm,共冲毁房屋 78 间,百余头牲畜淹死,公路冲毁百余处,桥梁冲垮 4 座,各种建筑物 47 座。县城三角城大街、同宝路、海湖路等门市部均有不同程度的积水,县城小学被迫停课,县粮油门市部大米、白面被淹 4000 多斤(1 斤＝500 克),金、银滩两公社冲毁粮食作物 1517 亩(1 亩≈666.7 平方米)。

(2)1972 年 8 月 21 日遭受暴雨,冲走粮食捆子 8500 个,冲毁民房 26 间,冲坏公路和水利建筑物 31 处。

(3)1974 年 7 月 28 日凌晨,暴雨持续 2h,县城积水约 16.7cm。金、银滩两公社冲毁房屋 14 间、农田 4100 余亩,冲走大小牲畜 14 头(只)。

(4)1976 年 8 月 1 日,降水量达 73.2mm,金滩渠建筑物被毁 21 处,红河渠哈登木段被冲毁,牛马羊冲淹 104 头(只);县城东侧家家户户均有不同程度的进水。

(5)1981 年 7 月 11 日,2h 内降雨 51.7mm,县城平均水深 60cm,倒塌、变形房屋 529 间。

(6)1983 年 8 月 8 日暴雨成灾,洪水泛滥,海晏县房屋倒塌 24 间,金滩渠附设建筑十有九毁,红河渠冲毁 60 余米,淹没羊 30 多只,牛、马 17 头(匹),公路冲损 11 处,公路桥梁冲坏 5 座。境内滑坡、崩塌、泥石流等地质灾害集中发生于暴雨季节(7—9 月),而且泥石流多发生于午后或夜间,此间也是强降水时段。绝大多数滑坡、崩塌发生在雨季,发生在 7—9 月的滑坡 11 处,崩塌 9 处,这说明地质灾害的发生与雨季集中降雨有密切关系,在连阴雨滞后期也是滑坡、崩塌高发期。

二、地表水对地质灾害的影响

地表水与地质灾害关系密切,主要是河流与沟谷中的常年流水对河岸或沟岸的不断冲刷、侵蚀、切割岸坡,使两侧斜坡增高变陡,坡体内部软弱面暴露,坡体因前部物质被河水冲走而失去支撑,增加了斜坡的不稳定性;同时河流平水期和丰水期水位的变化,改变了地下水的排泄、补给条件,改变了坡体内的水力梯度,形成很大的动水压力,使斜坡向不稳定方面发展。

据调查访问,海北州境内降水主要集中在每年的 6—9 月,暴雨大多集中在 7—8 月,暴雨历时一般小于 12h,由于区内植被稀疏,降雨易在短时间内汇集,形成具有较强侵蚀能力的地表流水,为泥石流的形成提供了强大的水动力条件。加之构造发育,使调查区沟谷密布,纵坡降大,为泥石流的发生提供了良好的地形地貌条件。地表洪水不断地冲蚀或掏空斜坡坡脚,使斜坡前部不断变陡,临空面增大,导致斜坡失稳,产生滑坡、崩塌灾害。

三、冻融作用对地质灾害的影响

研究区昼夜温差较大,区域内冻土分布较为广泛,冻土由粗颗粒土及有机质组成骨架,骨架间由冰粒充填,在冻土表层和裂缝中会发生冻融现象。冻融对地质灾害的形成有着十分重要的作用,是地质灾害发生的一个重要因素,下面从 3 个方面对冻融作用进行描述。

1. 冻裂作用

岩体中的结构面被水充填后,气温降至 0 ℃ 以下时结成冰,体积鼓胀,裂隙两壁受到压力作用,使得裂隙尖端应力集中,裂隙宽度、深度加大。如果岩体存在多组结构面,这些结构面最终会相互连接,将岩体切割成块体状,形成危岩体,从而发生崩塌等地质灾害。

2. 冻融松散作用

土体中存在大量孔隙,为水的赋存提供了良好的空间条件。气温降至 0 ℃ 以下时结成冰,土体孔隙中的水体积膨胀,对周边土颗粒产生挤压力,使土颗粒间的距离增加,当气温回升至 0 ℃ 以上后,冰消融成水,土体中的孔隙加大,加大的孔隙能容下更多的水,土体中的孔隙在这种"水—冰—水"的反复作用下不断加大,使土体变得松散。

调查区内沟谷两侧地下水丰富,在松散作用下土体孔隙较大,变得疏松,更有利于沟内流水的侵蚀搬运,为流石径流的发生提供了较多的物质来源。冻融作用是调查区内滑坡、泥石流多发的一个重要因素。

3. 风化加速作用

岩土体是热的不良导体,在温度的变化下,表层与内部受热不均,产生膨胀与收缩,长期作用结果使岩体发生崩解破碎、土体膨胀疏松。祁连县极端日温差可达 33 ℃,岩石中的水分不断冻融交替,冰冻时体积膨胀,好像一把把楔子插入岩石体内直到把岩石劈开、崩碎。同样的现象亦发生在岩土体的细孔中,它们会因为吸收邻近的液态水而不断增大。冰晶的增长引致岩石弱化,最后分裂。在矿物表面、冰及水之间的分子间作用力维持一层不结冰的薄层,用作运送水分并在底冰累积时造成矿物表面间的压力,加速岩土体的物理风化。物理风化作用加强使岩土体与水接触的面积增加,为冰雪融水提供了充足的水分,加速岩土体的化学风化。

调查区内高海拔山体冰雪覆盖期长,无植被生长,基岩裸露,受冻融作用的影响,风化作用强烈,风化崩解的岩石碎块堆积于山体中下部及沟谷的沟壑地带,为泥石流提供了充足的物源,是区内泥石流的物源区。

第六节 水文地质条件与地质灾害

一、地下水与岩土体的相互作用

1. 地下水对岩土体产生的物理作用

1) 润滑作用

处于岩土体中的地下水,在岩土体的不连续面边界(如未固结的沉积物及土壤的颗粒表面或坚硬岩石中的裂隙面、节理面和断层面等结构面)上产生润滑作用,使不连续面上的摩阻力减小和作用在不连续面上的剪应力效应增强,结果沿不连续面诱发岩土体的剪切运动。这个过程在斜坡受降水入渗使得地下水位水升到滑动面以上时尤其显著。地下水对岩土体产生的润滑作用反映在力学上,就是使岩土体的摩擦角减小。

2)软化和泥化作用

地下水对岩土体的软化和泥化作用主要表现在对土体和岩体结构面中充填物的物理性状的改变上,土体和岩体结构面中充填物随含水量的变化,发生由固态向塑态直至液态的弱化效应,一般在断层带易发生泥化现象。软化和泥化作用使岩土体的力学性能降低,内聚力和摩擦角值减小。

2. 地下水对岩土体产生的化学作用

主要体现为地下水与岩土体之间的离子交换作用、溶解作用、溶蚀作用、水化作用、水解作用、氧化还原作用。

1)离子交换

地下水与岩土体之间的离子交换是经由物理力和化学力吸附到土体颗粒上的离子和分子与地下水的一种交换过程,能够进行离子交换的物质是黏土矿物,如高岭土、蒙脱土、伊利石、绿泥石、蛭石、沸石、氧化铁以及有机物等。地下水与岩土体之间的离子交换使得岩土体的结构改变,增加了孔隙度及渗透性能,从而影响岩土体的力学性质。

2)溶解作用和溶蚀作用

溶解作用和溶蚀作用在地下水水化学的演化中起着重要作用,地下水中的各种离子大多是由溶解作用和溶蚀作用产生的。天然的大气降水在经过渗入土壤带、包气带或渗滤带时,溶解了大量的气体,如 N_2、O_2、H_2、He、CO_2、NH_3、CH_4 及 H_2S 等,弥补了地下水的弱酸性,增加了地下水的侵蚀性。这些具有侵蚀性的地下水对可溶性岩石如石灰岩、白云岩、石膏等产生溶蚀作用,溶蚀作用的结果使岩体产生溶蚀裂隙、溶蚀孔隙及溶洞等,增大了岩体的孔隙率及渗透性。对于湿陷性黄土来说,随着含水量的增大,水溶解了黄土颗粒的胶结物——碳酸盐,破坏了其大孔隙结构,使黄土发生大的变形,这就是众所周知的黄土湿陷问题。黄土湿陷量的大小取决于黄土孔隙结构的大小、地下水的活动状况(水量及水溶液的饱和程度)及温度条件等。

3)水化作用

水化作用是水渗透到岩土体的矿物结晶格架中或水分子附着到可溶性岩石的离子上,使岩石的结构发生微观、细观和宏观的改变,减小岩土体的内聚力。自然中的岩石风化作用是由地下水与岩土体之间的水化作用引起的,还有膨胀土与水作用发生水化作用,使其发生大的体应变。

4)水解作用

水解作用是地下水与岩土体(实质上是岩土物质中的离子)之间发生的一种反应,岩土物质中的阳离子与地下水发生水解作用时,使地下水中的氢离子(H^+)浓度增加,增大了水的酸度。若岩土物质中的阴离子与地下水发生水解作用,则会使地下水中的氢氧根离子(OH^-)浓度增加,增大了水的碱度。水解作用一方面改变着地下水的pH值,另一方面也使岩土体物质发生改变,从而影响岩土体的力学性质。

5)氧化还原作用

氧化还原作用是一种电子从一个原子转移到另一个原子的化学反应。氧化过程是被氧化的物质丢失自由电子的过程,而还原过程则是被还原的物质获得电子的过程。氧化作用发生在潜水面上的包气带并随着深度而逐渐减弱,而还原作用随深度而逐渐增强。地下水与岩土体之间常发生的氧化过程有:硫化物的氧化过程产生Fe_2O_3和H_2SO_4,碳酸盐岩的溶蚀产生CO_2。地下水与岩土体之间发生的氧化还原作用,既改变着岩土体中的矿物组成,又改变着地下水的化学组分及侵蚀性,从而影响岩土体的力学特性。

以上地下水对岩土体产生的各类化学作用大多是同时进行的,一般来说化学作用进行的速度很慢。地下水对岩土体产生的化学作用主要是改变岩土体的矿物组成,改变其结构性而影响岩土体的力学性能。

3. 地下水对岩土体产生的力学作用

地下水主要通过孔隙静水压力和孔隙动水压力作用对岩土体的力学性质施加影响。前者减小岩土体的有效应力而降低岩土体的强度,在裂隙岩体中的孔隙静水压力可使裂隙产生扩容变形;后者对岩土体产生切向的推力以降低岩土体的抗剪强度。地下水在松散土体、松散破碎岩体及软弱夹层中运动时对土颗粒施加一动水压力,在孔隙动水压力的作用下可使岩土体中的细颗粒物质产生移动,甚至被携带出岩土体之外,产生潜蚀而使岩土体破坏,这就是管涌现象。

二、地下水对地质灾害发育的影响

地下水作为地质环境内最活跃的成分,对岩土体的力学性质的影响不可忽视,主要有3个方面:一是地下水通过物理的、化学的作用改变岩土体的结构,从而改变岩土体的C(黏聚力)、φ(内摩擦角)值;二是地下水通过孔隙静水压力作用,影响岩体中的有效应力而降低岩土体的强度;三是地下水通过孔隙动水压力的作用,对岩土体施加一个推力,即在岩土体中产生一个剪应力,从而降低岩土体的抗剪强度。

由地下水与岩土体相互作用引起的斜坡失稳,地下水孔隙静水压力和动水压力起重要作用。根据斜坡体内地下水的补给、径流和排泄条件分析,由于地下水受到降水入渗补给,斜坡内地下水动态属非稳定流,在补给区的坡顶地下水水力梯度小于零($\Delta H<0$)、在径流区地下水水力梯度等于零($\Delta H=0$)、在排泄区的坡脚地下水水力梯度大于零($\Delta H>0$)。因此,在补给区的包气带岩土体的有效应力大于其总应力,在坡顶补给区的饱水带地下水动水压力增强了岩土体的强度;在坡脚为地下水的排泄区,岩土体承受很大的静、动水压力,岩土体的有效应力大大减小,从地下水水动力学特征看,斜坡的顶部较安全(斜坡的顶部拉裂缝是由于坡脚的滑移诱发的),而坡脚易失稳。

工作区河谷和沟谷密布,地质构造发育,土体松散多孔隙,岩体节理裂隙发育,多溶洞,气候特殊,地下水丰富。地下水活动对地质灾害的影响作用十分明显,表现在物理作用、化学作用和力学作用,总结起来主要有以下几个方面。

(1)斜坡体上层滞水的存在,降低了岩土体强度,增加了土体的重量,易触发斜坡变形失稳。

(2)当斜坡岩土体的透水性微弱时,岩体裂缝因暴雨等原因被水所充填,对斜坡产生较大的静水推力,隔水层上土体含水量增加,土体强度得到进一步降低,形成崩塌或滑坡。

(3)在动水压力作用下使松散土体中颗粒或岩体中裂隙充填物顺着优势运移通道被搬运流失,使斜坡岩土体空隙加大,能减少对上部土体的支撑作用,加速斜坡变形。

(4)岩体节理裂隙中的裂隙水,加速了岩体的风化速度和深度,使斜坡岩土体更为破碎,对增加泥石流物源起到促进作用。

(5)滑坡体上和滑坡周边冲沟中的水侧向渗漏,补给岩土体中的水,使岩土体软化,土体吸力降低,本次调查的58个滑坡,均在滑坡体和滑坡周界附近发育冲沟。

(6)地下水受温度影响,冰冻季节使地表岩土体形成冻涨鼓丘,融雪季节形成热融湖塘。

第七节 人类工程活动与地质灾害

随着经济建设的不断发展,人类工程活动无论是在深度上还是在广度上都日益加剧,显示出强大的威力。特别是对自然斜坡的不合理开挖,打破了地质历史时期形成的斜坡平衡状态,造成斜坡变形失稳,已成为触发地质灾害的主要因素之一。人类在利用自然资源的过程中,不同程度地改变了地质环境条件,打破了原有的自然平衡状态,必然诱发地质灾害的发生。

近年来,人类工程活动对地质灾害的诱发作用越来越明显,据统计,近年来发生造成人员伤亡和财产损失的地质灾害中,因人类工程活动诱发的占到总数的90%以上,造成的损失也巨大,并且呈现逐年增加的趋势。

近几年来,随着人口数量的增长,在客观上加大了对居住用地的要求,土地资源日趋紧张,人们的居住场所呈现出向冲沟及附近更危险地带扩展的趋势,加之当地村民普遍有削坡取土建房、挖窑的习惯,人为开挖坡脚极易造成陡坡失稳,因切坡削坡时放坡不规范,局部形成陡边坡,进而改变了斜坡的原始状态,对滑坡类地质灾害的发生产生了明显的诱发作用。

在经济建设方面,基础建设大规模动用土方工程,各级道路的修建和提级改造等都离不开大规模动用土石方工程,难免对原本稳定的自然地质环境形成干扰和破坏,其作用强度超过历史上任何一个时期,由此所触发的地质灾害也呈现增高的态势。人工切坡修建的公路两侧,缺乏坡脚或坡体维护设施,后期流水作用、风化作用、冻胀作用等加剧改变了原有岩土体结构,破坏了原岩、土体的整体性,为地质灾害的发生埋下了隐患。

各类地质灾害均与人类活动密切相关,尤其是滑坡、崩塌的分布呈现出明显的区域性。经调查分析,对滑坡、崩塌地质灾害影响强烈的人类工程活动主要类型包括居民建房活动及公路、水渠建设而形成的人工边坡失稳。

综上所述,社会经济的发展,人类活动强度增强和活动范围的增大,一定程度上加剧了灾害发生的频率和灾害造成的损失。但人类要生存,经济要发展,社会要进步,人类工程经济活动就不会避免,而且会不断增加。只要我们按照自然规律,规范自身的工程经济活动,正确处理发展经济与保护地质环境的关系,就会避免或减轻地质灾害造成的损失,从而保障各类经济活动的正常开展。

第八节 孕灾地质条件分区

一、孕灾地质条件分区原则

孕灾地质条件分区应当遵守以下原则。

1. "以人为本"的原则

在考虑调查区地质环境条件和地质灾害分布规律的基础上,充分考虑区内承灾体的分布特点及规模等因素。

2. 以"地质环境条件为主"的原则

孕灾地质条件主要依据形成地质灾害的地质环境背景条件、诱发因素和地质灾害发育现状进行分区,同时要考虑受地质灾害影响的居民点及与人类活动有关的工程设施等。

3. 以"定性分析为主,半定量评价为辅"的原则

地质灾害的形成受多种环境因素的影响,基于本次调查工作精度和以往研究程度,尚难定量化评价区域内各孕灾地质环境条件下地质灾害的易发程度,故本次评价是在定性分析的基础上,辅以定量化的指标进行综合评价。

4. "区内相似、区际差异"的原则

在同一类型的区内,地质环境背景条件、主要诱发条件和地质灾害发育特征应基本相似,而不同类型的区内,则具有明显的差异性。

5. "流域完整性"的原则

为增强易发区划的适用性和可操作性,考虑到各流域的完整性,以自然分水岭或大河流主流线为分区界线;同时参考行政区划范围,便于地方政府管理、应用。

二、孕灾地质条件分区划分依据

海北州孕灾地质条件分区划分依据主要有以下 4 条:①小区域地质环境条件;②地质灾害分布特点、发育强度;③人类经济活动强度与调查区研究程度;④刚察县行政区划图。

三、孕灾地质条件分区划分要求

(1)孕灾地质条件分区应为地质灾害的易发性分区和地质环境管理提供依据,便于当地政府部门应用。

(2)孕灾地质条件分区以定性分析和信息系统空间数据分析相结合,采用栅格数据处理方式划分评价单元。

(3)孕灾地质条件划分为区、亚区两级。

区:主要依据地质环境条件和地质灾害易发程度进行划分。命名原则为:孕灾地质条件复杂区、孕灾地质条件中等区和孕灾地质条件简单区。

亚区:在孕灾地质条件分区划分的基础上,根据次级地貌条件等因素进行划分。命名原则为:地名或流域+孕灾地质条件(复杂区、中等区、简单区)。

四、孕灾地质条件分区划分方法

1. 评价思路与方法

地质灾害发育现状是对地质灾害孕灾地质条件的客观反映,要想准确地进行地质灾害孕灾地质条件分区,必须依赖遥感解译和野外实际调查工作。野外地质调查十分重视对基础地质元素的搜集与分析,野外工作结束时根据区内地质环境和地质灾害分布特点等,已基本形成区内地质灾害孕灾地质条件划分范围轮廓,即初步的定性分区结果;同时考虑到地质环境条件的复杂性,通过对影响地质灾害发育的诸多因素分析,采用半定量方法进行分区计算,作为对定性评价的补充,最后综合两种结果,形成本区地质灾害孕灾地质条件分区图。

地质灾害孕灾地质条件的评价结果受到多种因素的影响,而这些因素本身存在着不确定性、模糊性以及各因素之间相互作用的复杂性;如何将复杂的地质因素尽可能定量化,使分析和评价结果最大限度地符合客观实际情况至关重要。

本书拟采用基于层次分析法和 GIS 空间分析统计方法相结合的方法对调查区孕灾地质条件进行评价和区划,主要技术路线和方法如下。

(1)确定评价单元和评价因子,利用层次分析法确定各因子和各要素的权值。

(2)对各评价因子指标进行量化,并采用归一化数值变换方法统一量纲。

(3)在评价指标权值确定和数据归一化的基础上,利用 GIS 系统的空间分析功能进行数据的空间叠加与统计。

(4)经统计分析确定孕灾地质条件区划的分界点,将评价结果分成不同等级。

(5)在 GIS 分析成图的基础上综合考虑各种因素,进行修改完善,最终编制调查区孕灾地质条件图。

2. 评价指标体系建模

运用层次分析法建模,基本可按以下 4 个步骤进行:一是建立递阶层次结构模型;二是构造判断矩阵;三是计算权向量;四是一致性检验。

1)建立递阶层次结构模型

分析问题所包含的因素及其相互关系,将有关的各个因素按照不同的属性自上而下地分解成若干层次,同一层次的诸多因素从属于上一层的因素或对上层因素有影响,同时又支配下一层的因素或受下一层因素的作用。层次结构通常分为目标层(顶层)、准则层(中间层)和措施层(低层)。

在评价过程中,选取评判因子时要依据调查区内地质灾害发育的特点来选取,所选取的评判因子,应能全面反映区内地质灾害的发育特点和孕灾条件。本次评价以海北州刚察县为例,将地质灾害孕灾区做为目标层,选择了发育因子、基础因子和诱发因子构成准则层即二级评判因子,并选取了对地质灾害易发性影响较为明显的 8 个因子构成措施层即三级评判因子,层次结构见图 4.7。

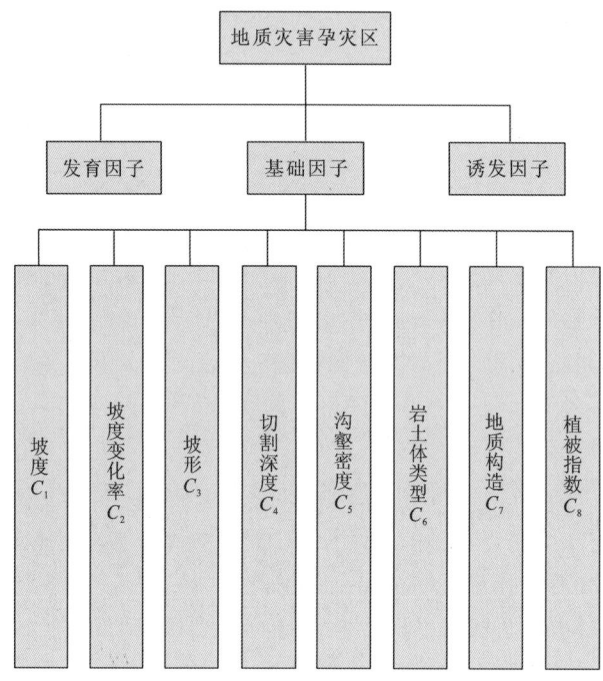

图 4.7 地质灾害孕灾地质条件分区评价层次结构模型图

2) 构造判断矩阵

在层次结构中,对于从属于(或影响)上一层的每个因素的同一层诸多因素进行两两比较,比较其对于准则的重要程度,并按事前规定的标度定量化,构成矩阵形式,即判断矩阵。判断矩阵中各元素的数值由多名经验丰富的专业技术人员集中群体智慧对各因素的相对重要性进行评估打分确定。

3) 计算权向量

根据判断矩阵,利用线性代数知识,精确的求出 T 的最大特征根所对应的特征向量。所求特征向量即为各评价因素的重要性排序,经归一化后即为同一层次相应因素对于上一层次某因素相对重要性的排序权值。本次评价采用和积法进行求解,具体步骤如下。

(1) 将判断矩阵每一列归一化

$$\overline{u}_{ij} = \frac{u_{ij}}{\sum_{k=1}^{m} u_{kj}} \qquad (i,j = 1,2,\Lambda\ m)$$

(2) 每一列经正规化的判断矩阵按行相加

$$\overline{W}_i = \sum_{j=1}^{m} \overline{u}_{ij} \qquad (i,j = 1,2,\Lambda\ m)$$

(3)对向量 $\overline{\boldsymbol{W}} = (\overline{W}_1, \overline{W}_2, \Lambda, \overline{W}_m)^T$ 做正规化处理

$$a_i = \frac{\overline{W}_i}{\sum_{j=1}^{m} \overline{W}_j} \quad (i = 1, 2, \Lambda\, m)$$

依次所得到的 $\boldsymbol{A} = (a_1, a_2, \Lambda, a_m)^T$ 即为所求特征向量。

(4)计算判断矩阵的最大特征根 $\lambda_{\max}$

$$\lambda_{\max} = \frac{1}{m} \sum_{i=1}^{m} \frac{(\boldsymbol{TA})_i}{a_i}$$

式中:$(\boldsymbol{TA})_i$ 表示向量 $\boldsymbol{TA}$ 的第 i 个元素。

本次各因子权重的排序打分采用通用的 1~9 标度方法(表4.3),层次总排序的结果见表4.4。

表 4.3 判断矩阵标度及其含义

序号	重要性等级	C_{ij} 赋值
1	i、j 两因素同样重要	1
2	i 因素比 j 因素稍微重要	3
3	i 因素比 j 因素明显重要	5
4	i 因素比 j 因素强烈重要	7
5	i 因素比 j 因素极端重要	9
6	i 因素比 j 因素稍微不重要	1/3
7	i 因素比 j 因素明显不重要	1/5
8	i 因素比 j 因素强烈不重要	1/7
9	i 因素比 j 因素极端不重要	1/9

表 4.4 判断矩阵标度层次总排序结果一览表

基础因子	坡度 C_1	坡度变化率 C_2	坡形 C_3	切割深度 C_4	沟壑密度 C_5	岩土体类型 C_6	地质构造 C_7	植被指数 C_8	W_i
坡度 C_1	1/5	1/3	1/3	1/5	1	1	5	3	0.063 3
坡度变化率 C_2	1	3	3	1	5	5	9	7	0.278 4
坡形 C_3	1	3	3	1	5	5	9	7	0.278 4
切割深度 C_4	1/3	1	1	1/3	3	3	7	5	0.132 3
沟壑密度 C_5	1/3	1	1	1/3	3	3	7	5	0.132 3
岩土体类型 C_6	1/5	1/3	1/3	1/5	1	1	5	3	0.063 3
地质构造 C_7	1/7	1/5	1/5	1/7	1/3	1/3	3	1	0.032 9
植被指数 C_8	1/9	1/7	1/7	1/9	1/5	1/5	1	1/3	0.019 1

4)一致性检验

为避免其他因素对判断矩阵的干扰,在实际应用中要求判断矩阵满足大体上的一致性,需进行一致性检验。只有通过检验,才能说明判断矩阵在逻辑上是合理的,才能继续对结果进行分析。对判断矩阵进行一致性检验,计算公式为

$$CR=CI/RI$$

式中:CR(consistency ratio)为一致性比例。当CR<0.10时,认为判断矩阵的一致性是可以接受的,否则应对判断矩阵作适当修正。CI(consistency index)为一致性指标,按计算公式为

$$CI=(\lambda_{max-n})/(n-1)$$

式中:λ_{max}为判断矩阵的最大特征根;n为成对比较因子的个数;RI(randomndex)为随机一致性指标,可依据表4.5确定。

表4.5 平均随机一致性指数 RI

阶数 n	1	2	3	4	5	6	7	8	9
RI	0	0	0.58	0.9	1.12	1.24	1.32	1.41	1.45

当CR<0.1时,可以认为判断矩阵具有满意的一致性,否则就需要重新调整,直到具有满意的一致性为止。经检验本次评价模型各层次均具有满意的一致性。

五、评价指标量化

孕灾地质条件因子主要是对调查区内的地质环境背景进行评价,以海北州刚察县为例,共选取了岩土体坡度、坡度变化率、坡形等8项对地质灾害发育影响较大的因子。

1. 坡度(C_1)

利用调查区1:5万DEM数据提取坡度数据。根据前文中的分析,由于调查区内滑坡、崩塌灾害主要分布于坡度在10°~70°之间的斜坡,坡度小于10°以下的斜坡基本不发生滑坡、崩塌等灾害,因此本次评价将坡度为70°以上斜坡的易发程度定义为1,坡度为10°以下的斜坡易发程度定义为0,将坡度数据进行0~1之间的线性归一化,得到坡度归一化结果图。

2. 坡度变化率(C_2)

坡度变化率是对地形基本因子——坡度变化情况进行量化的指标,由于斜坡拉张应力区的分布与斜坡坡度呈正相关关系,因此随着斜坡坡度变化率增大,斜坡坡脚地带形成的最大剪应力也不断增大,斜坡也越容易产生变形破坏。本次通过DEM对全区坡度变化率数据进行提取,然后进行0~1之间归一化处理之后参与评价。

3. 坡形(C_3)

坡形可以利用地表的曲率进行描述和量化,直线形和凸形斜坡在曲率上的体现是曲率不

小于0,凹形坡和阶梯形坡的曲率小于0,因此,可利用ArcGIS平台从DEM数据中提取调查区地表曲率信息,然后进行斜坡坡形的归一化。由于滑坡和崩塌主要发育在直线形斜坡和凸形斜坡上,因此,当曲率小于0时,坡面为凹形或阶梯形,易发程度较低;当曲率不小于0时,坡面为直线形和凸形,易发程度较高,按照曲率的大小进行0~1之间的线性归一化,得到斜坡坡形指标归一化结果。

4. 切割深度(C_4)

地形切割深度为平均高程与最小高程之差,它体现地形起伏程度和切割侵蚀强度,也侧面体现了沟谷的发育程度。前文已述及,切割深度相对于泥石流灾害而言与沟床比降显著相关,滑坡灾害也与坡高直接相关,因此综合选取了切割深度指标对地形因素进行评价。

5. 沟壑密度(C_5)

前已述及,沟壑密度是地形发育阶段和地表抗蚀能力的重要特征值,对地质灾害的发育有重要的影响作用。本次工作主要利用ArcGIS平台中的Hydrology工具集,基于调查区1∶5万栅格DEM提取各流域单元的沟壑密度,主要步骤如下。

(1)对调查区DEM数据进行洼地填平。
(2)利用GIS水文分析,得到提取区域的水流方向矩阵、水流累计矩阵。
(3)给定不同集水阀值,将水流方向累计矩阵中高于此阀值的格网连接起来得到矢量的沟壑网络。
(4)对上一步提取的不同集水阀值下的沟壑网络依据与实际形态的拟合程度进行对比分析,确定提取水文网络和沟壑流域网络最终的集水阀值。
(5)利用上一步确定的集水阀值分别提取水文网和流域沟壑网络,并计算各流域的沟壑总长度和面积。
(6)依据得到的沟壑总长度和面积求得各流域的沟壑密度值。
(7)将各流域的沟壑密度进行归一化处理并转换为栅格数据参与评价。

6. 岩土体类型(C_6)

根据区内不同岩土体类型对地质灾害发育的影响程度分级进行赋值,之后进行栅格化和归一化处理。

7. 地质构造(C_7)

地质构造对地质灾害的发育及分布有着重要的影响,由于区内新构造运动比较活跃,对地质灾害的影响相对较大,因此本次评价以区内第四纪以来发育的活动断裂为基准线,向两侧以250m间距各做三级缓冲区分析。

8. 植被指数(C_8)

通过刚察县ETM+遥感数据,选择近红外波段4和可见光红波段3,进行计算求取植被指数,之后将计算结果进行归一化处理参与评价。

六、孕灾地质条件等级划分

在上述评价指标分析和数据归一化的基础上,运用 ArcGIS 系统的栅格运算功能,将研究区各评价因子按照层次分析法所确定的权重进行信息叠加计算,从而得到刚察县地质灾害易发性定量计算成果栅格图件。经综合研究分析,从孕灾评价计算结果中找出适宜的临界点作为易发程度分区界线值,从而将全区划分为孕灾地质条件简单区、中等区和复杂区 3 个不同等级的区域。在定量计算分级分区的基础上,综合考虑各种因素,以"区内相似、区间相异"为原则,同时尽量考虑小流域的完整性,修改完善后最终形成海北州各县以及整个海北州区域的地质灾害孕灾地质条件区划图成果。

七、孕灾地质条件分区评价

1. 刚察县

根据刚察县地形地貌、地质构造、工程地质岩组、水文地质条件等因素,结合地质灾害详细调查等资料成果,将刚察县划分为孕灾地质条件复杂区、中等区、简单区 3 个区,5 个亚区(图 4.8),具体评价如下。

(1)孕灾地质条件复杂区(A):主要分布于县境北部和东部的侵蚀构造高山区,灾害点主要集中于热江公路、江仓公路的两侧,以及哈尔盖河、沙柳河两侧及各支沟冲沟内,涉及乡镇包括泉吉乡、伊克乌兰乡、哈尔盖镇等,面积 1 837.96 km²,占全区总面积的 27.90%。该区平

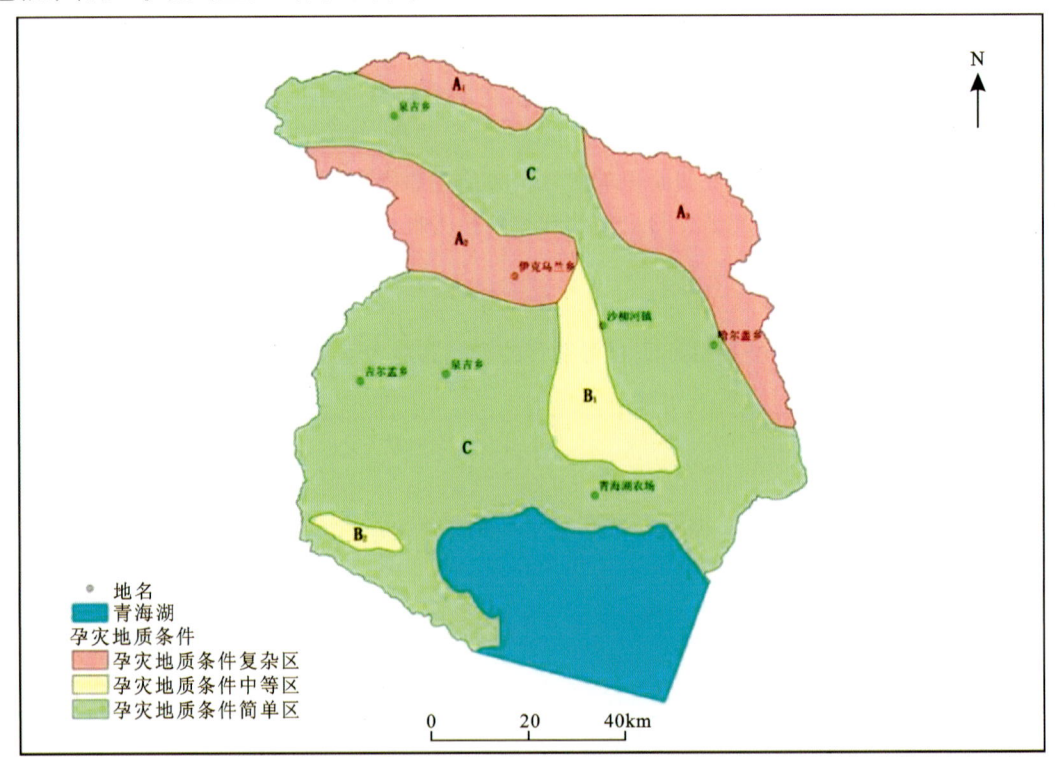

图 4.8　刚察县孕灾地质条件分区图

均海拔3800m以上,相对高差200~800m,主要由元古界一套变质较深的片麻岩、片岩,寒武系、奥陶系的碳酸盐盐岩,二叠系砂岩、石英岩,三叠系的砂岩、泥岩及花岗岩组成。本区为县域内交通较发达,人类工程活动较强烈的地带。区内共发育地质灾害172处,地质灾害点密度0.094处/km²。可划分为泉吉乡、伊克乌兰乡北部低山丘陵—大通河南岸孕灾地质条件复杂亚区(A_1)、伊克乌兰乡西北部高区山—刚察—江仓公路一带亚区(A_2)和哈尔盖镇东北部高山区—G213国道、热江公路一带亚区(A_3)3个亚区。

(2)孕灾地质条件中等区(B):主要分布于沙柳河镇—伊克乌兰乡一带及吉尔孟乡南部地区,面积616.84km²,占全区总面积的9.37%,区内发育地质灾害32处,地质灾害点密度0.052处/km²。可划分为沙柳河镇—伊克乌兰乡西南部中山区孕灾地质条件中等亚区(B_1)、吉尔孟乡南部—环仓贡麻村一带亚区(B_2)2个亚区。

(3)孕灾地质条件简单区(C):主要分布于县境东北部、中部及南部,涉及沙柳河镇、泉吉乡、吉尔孟乡、伊克乌兰乡及青海湖农场,面积4132.34km²,占全区总面积的62.73%,区内地貌类型自北向南由侵蚀构造高山区向堆积平原过渡,受人类工程活动的影响潜在崩塌、潜在滑坡分布较分散,局部地段为泥石流的承灾区,区内发育各类地质灾害点14处,地质灾害点密度0.003处/km²。

2. 门源县

结合门源县地质灾害详细调查等资料成果,将全县划分为孕灾地质条件复杂区、中等区、简单区3个区(图4.9),具体评价如下。

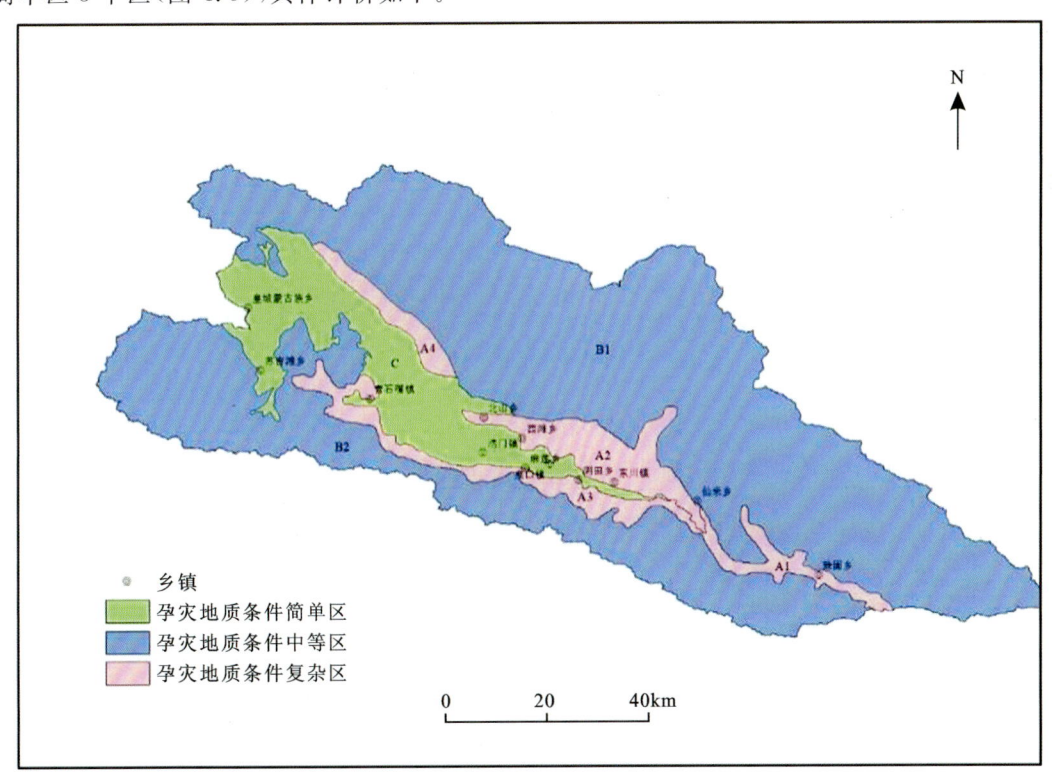

图4.9 门源县孕灾地质条件分区图

1) 孕灾地质条件复杂区(A)

孕灾地质条件复杂区主要分布于县境门源县周围,低山丘陵区以及山前冲积平原,包括皇城乡、青石嘴镇、苏吉滩乡、北山乡、麻莲乡、西滩乡、泉口镇、阴田乡、东川乡、仙米乡、珠固乡,面积694.77km²,占全区总面积的10.89%。低山丘陵区相对高差50~200m,梁与深沟相间,沟谷两岸斜坡坡度多大于40°,流水侵蚀作用强烈,区内人类工程活动强烈,在降雨条件下易发生崩塌、滑坡、泥石流等地质灾害,本区泥石流较为发育。

2) 孕灾地质条件中等区(B)

门源县孕灾地质条件中等区主要分布于县境周围中高山区及小部分低山丘陵区,该区涉及皇城乡、苏吉滩乡、浩门农场、北山乡、泉口镇、仙米乡、珠固乡等多个乡镇,面积4 885.5km²,占全区总面积的76.55%。区内位于门源县西部低山丘陵区部分,包括苏吉滩乡、青石嘴镇部分地区,区内低山丘陵区后缘地形切割相对较弱,沟谷切割深度10~50m,坡度10°~35°,坡体相对完整,顶部平缓,切割微弱,崩塌、滑坡、泥石流地质灾害不发育,地层岩性主要由二叠系砂岩,砂页岩组成,区内人工建房削坡,修建乡村公路等人类工程活动较强烈。但区内尚无灾害发生,目前较为稳定。

该区位于门源县西北部的侵蚀构造中高山区部分,地层岩性由奥陶系、泥盆系板岩、砂岩、灰岩,二叠系砂岩、砂页岩等构成,山体陡峭,岩石裸露,切割中等,沟谷多成"U"形谷,沟谷两侧山体较陡峻,斜坡坡度35°~60°;西部低山丘陵区山体相对高差50~200m,地层岩性主要为新近系砖红色泥质砂岩以及奥陶系板岩、砂岩及灰岩,斜坡坡度20°~40°,沟谷多呈"U"形谷,山体顶部多呈浑圆状,植被覆盖率较低,一般低于8%。区内尚无地质灾害点,但多为泥石流的物源区,目前较稳定。相对高差500~900m,其顶部有多年冻土分布,冻融作用较强烈,岩体局部破碎。无固定的居民点,地质灾害不发育。一旦有人类工程活动,容易引发崩塌、滑坡、泥石流等地质灾害。

3) 地质灾害简单区(C)

地质灾害简单区主要分布于门源县中部,面积801.75km²,占全区总面积的12.56%,包括浩门农场、浩门镇、西滩乡、麻莲乡、泉口镇、阴田乡部分地区,区内大通河河谷地势较平坦开阔,植被覆盖率低,是门源县人类工程活动比较集中的地区,无崩塌、滑坡发育,但局部地段为泥石流的承灾区,区内未曾发生过重大地质灾害。

3. 海晏县

结合海晏县地质灾害详细调查等资料成果,将全县划分为孕灾地质条件复杂区、中等区、简单区3个区(图4.10),具体评价如下。

1) 孕灾地质条件复杂区(Ⅰ)

该复杂区主要分布于金滩乡河谷平原区及其北侧河谷平原于山前倾斜平原—冰蚀构造高山区过渡区,灾害点主要集中于人类工程活动强烈的坡脚处以及各乡镇、村所在地周边地区,涉及乡镇包括金滩乡、哈勒景乡,面积48.49km²,占全区总面积的1.29%。该区低山丘陵区相对高差较小,梁与深沟相间,沟谷两岸斜坡坡度为30°~70°,流水侵蚀作用强烈。地层岩性主要有第四冲洪积物和第四系中更新统冰水堆积物。本区为县域内人口最密集,经济及

第四章 地质灾害孕灾地质条件分析

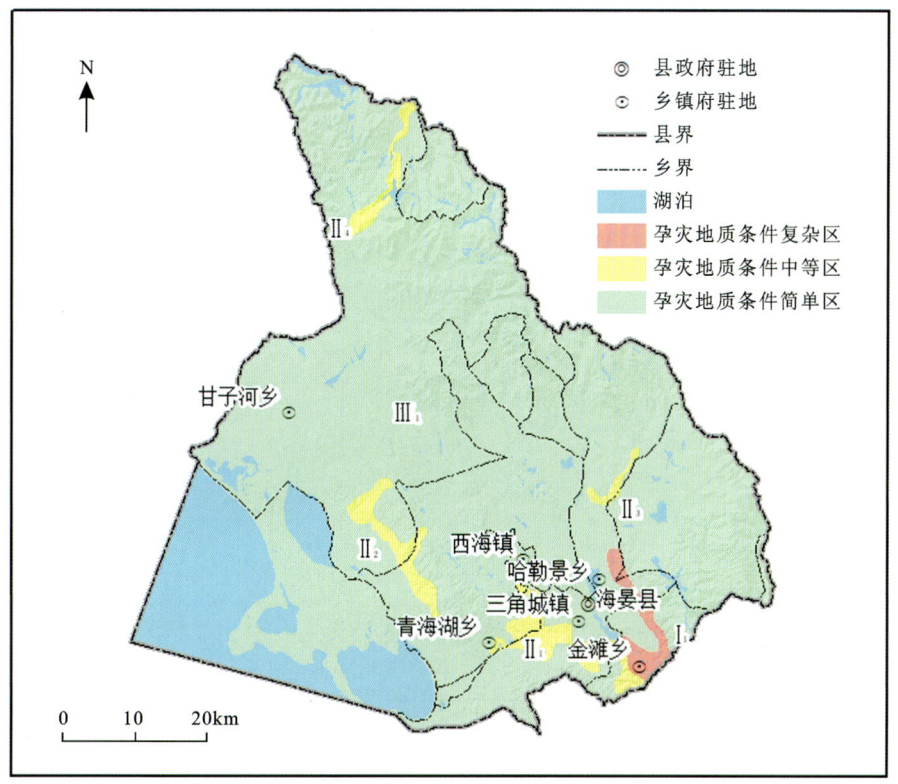

图 4.10 海晏县孕灾地质条件分区图

交通最发达,水利水电等基础设施分布最多,人类工程活动最强烈的地带。区内共发育地质灾害 45 处,地质灾害点密度 0.93 处/km²。

2)孕灾地质条件中等区(Ⅱ)

该中等区主要分布于三角城镇中部、金滩乡西侧、青海湖北侧、哈勒景村北侧、海晏县北侧青海湖乡区域,面积 185.99km²,占全区总面积的 4.93%。区内发育地质灾害 109 处,地质灾害点密度 0.59 处/km²。可划分为金滩乡西侧-三角城镇南侧-青海湖乡东侧(Ⅱ$_1$)、青海湖乡北侧-温都村-托华村-俄日村(Ⅱ$_2$)、哈勒景村北侧(Ⅱ$_3$)、海晏县北部青海湖乡(Ⅱ$_4$)4 个亚区。

3)孕灾地质条件简单区(Ⅲ)

该简单区分布面积较广,各乡镇均有分布,面积 3 534.74km²,占全区总面积的 93.78%,区内湟水、哈尔盖河河谷地势较平坦开阔,植被覆盖率较高,崩塌、滑坡不发育,但局部地段为泥石流的承灾区。区内发育各类地质灾害点 27 处,地质灾害点密度 0.008 处/km²。

4. 祁连县

结合祁连县地质灾害详细调查等资料成果,将全县划分为孕灾地质条件复杂区、中等区、简单区 3 个区,6 个亚区(图 4.11),具体评价如下。

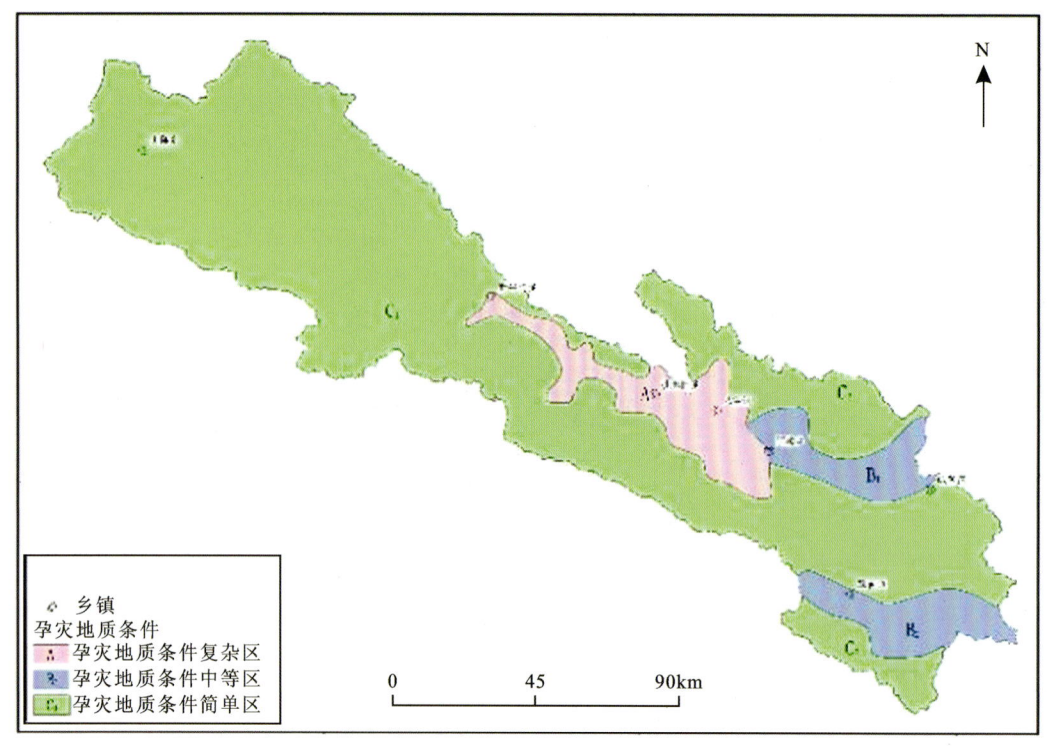

图 4.11　祁连县孕灾地质条件分区图

1）孕灾地质条件复杂区（A）

该复杂区主要分布于黑河、八宝河等河谷平原区及构造剥蚀低山丘陵区，灾害点主要集中于 S302 省道黑河峡谷段以及各乡镇、村所在地周边地区，涉及乡镇包括八宝镇、扎麻什乡、阿柔乡、野牛沟乡等，面积 1 118.76 km²，占全区总面积的 7.99%。该区低山丘陵区相对高差达 150～600 m，梁与深沟相间，沟谷两岸斜坡坡度为 30°～75°，流水侵蚀作用强烈。地层岩性主要有奥陶系板岩、砂岩，白垩系砂岩、砂砾岩。本区为县域内人口最密集，经济及交通最发达，水利水电等基础设施分布最多，人类工程活动最强烈的地带。区内共发育地质灾害 140 处，地质灾害点密度 0.125 1 处/km²。

2）孕灾地质条件中等区（B）

该中等区主要分布于八宝河北岸阿柔至峨堡一带及默勒镇周边地区，该区涉及阿柔乡、峨堡镇、默勒镇等多个乡镇，面积 1 345.79 km²，占全区总面积的 9.61%，区内发育地质灾害 28 处，地质灾害点密度 0.020 8 处/km²。可划分为阿柔—峨堡中部亚区（B_1）、默勒镇南部亚区（B_2）2 个亚区。

3）孕灾地质条件简单区（C）

该简单区主要分布于县境西北部及中部，涉及野牛沟乡、央隆乡、八宝镇、阿柔乡、峨堡镇、默勒镇等乡镇，面积 11 535.45 km²，占全区总面积的 82.40%，区内大通河河谷地势较平坦开阔，植被覆盖率较高，崩塌、滑坡不发育，但局部地段为泥石流的承灾区，区内发育各类地质灾害点 5 处，地质灾害点密度 0.000 4 处/km²。该区进一步可划分为央隆—默勒亚区、八宝—峨堡北部亚区、默勒镇南部亚区3个亚区。

5. 海北州

在综合分析各县1∶5万地质灾害风险调查评价地质灾害孕灾地质条件分区的基础上，考虑全州孕灾地质环境条件、地质灾害发育特征、人类工程活动强度等因素，以"区内相似、区间相异"为原则，在海北州全州尺度上，局部进行人工调整，将全州划分为孕灾地质条件复杂区、中等区、简单区3个区，17个亚区(图4.12，表4.6)。

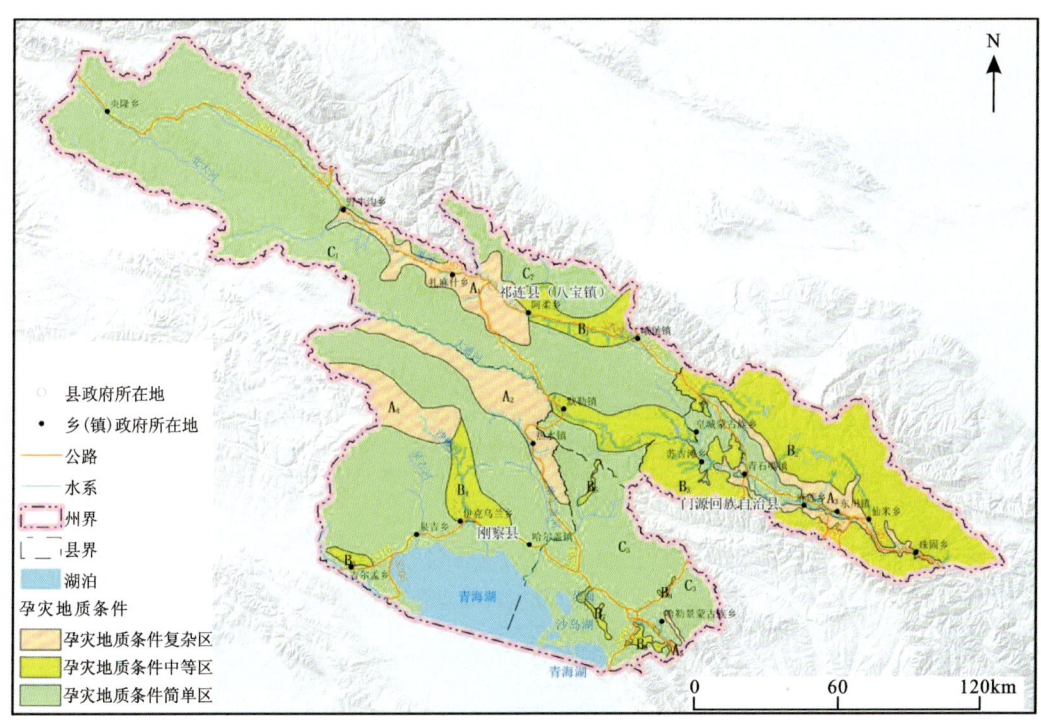

图4.12 海北州孕灾地质条件分区图

表4.6 海北州地质灾害孕灾地质条件分区表

孕灾地质条件	亚区及代号	面积/km²	占比/%	区域特征
复杂区	A_1	1 112.92	3.23	位于祁连县八宝镇、扎麻什乡、野牛沟乡一带。该区低山丘陵区相对高差达到150~600m，沟谷两岸斜坡坡度为30°~75°，流水侵蚀作用强烈，人类工程活动强烈
	A_2	1 204.63	3.50	位于刚察县泉吉乡、伊克乌兰乡北部低山丘陵—大通河南岸、哈尔盖镇东北部高山区—G213国道、热江公路一带。该区相对高差200~800m，交通较发达，人类工程活动较强烈

续表 4.6

孕灾地质条件	亚区及代号	面积/km²	占比/%	区域特征
复杂区	A₃	728.22	2.12	位于门源县周围低山丘陵区以及山前冲积平原,包括皇城乡、青石嘴镇、苏吉滩乡、麻莲乡、泉口镇、东川乡、仙米乡等。低山丘陵区相对高差50~200m,沟谷两岸斜坡坡度多大于40°,流水侵蚀作用强烈,区内人类工程活动强烈
	A₄	717.86	2.09	位于刚察县伊克乌兰乡西北部高区山—刚察—江仓公路一带。该区相对高差200~800m,两岸斜坡坡度大,主要由元古界片麻岩、片岩,寒武、奥陶系的碳酸盐岩等组成,区内人类工程活动强烈
	A₅	48.49	0.14	位于海晏县金滩乡河谷平原区及其北侧河谷平原于山前倾斜平原—冰蚀构造高山区过渡区,涉及乡镇包括金滩乡、哈勒景乡。该区沟谷两岸斜坡坡度为30°~70°,流水侵蚀作用强烈,人类工程活动强烈
中等区	B₁	637.56	1.85	位于祁连县阿柔—峨堡中部一带
	B₂	3 414.59	9.92	位于门源县北部中高山区及小部分低山丘陵区,涉及皇城乡、苏吉滩乡、浩门农场、北山乡、泉口镇、仙米乡、珠固乡等多个乡镇
	B₃	2 189.22	6.36	位于祁连县默勒镇南部以及门源县皇城乡、北山乡、西滩乡、泉口镇、苏吉滩乡、麻莲乡、仙米乡、珠固乡以南侵蚀构造中高山区一带
	B₄	536.88	1.56	位于刚察县沙柳河镇—伊克乌兰乡西南部中山一带
	B₅	33.94	0.10	位于海晏县北部青海湖乡一带
	B₆	79.96	0.23	位于刚察县吉尔孟乡南部—环仓贡麻村一带
	B₇	59.64	0.17	位于海晏县青海湖乡北侧—温都村—托华村—俄日村一带
	B₈	12.57	0.04	位于海晏县哈勒景乡哈勒景村北侧一带
	B₉	79.84	0.24	位于海晏县金滩乡西侧—三角城镇南侧—青海湖乡东侧一带
简单区	C₁	10 618.1	30.86	位于祁连县西北部及中部以及门源县境中部,包括浩门农场、浩门镇、西滩乡、麻莲乡、泉口镇、阴田乡部分地区,区内大通河河谷地势较平坦开阔,孕灾地质条件简单
	C₂	1 150.20	3.34	位于祁连县八宝镇、阿柔乡北部中高山区,地质灾害不发育,属无人区,人类工程活动罕见
	C₃	11 783.16	34.25	位于海晏县湟水、哈尔盖河河谷,刚察县东北部、中部及南部的沙柳河镇、泉吉乡、吉尔孟乡、伊克乌兰乡,以及青海湖农场一带

第五章　地质灾害形成机理与成灾模式

第一节　地质灾害形成机理

一、滑坡形成机理

1. 刚察县滑坡形成机理

刚察县发育48处滑坡（潜在滑坡），通过对调查区内已有滑坡的滑体及剪出口岩性和潜在滑坡隐患点可能出现的滑动带（面）以上的岩性等综合分析判定，调查区形成滑坡的形式主要有碎石土型和砂岩、板岩层内型2种。

1）碎石土型滑坡

现状条件下调查区内发育有11处碎石土型滑坡（潜在滑坡），该类型斜坡坡体前缘临空面较陡并呈现出陡峭斜坡态势，该类斜坡当遇持续性降雨时，雨水沿碎石土裂隙下渗，不仅使坡体静水压力增大，促使斜坡土体软化，同时导致斜坡土体容重增大，土体的抗剪强度降低，在碎石土内形成圆弧滑动面，当坡体滑动面全面贯通时，容易在坡脚剪出，形成碎石土滑坡。

2）砂岩、板岩层内型滑坡

调查区内砂岩、板岩层内型滑坡（潜在滑坡）发育有37处，该类斜坡前缘多临空，斜坡结构类型多为顺向—斜向坡，组成坡体的砂岩板岩裂隙较发育，常发育两组节理裂隙，其中一组节理裂隙面平行于地层倾向，将岩层沿倾向切割成多层，另一组节理裂隙面垂直于坡面发育，该组节理裂隙将岩层切割成碎块，当遇持续性降雨时，雨水沿节理裂隙面入渗增大坡体静水压力，软化和润滑岩层节理裂隙面，从而大大降低岩层的抗剪强度，进而使滑坡沿斜坡软弱结构面位移剪出，形成砂岩、板岩层内滑坡。

2. 门源县滑坡形成机理

门源县发育58处滑坡（潜在滑坡），通过对调查区的调查，以孔隙水压力变化理论和斜坡应力调整理论相结合的方式进行综合分析判定，按滑坡破坏变形模型将滑坡分为滑移—拉裂型滑坡和蠕动—挤压—滑移型滑坡。

1）滑移—拉裂型滑坡

滑移—拉裂型滑坡边坡的变形破坏具有分二段发育特征，即下部土体失去支挡发生滑移,牵动后缘坡体拉裂。这种模式是门源县滑坡发生的主要机理模式,该类破坏模式的滑坡主要发育于黄土类土层。

工作区滑坡大部分受人为切坡影响,坡脚陡立临空,坡体前缘卸荷下错发生滑动后,后缘坡体发生拉裂,易从拉裂区错断形成滑坡,后缘错断区演变为滑坡后壁。滑坡后壁大部分陡立临空不稳定,常沿后壁再次发生次一级滑坡。随着拉张裂缝逐渐增多,滑坡后缘形成多组拉张裂缝,滑坡前部滑移后,后缘裂缝区失去前部支挡,再次滑移,呈现逐渐后移式变形破坏,演化成滑移—拉裂—滑移模式。

2) 蠕动—挤压—滑移型滑坡

蠕动—挤压—滑移型滑坡的变形破坏主要分3个阶段,即坡体饱水部分先蠕动,挤压下部坡体,随后发生滑移。该类滑坡主要发育于易透水土层与下部隔水泥岩岩土复合型斜坡上。

该类滑坡受降雨影响,水体入渗并补给地下水,该类滑坡的双层异质结构导致地下水聚集在新近系的顶部接触面附近,并形成含水量大于塑限的土层。此层的饱水状态削弱了其抗剪强度参数并逐渐演化为潜在滑带,潜在滑带抗剪强度的降低,使得主滑段在重力作用下产生蠕动变形。主滑段的蠕动变形导致滑坡牵引段失去下部支撑,使得牵引段后部黄土层内垂直裂隙受拉张作用,形成拉裂缝,拉裂缝又为降雨转化为地下水提供了补给通道,隔水效果良好的泥岩、砂质泥岩的存在使得潜在滑带处于近饱和状态。长期处于这个状态进一步降低了潜在滑带抗剪强度参数从而降低了其抗剪强度,因而使得坡体在重力作用下产生更加剧烈的蠕动变形。蠕动变形所产生的剪切运动造成土颗粒滑移及排列状态的改变,产生孔隙水压力,有效应力随之降低并产生轻微液化。轻微液化的产生反过来加剧了蠕动变形,导致孔隙水压力持续增大,有效应力持续减小,液化程度也随之增高,如此循环反复,有效应力不断减小,随之抗剪强度同样持续降低,导致潜在滑坡带塑性区的扩展。饱水区滑体不断蠕动挤压下部坡体,下部坡体受压后出现变形,变形区逐渐在坡体内形成软弱结构面,当该软弱结构面与上部蠕滑区潜在滑带贯通后,形成整体滑移,发生滑坡。工作区内岩土复合型斜坡上发生的基覆界面型滑坡均为该类型变形破坏模式,部分松散土层内滑坡也属该种类型,蠕动滑移界面下存在隔水层或相对隔水层。

3. 海晏县滑坡形成机理

海晏县滑坡主要类型为土质滑坡和岩质滑坡,其中由砂岩、砾岩及泥岩构成的顺层斜坡发生滑坡的占比最大。顺层岩质滑坡机理一般是层间主滑带软弱夹层受水或水气的软化、渗流等作用发生变形,而后引起滑坡后缘及两侧受拉,使影响到的陡裂面松弛与坡体分离,分离后滑坡后部失去支撑,主滑体上作用的下滑力增大。当主滑体沿软层滑动挤出地面附近受阻时,则滑体将沿阻力最小的地段新生滑带挤出地面。这新生滑带的一段多位于滑坡前缘,它可以是已有裂面的组合导致的,也可以是渐进破坏中岩石强度小,在挤压中逐步变形、破坏导致的,还可以是沿岩石中在地质史上因构造作用已有破坏趋势的隐伏裂面滑动导致的。

1) 滑坡破坏模式

(1) 节理裂隙—初始卸荷阶段:建房、修路等人类活动切坡形成高陡临空面,斜坡最大初始应力由铅垂方向逐渐偏移至平行于开挖面,并于开挖面处形成集中应力,受最大剪应力控制,斜坡出现平行于坡体走向的卸荷裂隙。

(2)裂缝拓宽—加速变形阶段:在光照等外地质营力作用下,裂隙逐渐拓宽,在降雨条件下,雨水进入裂缝形成孔隙水压力,形成指向坡外的静水压力,从而进一步增大了裂缝张开度,使得斜坡变形速度加快。

(3)滑动—破坏阶段:由于岩体主要为泥岩、砂岩互层,泥岩遇水易软化。基于此,雨水入渗,一方面使得岩体裂隙继续向坡体下部延伸,降低了该部分岩体与母岩之间的联系,另一方面软化结构面,降低其强度,进而在重力、静水压力、动水压力等作用下,斜坡失稳,沿结构面发生滑移破坏(图5.1)。

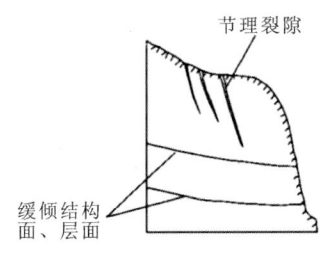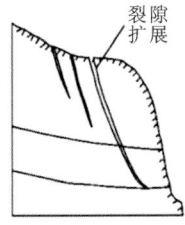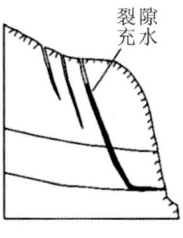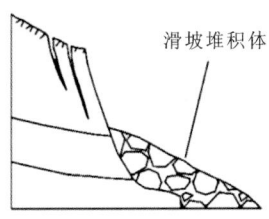

图5.1 结构面控制型滑坡示意图

2)滑坡变形特征

(1)多层滑动。顺层岩石滑坡通常在不同的层间形成滑带促使岩层多层滑动。多层滑动是顺层岩石滑坡的突出特点之一。

(2)平面形状和立体形态受构造面控制。由于顺层岩石滑坡的滑带与岩层产状一致,边界受各种构造面控制,故其平面形状和立体形态较其他类型的滑坡要规则得多。天然临空面和人工开挖面的空间位置以及几组对岩体结构起控制作用的结构面的相互关系对其平面形状和立体形态有着决定性的意义。

(3)变形以直线型块体运动为主。由于主滑面基本是一个平面,尤其当滑坡出口在堑坡上无抗滑段时则构成典型的直线型块体运动。当前缘有反翘的抗滑段时抗滑段的滑面则视具体情况而异:抗滑段为土体则为被动破裂面;抗滑段为岩体则由原有的结构面组成,这些结构面原来往往是贯通性很强但不连续的结构面,随着滑坡的形成而发育贯通。

4. 祁连县滑坡形成机理

祁连县滑坡按运动形式可分为牵引式滑坡、推移式滑坡、混合式滑坡3种,其中牵引式滑坡占比最大,该类滑坡最主要的诱发因素是坡脚受河流冲刷或人工开挖坡脚。本节拟通过孔隙水压力变化理论和斜坡应力调整理论相结合的方式(主要包括应力应变状态和变形破坏模型两方面内容),来对调查区滑坡的形成机理进行初步的探讨和论述。

1)应力应变状态

滑坡的应力场,即滑坡体内,特别是滑动带的应力分布和状态,是认识滑坡发生机理的基础。斜坡的变形和滑动取决于坡体的应力分布、调整岩土体的强度特征,而应力分布又与坡形、坡高以及坡体的物质组成和分布有关。由于构成自然斜坡的物质及其结构构造的多样性、复杂性、不均质性和各向异性,至今要准确了解各种斜坡的应力状态还比较困难。

斜坡的失稳滑动,从某种意义上说是作用于滑坡这一系统的下滑力(滑动力)超过了滑床的抗滑力(阻滑力)。下滑力主要来自滑坡体自重力沿滑动面的下滑分力,它与滑坡体物质的单位质量和滑体厚度及滑面倾角有关。此外,还有静水压力、动水压力等附加力。抗滑力主要为滑动面(带)土的内聚力和摩擦力以及滑体两侧不动体的阻滑力等。

(1)主滑带土的剪应力增大。河流冲刷坡脚、人为开挖坡脚等改变了斜坡的形状和应力状态,增大了主滑带的剪应力和下滑力。当剪应力大于主滑带的抗剪强度时,主滑带失稳变形,引起坡面拉裂,继而发生滑坡。这种模式主要发育于黄土型斜坡。因受人类工程活动开挖坡脚修路、建房或沟道水流冲蚀坡脚影响,斜坡体剪应力增大从而发生失稳。

(2)主滑带土的抗剪强度降低。降雨和地表水渗入坡体,饱和与软化主滑带土,使其强度降低;地下水位的升高,主滑带孔隙水压力增大,抗剪强度降低;水库浸淹,降低抗滑段和主滑段滑带的强度,浮力减小了抗滑力;地下水的溶蚀和淋滤也会降低主滑带的强度。当主滑带的抗剪强度降低到不能平衡坡体剪应力时,就会破坏而形成滑坡。

2)变形破坏模型

(1)滑移—拉裂型滑坡和蠕动—挤压—滑移型滑坡,其形成机理与上述刚察县该类型的滑坡形成机理一致。

(2)热融滑塌形成机理。热融滑塌是多年冻土区广泛发育的地质灾害之一,是一种典型的热喀斯特地貌。自然作用或人为扰动破坏了斜坡处地下冰的热平衡状态,冰层融化,上覆土体在重力作用下发生连续滑塌的现象,滑动规模和速度远比一般滑坡小。主要形成机理是:外界扰动使得斜坡段的地下冰暴露融化形成初次坍塌滑动;此后滑壁处的地下冰持续融化,导致斜坡上方连续发生溯源侵蚀。滑塌壁的后退速度在每年几米到几十米范围变化,热融滑塌的形成和发展是地下冰不断融化的结果。调查区内冻土发育地带常发生热融滑坡变形破坏。

二、崩塌形成机理

1. 刚察县崩塌形成机理

刚察县崩塌或潜在崩塌以岩质崩塌为主,土质崩塌次之,以多次性小规模崩塌形式发生,发育于坡度大于70°以上的陡坡、陡崖地段。主要分布于修建公路切坡形成的高陡边坡处(如315国道亚秀麻路段、省道204热水至刚察县段、热水至江仓公路)和人工切坡建房而成的陡崖处。上述地段地形陡峻,岩体破碎,容易形成崩塌灾害。根据不同类型的崩塌,将其分为土质崩塌和基岩崩塌。

1)土质崩塌

土质崩塌是指陡立的斜坡部分土体,以突然的方式脱离母体,堆积在坡脚的现象。由于刚察县特殊的地形条件,在修建厂房、修建房屋等工业和民用建设活动过程中,或者在道路工程、水利工程建设过程中,常常进行切坡卸载以增加建设用地面积或稳定坡体。切坡卸载形成高达数米、数十米的陡崖,改变了斜坡的应力状态,削弱了被动土压力;切坡后应力释放引起回弹,在开挖面卸荷裂隙发育,雨水入渗及冻融作用等因素的作用下,卸荷裂隙向外不断拉张,水沿节理下渗,节理裂隙面强度衰减,最终在重力的作用下,容易形成土质崩塌灾害。按破坏模式,将土质崩塌分为拉裂—滑移式和坠落式。

(1)拉裂—滑移式:土质斜坡的坡肩被竖直节理或裂缝切割后,被切割的土体沿下部顺坡倾伏的软弱结构面向坡下滑动,这种崩塌通常被称为滑移式崩塌。此类崩塌通常发生在由软硬相间的土层组成的斜坡,水是这种类型崩塌发生的重要影响因素。

坡体上的土体在人工扰动或重力作用下,沿坡体上的竖向节理断裂,并产生向下的位移。降雨沿后缘张开的裂缝进入土体内部,而接触风化面的透水性较差,起到隔水层的作用。雨水在隔水层上部聚集,软化上部土体,在静水压力和动水压力作用下,土体逐渐滑移,重心一旦滑出陡坡,就会产生崩塌。通常,滑移式崩塌的破坏面常呈现出"椅"状,破坏面的上部受节理裂隙控制,呈竖直状态,破坏面的下部通常为顺坡向的弧状结构面。

该类型崩塌主要分布于区内哈尔盖镇附近村落,受人类工程活动切坡建房、修路或冲沟水流侵蚀,形成多处陡立斜坡,随后受水体侵蚀影响和卸荷拉裂作用,逐渐以拉裂—滑移式发生崩塌。

(2)坠落式:坠落式崩塌常见于坡度较陡的斜坡,崩塌土体下部缺少支撑,往往呈现出悬空状态。根据崩塌体与斜坡的连接方式可以将坠落式崩塌分为单面连接崩塌(图5.2)和多面连接崩塌(图5.3),二者的破坏力学特征不同。

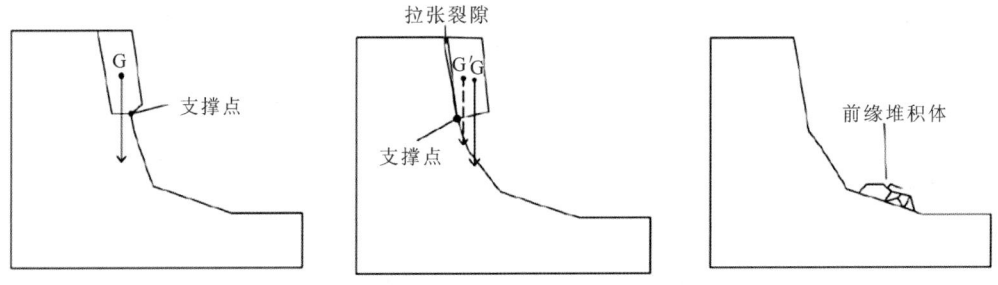

图5.2 单面连接坠落式崩塌变形破坏机制模式图

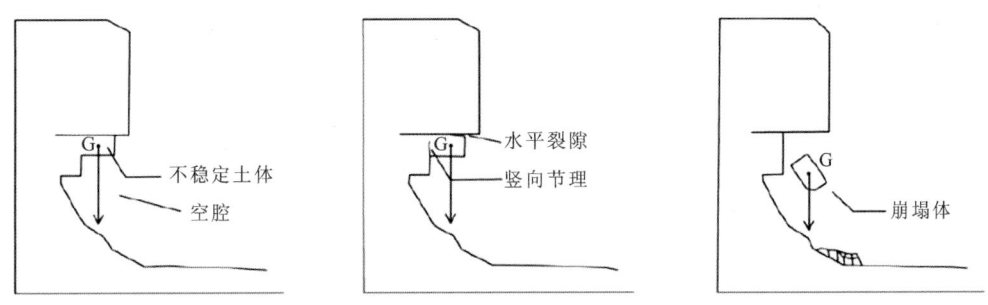

图5.3 多面连接坠落式崩塌变形破坏机制模式图

单面连接是指崩塌体仅侧面与斜坡连接,主要承受自身重力。侧面单面连接在重力作用下,拉力集中在尚未产生节理裂隙的部位,一旦所受拉力大于这部分土体的抗拉强度,拉裂缝会迅速向下发展,直至完全贯通,凸出的土体会产生突然向下的崩落。

双面连接是指土体的顶部和侧面均与坡体相连接,其结构面的破坏受到剪应力和拉应力的作用。顶部连接面的破坏形式为拉断破坏,土体承受自身重力产生拉应力,分界面产生水平裂隙,加之风化等因素的影响,水平节理扩展。同时竖直方向受到拉应力的作用,节理发展,切断土体与斜坡的连接,水平和竖向均产生断裂破坏,最终形成崩塌。除重力之外,震动、各种风化作用、植物的根劈作用等,都会促进这类崩塌的发生。

2) 基岩崩塌

刚察县基岩崩塌主要分布于省道 S204、热江公路及沙柳河镇至江仓道路两侧,呈带状分布。主要是人为修建公路造成,组成崩塌、潜在崩塌坡体的岩性主要为砂岩、板岩和花岗岩。

调查区崩塌(潜在崩塌)发育处的斜坡结构多为斜向坡和顺向坡,由于多次岩浆运动和构造运动岩体节理裂隙较发育,砂岩和板岩常发育有 2~3 组节理裂隙,在风化剥蚀作用下岩层剥离坡体后致使砂岩、板岩层悬空,在内外动力地质作用下随之发生倾倒式、坠落式崩塌。

2. 门源县崩塌形成机理

区内的崩塌以基岩崩塌(共 77 处)为主,少量的土质崩塌(共 12 处)。

1) 土质崩塌

工作区典型的土质崩塌为黄土崩塌,其变形破坏模式主要有滑移式和倾倒式。

(1) 滑移式:滑移式崩塌通常发生在由软硬相间的黄土层组成的斜坡,主要发育在工作区内黄土丘陵区的高陡斜坡地带。崩塌坡体地层主要为黄土及次生黄土,黄土垂直节理裂隙发育,具大孔隙,斜坡的坡肩被竖直节理或裂缝切割后,被切割的土体沿下部顺坡倾伏风化面向坡下滑动,这种崩塌通常被称为滑移式崩塌(图 5.4)。其形成机理与上述刚察县拉裂—滑移式崩塌形成机理一致。

图 5.4　滑移式崩塌(麻科崩塌 MD058)

(2)倾倒式:倾倒式崩塌多发生于上软下硬的黄土层组合中,在崩塌体失稳时,以坡脚的某一点为转点,发生转动性倾倒。其特点是坡顶普遍存在垂直节理、柱状节理上覆黄土未悬空(图5.5)。

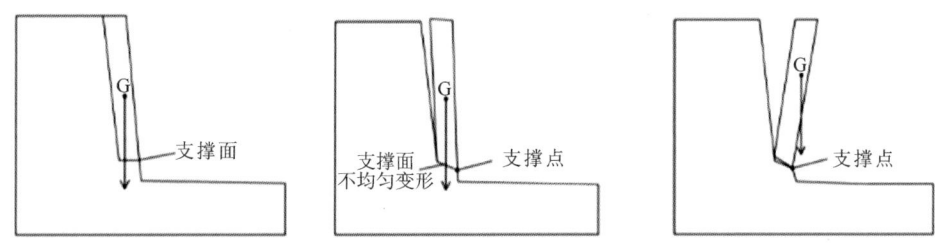

图 5.5　倾倒式崩塌变形破坏机理模式图

倾倒式崩塌的产生有多种途径。①刚开挖形成的边坡,由于卸荷作用,斜坡回弹膨胀,坡体内垂直节理张开,土体的完整性遭到破坏,为降雨提供了入渗通道。雨水软化坡脚,坡脚处不均匀变形,被节理切割的土体受偏压作用,引起崩塌。②长期冲刷掏蚀直立土体的坡脚形成空腔,使黄土块体支撑面积减小,导致块体重心不断外移,后侧裂隙不断扩大,在偏压和重力作用下,直立土体产生倾倒蠕变,形成倾倒式崩塌。③当附加特殊的水平力(地震力、静水压力、动水压力以及冻胀力等)时,土体容易发生倾倒破坏。④直立土体在长期重力作用下产生弯折,也会发生倾倒式崩塌。本次调查中滑移式崩塌共有 5 个,占调查区土质崩塌总数的 41.67%;错断式崩塌共有 4 个,占调查区土质崩塌总数的 33.33%;拉裂式崩塌共有 2 个,占调查区土质崩塌总数的 16.67%;倾倒式崩塌共有 1 个,占调查区土质崩塌总数的 8.33%。

2)岩质崩塌

岩质崩塌主要分布于工作区西部大通河基岩出露河岸地段及北部、南部边缘山地,发生崩塌的岩体多以奥陶系变质岩、火山岩及白垩系砂岩为主。新构造运动中地壳抬升,水流下蚀作用强,使得基岩出露厚度大,发生崩塌的岩体多以白垩系砂岩为主。崩塌区地貌类型为黄河河谷盆地,构造发育,风化强烈,基岩构造节理和卸荷裂隙非常发育,呈块状或碎裂结构,降雨容易沿裂隙入渗,在自身重力、外动力作用和不合理人类工程活动的影响下,岩体在中下部被剪断,发生倾倒型崩塌,其最初的运动形式多为拉裂式。

3. 海晏县崩塌形成机理

海晏县崩塌或潜在崩塌以砂岩、砾岩、泥岩类崩塌为主,以多次性小规模崩塌形式发生,发育于坡度大于 60°以上的陡坡、陡崖地段。边坡的变形破坏是内部孕灾条件和外部致灾因素共同作用的结果,砂岩边坡变形破坏具有单一因素致灾效果显著的特点,因此根据边坡变形破坏影响因素的差异,调查区边坡变形破坏模式划分为以下 3 种类型。

1)悬臂式崩塌

悬臂式崩塌多发育于板状、柱状的直立边坡岩体,在静水压力、重力、地震力等作用下,沿边坡岩体底部发生转动而导致危岩体失稳。这类斜坡破坏形式的力学机制为倾覆力矩大于抗覆力矩从而引起岩体转动破坏。悬臂式拉裂同样是斜坡差异风化导致上部硬砂岩岩体在坡面上以悬臂梁的形式凸出,在凸出的"悬臂岩体"上所发育的构造节理及风化裂隙在长期重力作用下逐渐扩展,拉张裂隙向下发展,最终导致凸出的"悬臂岩体"突然崩落。根据海晏县红层岩性组合特征、岩性差异,硬砂岩和软砂岩的差异风化是引起高陡岩体发生倾倒崩塌的重要原因。硬砂岩体的下伏软砂岩层不断风化剥落,形成一定的岩腔,从而使得硬砂岩块体支撑面积减小,块体重心逐渐临空,稳定性不断降低,而块体后缘结构面由于重力拉拽作用不断扩大,当底部支撑面不足以支撑块体时,即发生倾倒破坏。差异风化型悬臂式拉裂崩塌示意图如图 5.6 所示。

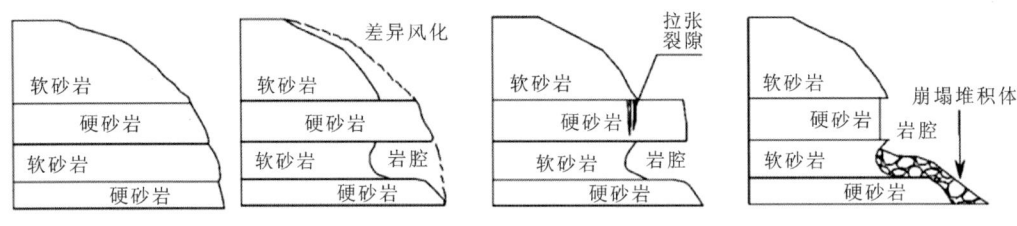

图 5.6 差异风化型悬臂式拉裂崩塌示意图

2)倾倒式崩塌

倾倒式崩塌在崩塌体失稳时,以坡脚的某一点为转点,发生转动性倾倒。其形成机制与门源县倾倒式崩塌形成机制一致。

3)滑移式崩塌

此类崩塌通常发生在软硬相间的岩层中,水是这种类型崩塌发生的重要影响因素。坡体上的岩体在人工扰动或重力作用下,沿坡体上的竖向节理断裂,并产生向下的位移。降雨沿后缘张开的裂缝进入岩体内部,而泥岩等软岩透水性较差,起到隔水层的作用。雨水在隔水层上部聚集,软化软弱夹层,并在产生的静水压力和动水压力作用下,使岩体逐渐滑移,重心一旦滑出陡坡,就会产生崩塌(图 5.7)。

该类型崩塌主要发育于调查区北部古近系、新近系砂岩、泥岩互层区,受人类工程活动切坡建房、修路或冲沟水流侵蚀,形成多处陡立斜坡,随后受水体侵蚀影响和卸荷拉裂,逐渐以拉裂—滑移式发生崩塌。滑移式崩塌变形破坏机制模式图如图 5.7 所示。

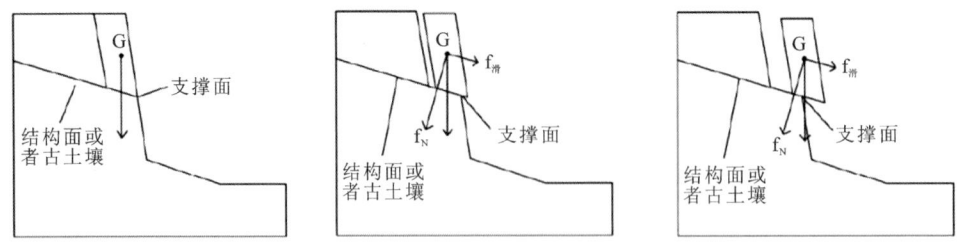

图 5.7 滑移式崩塌变形破坏机制模式图

4. 祁连县崩塌形成机理

祁连县崩塌或潜在崩塌以岩质崩塌为主,土质崩塌次之,以多次性小规模崩塌形式发生,发育于坡度大于 70°以上的陡坡、陡崖地段。主要分布于修建公路切坡形成的高陡边坡处(如黑河峡谷公路两侧)和人工切坡建房而成的陡崖处。上述地段地形陡峻,岩体破碎,容易形成崩塌灾害。根据不同类型的崩塌,进行其形成机理说明。

1)土质崩塌形成机理

土质崩塌受到地貌形态、垂直节理、气象水文、人类活动等多种因素的综合影响,斜坡内部发展变化内在力学机制不同,很大程度决定了斜坡土体最终破坏的可能方式与特征,因此孕育出多种不同的破坏模式。此次调查发现,祁连县土质崩塌的破坏模式以滑移式、坠落式崩塌为主,且崩塌规模多为小型,并且大部分的斜坡在崩塌后仍然处于不稳定状态。

(1)滑移式。崩塌机理与刚察县所述滑移式崩塌形成机理一致。

(2)坠落式。崩塌机理与刚察县所述坠落式崩塌形成机理一致。

2)基岩崩塌的形成机理

祁连县基岩崩塌主要分布于八宝河、黑河河谷两岸即304省道及各县乡道两侧,主要是人为修建公路造成。调查统计区内沉积岩、变质岩及侵入岩类的砂岩类、板岩类、花岗岩类等形成规模较大的崩塌,千枚岩类等往往以小型坠落和剥落为主。

该区由于多次岩浆运动和构造运动,致使节理裂隙发育,岩体破碎,加之修建道路后未对大部分边坡进行处理,岩体风化严重。在降雨和震动作用下,岩体裂隙贯通就会脱离岩体表面而坠落。如沿花岗岩的结构裂隙以及受区域构造应力作用形成的构造裂隙发育。卸荷裂隙在重力和降水入渗水压力作用下由表层向深部发展,由于岩体强度高不容易破坏,容易形成高大危岩体,产生的崩塌危害性较大。在危岩体压应力作用下,垂向裂隙面贯通后形成崩落。崩塌区由内边坡中下部向上、向后扩展,被岩层层面、节理裂隙面切割后形成岩体碎屑,底部失去支撑后,沿坡体滚落至堆积区。

三、泥石流形成机理

1. 刚察县泥石流形成机理

泥石流灾害的形成是地形地貌条件、松散固体物源和水动力条件共同作用的结果。区内88处泥石流沟主要发育于侵蚀构造中高山区,流域高差200~500m区间,沟谷平均沟床比降在50‰~400‰之间的占泥石流总数的77.27%,尤以100‰~200‰之间所占比例最大,达32.95%,该种地形条件有利于降水的快速汇集和径流,具备泥石流暴发的地形条件。

调查区内泥石流灾害主要分布在中高山区,通过对区内泥石流物源的研究表明,泥石流的物源主要分布于较坚硬的板岩、粉砂质板岩、变质砂岩、石英片岩、黑云斜长片岩等变质岩岩组和砾岩、砂岩、粉砂岩、泥岩岩组,表层岩体风化较严重,覆盖有厚度不均的碎石土,其结构松散,孔隙发育,从而构成了易冲、易滑地层,造成该地带泥石流沟发育,沟道侵蚀再搬运的补给表现得较活跃,表层的松散土体为泥石流发育提供了大量松散固体物质,因此,此类岩组在地形条件适宜的条件下发生泥石流的可能性较大。

2. 门源县泥石流形成机理

门源县泥石流主要集中在夏秋多雨季节,降雨集中,强度大,结合野外调查情况分析,工作区固体物质补给方式主要以沟蚀和面蚀为主。工作区沟谷型泥石流均具备形成区、流通区和堆积区条件,沟谷也相应具备3种不同形态。上游至中游一般为形成区,流域形态多为三面环山、一面出口的漏斗状、长条形或树叶状,地势比较开阔,周围山高坡陡,植被覆盖率较低,有利于水和碎屑固体物质聚集;中下游流通区的地形多为狭窄陡深的狭谷,沟床纵坡降大,使泥石流能够迅猛直泻;下游堆积区处于较宽阔的河谷区,为碎屑固体物质堆积场地。

区内各泥石流沟固体物质来源在沟谷上游以崩塌、坡面侵蚀为主,中游以滑坡及坡面侵蚀为主,下游和沟口地带以沟床侵蚀为主。沟内滑坡、崩塌等不良地质体发育。本次调查中,泥石流均属于坡面侵蚀泥石流。

3. 海晏县泥石流形成机理

泥石流的形成通常是在一定的地质构造、地层岩性、地形地貌、降水和植被等因素相互影响、相互制约的条件下,当其相互制约的稳定状态遭受破坏,或超过某一临界状态时才会暴发。其中,地质条件、地形条件和降水条件是泥石流形成必须具备的3个基本条件。这些自然条件,都是先决的基础条件,即泥石流形成的物质(固体物质)和动力发生条件(地形条件),积累演变到一定程度,泥石流便会在暴雨径流的作用下形成。人类活动对泥石流的形成和发育,既有促进激发作用,也有预防和阻止作用,其区别在于此种活动是有助于泥石流形成的自然条件,还是不利于转化成泥石流形成条件。

在前面分析的基础上,综合考虑泥石流形成的3个必要条件,尤其是松散固体物质来源,以及地质环境、植被等诸因素及其组合状况,从现场已发生的泥石流的逆向分析以及不同地段的比较分析可知,海晏县的泥石流不仅发生在地表有明显松散固体物质的地方,也发生在植被相当发育,即隐形松散物存在的地段。其中的关键原因是人们常常高估植被的固土能力,忽视或低估了暴雨对植被根系土体强度和稳定性的影响,过分依赖现在静态的情况。对隐形松散物的研究表明,后续的泥石流研究应从动态的思维和观点出发,重视隐形松散物的形成过程,尽量减少或清除泥石流的物源,或采取避让措施,防患于未然。

通过泥石流形成条件的详细分析,调查区内已发生的泥石流均是在特定地形地貌条件、暴雨以及人类活动综合作用和影响下形成的。发育的泥石流沟根据水源判定均为暴雨型泥石流。

暴雨型泥石流:泥石流沟床堆积物或两侧谷坡因其他原因形成的松散固体物质在连续降雨所产生的表面流或地下水的作用产生下滑移动,并与水混合而形成泥石流。根据沟谷地貌特征暴雨型泥石流又可分为暴雨沟谷型泥石流和暴雨坡面型泥石流。

暴雨型泥石流形成的过程可以描述为:降雨→土体含水量、土体结构和土体组成的变化→土体强度变化→斜坡稳定性变化→坡面泥石流形成→沟谷泥石流,暴雨沟谷型泥石流和暴雨坡面型泥石流的形成机理相类似,较为复杂,主要包括松散残坡积土、人工废弃矿渣以及风化岩层的应力破坏过程,具体分析如下。

当出现连续暴雨时,随着植被根系的扰动,暴雨入渗导致土体或人工废弃矿渣的基质吸力减小甚至完全丧失,孔隙水压力升高而造成土体抗剪强度降低。随着孔隙水压力的进一步增加,基岩面附近局部土体出现剪胀,土体孔隙比增大,孔隙水压力降低;随着暴雨及地表径流的入渗,剪胀土体中的孔隙水压力恢复并增加,剪胀土体发生剪胀破坏,斜坡土体由剪胀破坏而出现张、剪裂隙,在根系扰动下,土体中原有的垂直裂隙、虫孔等进一步扩大、扩展。当入渗雨量足以使剪胀破坏土体中孔隙水压力恢复时,斜坡土体继续变形。暴雨入渗使裂隙饱水,裂隙中的水分进一步向破坏土体快速入渗,土体剪胀破坏区扩展;随着土体应变的进一步增大,土体开始出现应变软化。在应变软化过程中,土体中孔隙水压力增加,甚至部分土体出现液化现象,致使土体中剪应力集中并转移到相邻未破坏土体,使其所受剪应力增加并超过其抗剪强度而破坏。破坏的进一步扩展造成破坏面贯通,土体从原地滑出,在滑动过程中,滑动土体碰撞、剥离而解体形成泥石流。由此可见,暴雨型沟谷和坡面泥石流的破坏机理是由剪应力排水剪胀破坏和其后的应变软化或液化造成剪应力转移、破坏扩展两个过程的复合机制。

通过上述分析,将此类泥石流的形成过程分为 8 个阶段。

(1)降雨入渗饱和阶段:在植被根系的扰动下,暴雨入渗导致非饱和斜坡土体或人工废弃矿渣中的基质吸力逐渐减小或丧失,潜在破坏面,即土、岩界面上孔隙水压力增加;斜坡底部土体中的大孔隙、虫孔、蛇洞被水所充填,形成较高的孔隙水压力。

(2)排水剪胀阶段:随着孔隙水压力的不断增加,土、岩界面附近土体由于平均有效应力减小而出现剪胀变形,剪胀土体中孔隙水压力降低,降雨的入渗使剪胀土体中的孔隙水压力恢复并增加。

(3)剪胀破坏阶段:土体在排水剪切过程中随着孔隙水压力的增加和应变的增大,开始出现剪胀破坏。破坏过程中土体孔隙比增大,土体孔隙水压力下降,土体抗剪强度由于孔隙水压力的下降而增加。斜坡土体中由于剪切变形的增加而出现张剪裂隙,原有的大孔隙、垂直裂隙进一步扩展。此时斜坡土体出现极其缓慢的蠕动,地表径流及降雨向土体入渗,土体中孔隙水向剪胀破坏土体渗流。

(4)破裂扩展阶段:土体由于剪胀破坏强度会降低,同时剪胀土体中孔隙水压力的恢复和增加造成土体强度的进一步丧失,破坏土体强度的降低导致剪切应力转移到相邻土体,致使相邻土体由于剪切应力超过其抗剪强度而出现剪胀破坏,随着剪胀破坏区域的进一步扩大,土体进一步变形和蠕滑。由于张剪裂隙和原有垂直裂隙的扩展和贯通,斜坡土体形成块体。

(5)应变软化滑动阶段:斜坡土体由于剪胀破坏及应变的增加,土体中黏聚力减小,有效围压逐渐减小,或由于上部破坏土体的重力作用和侧向剪胀挤压,斜坡破坏面附近土体所处状态与不排水加载或不完全排水类似。随着应变的进一步增大,土体出现应变软化,土体块体间出现差异性滑动裂缝,在地表表现为明显不连续挤压或差异性变形。破坏土体内孔隙水压力由于应变软化而升高,部分土体甚至出现液化现象,强度丧失,土体从原地滑移。

(6)滑动加速解体阶段:滑动土体由于应变软化强度进一步降低,土体滑动加快,各滑动块体之间由于滑动速率差异而相互碰撞或脱离,致使滑动土体分散解体。

(7)流动阶段:解体后的滑动土体从原地滑出后,由于重力作用在陡峭的地形条件下出现加速运动,运动形式为滑动、碎屑滚动或流动。运动过程中地表水汇流及雨水在土体中融合,使土体含水量增大,流动性增强。土体在运动过程中进一步侵蚀沿途的地表松散物质,融入更多的碎屑物;或由于土体侵蚀能力弱而沿途被地表不断刮削。

(8)堆积阶段:流动土体由于地表坡度的逐渐减缓而造成流动速率减小,在缓坡区堆积;或在流动途中被刮削殆尽而漫覆于沿途。

4. 祁连县泥石流形成机理

泥石流的形成,必须同时具备3个基本条件:有利于储集、运动和停淤的地形地貌条件;有丰富松散土石碎屑的物源条件;短时间内可提供充足水源的水动力条件。区域泥石流灾害发育位置的地形相对高差较大,山体中上部整体地形较陡,坡体坡度为40°~60°,下部堆积体坡度15°~30°,山体上部表层裸露寒武系—奥陶系岩层以及加里东期侵入岩,中部流通区及下部堆积区为第四系(Qh)堆积土,在区域强构造运动下岩体结构破碎,危岩体不断风化掉落,第四系残积土不断积累,导致物源区松散土厚度日益增加,在暴雨作用下,堆积物顶部被沟水冲刷形成泥石流,以沟槽揭底冲刷为主。泥石流发育特征较明显,其中形成区(物源区)以滑为主,流通区以流为主,堆积区以堆为主,形成完整的"滑—流—堆"特征。其形成机理可分为以下3个阶段。

(1)物源条件:在构造运动作用下,区域内的全—强风化大理岩、花岗岩、砂岩等被切割成块状岩体,受祁连县特殊气候条件的影响,坡面风化、侵蚀强度较大,在物理风化和化学风化的作用下,岩体结构进一步破碎,形成松散物质。受大气环境影响,降雨区域分配不均,年内分配也不均,形成特殊的水文冲刷条件,即沟道平时为旱沟,坡体冲刷作用微弱,沟谷堆积物形成长期富集。在重力和风力搬运作用下,松散堆积物在山地沟谷处大量堆积,同时沟谷两侧也会堆积部分松散物源,为泥石流发生提供了丰富的松散坡面固体物源。

(2)地形条件:地形是形成泥石流的重要因素之一,它制约着泥石流的形成和运动,影响着泥石流的规模和特性。影响泥石流形成的地形要素主要有流域形状、面积、山坡坡度、主沟纵坡、相对高差等。本区大多数沟谷流域形态呈"长条"形,有利于雨洪汇集和固体物质的运移。据统计,调查区发育的流域面积差异较大,其中流域面积为1~10km²的有31条,流域面积为10~20km²的有2条,流域面积大于30km²的有4条。沟谷深切,总体呈"V"字形,植被主要为高寒草甸,山坡坡度一般25°~65°,主沟纵坡比差异较大,多大于100‰,特殊的地形条件有利于雨洪汇集和固体物质的运移,利于泥石流的形成。在降雨条件下,雨水冲刷搬运松散堆积物,让沟谷物源更加丰富;同时侵蚀沟谷处的软弱层面,加深沟谷深度,使得地形更为陡峭。雨水沿着松散堆积物的孔隙下渗,减小软弱面的抗剪强度,增大土体自重,降低堆积物的稳定性。

(3)水源条件:在暴雨或长时间降雨情况下,汇水区雨水沿着优势通道汇流到沟谷处,同时大量下渗。当流量达到或超过暴发泥石流的临界值时,雨水会携带泥沙流动,借助沟域内有利的地形条件,形成强烈的地表径流和沟槽洪水,冲刷、侵蚀沟槽,沟道内的堆积物被掀起、揭底。随着沟道水流不断携带沟床中的泥沙石块,并掏蚀、搬运沟道两侧谷坡坡脚物质,流体含沙量超过携沙水流的含沙量,最终形成泥石流。

第二节　地质灾害成灾模式

一、滑坡、崩塌的成灾模式

1. 海北州滑坡、崩塌的成灾模式

海北州内崩塌、滑坡灾害类型多样，但其对居民及道路工程的危害特征和危害方式大致相同。在野外实地调查的基础上，结合区域内已有崩塌、滑坡灾害对居民和道路工程的危害特征，归纳总结海北州典型崩塌、滑坡灾害可能的危害方式主要有以下几种。

1）压埋房屋，威胁人民生命财产安全

承灾体位于坡脚的灾害点，大多以压埋的形式成灾。海北州内黄土区、黄土丘陵盘山道路分布区、削坡建房等形成的滑坡崩塌区，致灾体所处斜坡坡度较陡，成灾后多以压埋的形式对坡脚道路、房屋、耕地等造成影响。压埋道路、耕地等破坏率较小，仅产生道路堵塞或农作物损毁等影响；但压埋坡脚房屋或道路行人等危害程度较高，可能造成人员伤亡。

根据现场调查，海北州内人类工程活动主要表现为坡脚地带房屋建设。居民房屋建设过程中由于切坡挖方，造成坡体前缘形成临空面较大的陡坎，且修建时未采取护坡、支挡等防护措施，近几年坡体上有多次小规模的滑塌现象发生。在遇到强降雨时，雨水沿坡体发育的垂直裂隙渗入坡体内部，降低坡体的物理力学性质，使坡体稳定性逐步变差，对坡体前缘邻近地带居民的生命财产安全构成严重威胁。

2）拉裂

承灾体位于滑坡体上的灾害，大多以拉裂的形式成灾。坡度较缓的山坡坡面是滑坡多发的区域，承灾体多分布于滑坡坡体之上，滑坡多以蠕动型滑坡为主，滑移速度缓慢，坡体房屋、耕地、道路受滑移、拉裂、错断影响，多出现拉裂变形，房屋墙体开裂，道路错断，耕地出现多条张拉裂缝。拉裂型成灾模式破坏率较高，直接造成人员伤亡的可能性较低，但由于房屋拉裂破坏，房屋倒塌可能间接造成人员伤亡。

3）推移-损毁道路工程

规模较大的滑坡，成灾模式一般以推移-损毁为主。由于规模较大，滑坡滑移势能较大，若发生滑坡灾害，滑体上和坡脚的承灾体均会受到推移的影响，造成不同程度的损毁。该类成灾模式规模大、损毁率高、致死率高，往往造成较大规模的破坏，对滑坡影响范围内的道路、房屋、电力通信设备等均易造成严重损坏。

其中，刚察县内由于人工开挖坡脚形成的潜在滑坡、崩塌主要分布在 G315 国道亚秀麻路段、省道 S204 热水至刚察县段、热水至江仓公路段、沙柳河镇至江仓公路以及部分村道路段，共发育有 56 处潜在滑坡和崩塌。因坡脚处人工修路、拓宽路基，造成崩塌、滑坡灾害发育，规模为小—中型。其中，G315 国道亚秀麻路段、热水至江仓公路段，受潜在滑坡、崩塌的影响较大。

二、泥石流的成灾模式

1. 海北州泥石流的成灾模式

海北州内泥石流的危害方式主要以淤埋和冲蚀为主，同时，由于大多沟道排导不通畅，使得泥石流对房屋、道路及公共设施的撞击与爬高的危害较为强烈；若泥石流冲入河流，可能造成堵塞，如果严重的话，还可能发生溃决，造成严重危害。此外，泥石流对沟道的冲刷和磨蚀、伴生的次生洪水及溯源侵蚀是泥石流的一般危害方式，但这种危害也不容忽视。

1）淤埋和冲毁

淤埋和冲毁是调查区泥石流的最主要危害方式，该类型成灾方式主要针对泥石流堆积区，它主要表现在对泥石流沟沟口道路及房屋的淤埋。近年来频发的泥石流易造成各排洪沟沟道淤满，道路淤埋，影响居民正常生活。由于刚察县泥石流沟大多为小型，其一次冲出量较小，所以对居民区主要以淤埋为主，冲毁较少。

2）撞击和爬高

撞击和爬高、堵塞与溃决是调查区泥石流较重要的危害方式，危害对象是位于沟道地带的道路、水利设施、电力设施及通信设施。调查区内泥石流绝大多数未经合理拦截，泥石流直接冲向民房，危及房屋和居民的生命财产安全；同时冲击沟口及两岸电线杆、通信线路等，可能导致电线杆、通信线路毁坏，使照明和通信长时间中断，给当地居民的生产和生活带来极大的不便。

3）堵塞与溃决

当泥石流规模大，堆积于较大江河时，常形成"堆石坝"发生堵河阻水事件。阻塞轻者，使河床淤积抬高，形成险滩；阻塞严重者，造成库区房屋、道路淹没，在岸边诱发滑坡、崩塌灾害，当"堆石坝"溃决时，常使下游遭受洪水或泥石流灾害，并形成新的滩。随着泥石流冲入河道，河道被堵塞，上游水位涌高。随着水量的增加，河道堵塞处发生溃决，水体与泥石流堆积物再次形成泥石流，这将给下游居民区带来严重的危害。

4）冲刷与磨蚀

冲刷与磨蚀主要分布在调查区泥石流的流通段沟道内。冲刷和磨蚀危害是相辅相成的，它们相互起到促进作用。从某种意义上讲，泥石流的实质是高含砂的洪流，因此，泥石流具有与洪水相同的危害方式，但由于泥石流的特殊性，其危害更大。由于泥石流流速较快，砂砾及碎石含量高，会对沟岸形成强烈冲刷和磨蚀，拓宽和刷深沟道，诱发沟岸滑塌，从而促进了泥石流灾害的形成，加大了泥石流的暴发规模，使得沟道两岸有限的绿地逐年减少，其损失亦是无法恢复的。同时泥石流冲蚀沟岸两侧坡体，造成局部垮塌，堵塞沟道，致使泥石流容易淤高上岸，威胁两岸局面。过渡性、高速运动的泥石流具有强烈的冲击力，调查分析门源县与祁连县内多数泥石流物质大于 0.5m 的块石含量超过 10%，粒径大于 1m 的大块石占泥石流固体物质总量的 2%~4%，体积近 100m³ 泥石流运动过程中破坏力极强。泥石流强烈侵蚀主沟两侧的残坡积物、阶地，强烈的下切侵蚀和横向侵蚀，既补给固体物质，还严重破坏沟道两侧住房等设施。

5）沟岸侧蚀

沟岸侧蚀表现为水流冲刷带走沟岸斜坡坡脚土体，使得沟岸斜坡发生牵引式滑塌，这种危害是不可恢复的。沟岸垮塌进一步补充泥石流物源，规模较大的沟岸垮塌可能堵塞沟道，形成堰塞湖，增大泥石流危害性和危害范围。

第三节 典型地质灾害点分析

一、刚察县刚察—江仓公路 GCH092 崩塌

1. 概述

该崩塌位于刚察—江仓公路那后查玛处伊克乌兰曲右岸中高山区斜坡前缘，坐标：东经99°46′37.6″，北纬37°44′07.6″，为一滑移式岩质崩塌，规模为小型。崩塌体所在处的自然状态坡高约41m，坡宽80m，坡度65°，坡体由奥陶系中统变质砂岩构成，坡向60°，坡面形态呈折线形，坡体基岩裸露，风化强烈，节理裂隙发育，岩体破碎，坡脚处滚石发育，其崩积物堆积于坡脚一带，刚察—江仓公路从坡脚处通过。崩塌所在斜坡可见卸荷裂隙发育，在坡体突出部分易产生崩塌，有再次发生崩塌的可能，威胁坡前公路及过往车辆行人（图5.8）。

图 5.8 刚察县—江仓公路 GCH092 崩塌

2. 崩塌基本特征

崩塌源区斜坡为岩质坡，地层由奥陶系中统变质砂岩构成，坡体基岩裸露，风化强烈，岩体节理裂隙发育，岩体结构类型为块体—碎裂状。岩层产状大致为325°∠45°。坡体共发育3组节理裂隙，产状分别为L1：55°∠70°，密度2~3条/m；L2：143°∠78°，密度5~8条/m；L3：33°∠47°，密度1~3条/m，裂隙已相互贯通，破裂结构面差，岩块结构面应力处临界平衡状态。坡面局部反倾，临空面发育，沿坡顶分布有多处危岩体，突兀于坡体，部分岩块与母体呈半分离状，存在崩塌松动体，部分已与母体解体脱离，崩塌岩块呈碎块石坠落在坡脚。滚距一般2~5m，最大滚距约10m，滚石呈碎块石，粒径一般0.2~0.5m，最大粒径约0.6m（图5.9）。

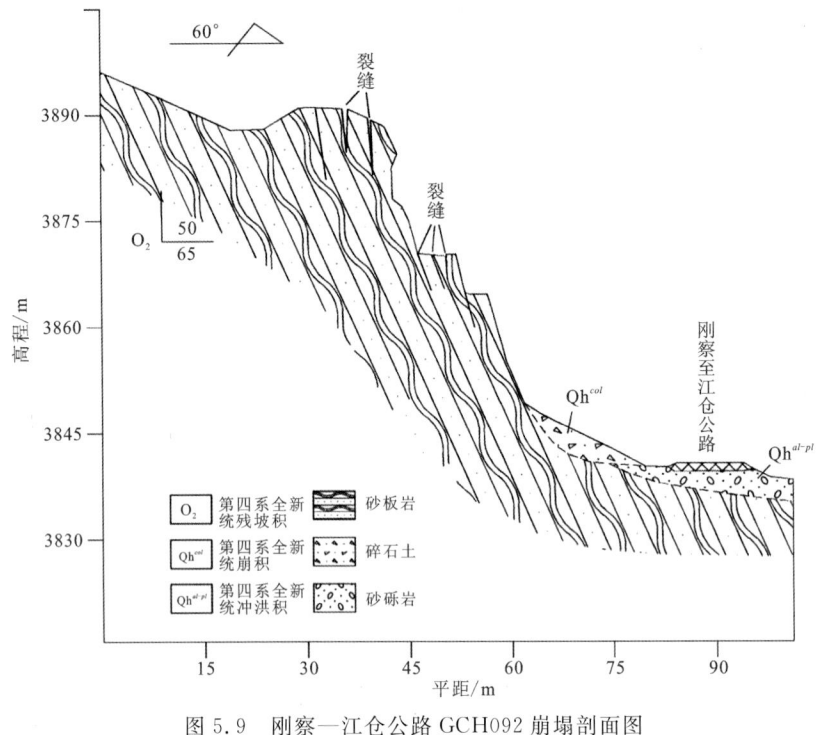

图 5.9 刚察—江仓公路 GCH092 崩塌剖面图

3. 崩塌形成机制

经过实地调查,对该崩塌进行分析,其成因主要有以下几个方面。

(1)崩塌发育处原始斜坡坡高约 41m,坡度 60°~70°,地形较陡峭,为崩塌形成提供了临空面。

(2)原始状态坡体具有高陡临空面,风化作用(寒冻)形成的裂隙和构造裂隙发育。节理裂隙将岩体切割成楔形或不规则岩块。岩块在自重引起的剪切力的作用下,致使岩块下错坠落,形成崩塌。因风化作用持续不断,破裂结构仍在发展,该崩塌体继续坠落。

(3)崩塌所处的岩质斜坡风化强烈,节理、风化裂隙发育,共发育 55°∠70°、143°∠78°、33°∠47° 3 组节理裂隙,岩层产状与上述几组节理裂隙相互切割,致使岩体破碎,局部形成楔形体,随风化裂隙及拉张裂隙的不断发育,重力作用和连续大雨渗入岩体裂缝,产生静水压力和动水压力以及雨水软化软弱面。当重力和水压力超过岩体自身强度时,岩体发生破坏,形成滑移式崩塌,直接威胁坡脚处的车辆。

4. 崩塌稳定性分析

崩塌所在处的斜坡风化强烈,裂隙发育,岩体破碎,雨季雨水易沿裂隙入渗,加重坡体自重,有再次失稳的可能,其稳定性采用崩塌所处斜坡赤平投影进行定性分析(图 5.10)。

经赤平投影图解分析,斜坡的不利主控结构面为 3 组:L3 与 L2、L2 与岩层 Y、L3 与岩层 Y。其中 L3 和 L2 结构面的组合交线指向坡外,倾向为 64°,倾角为 43°;L2 与岩层 Y 交线的

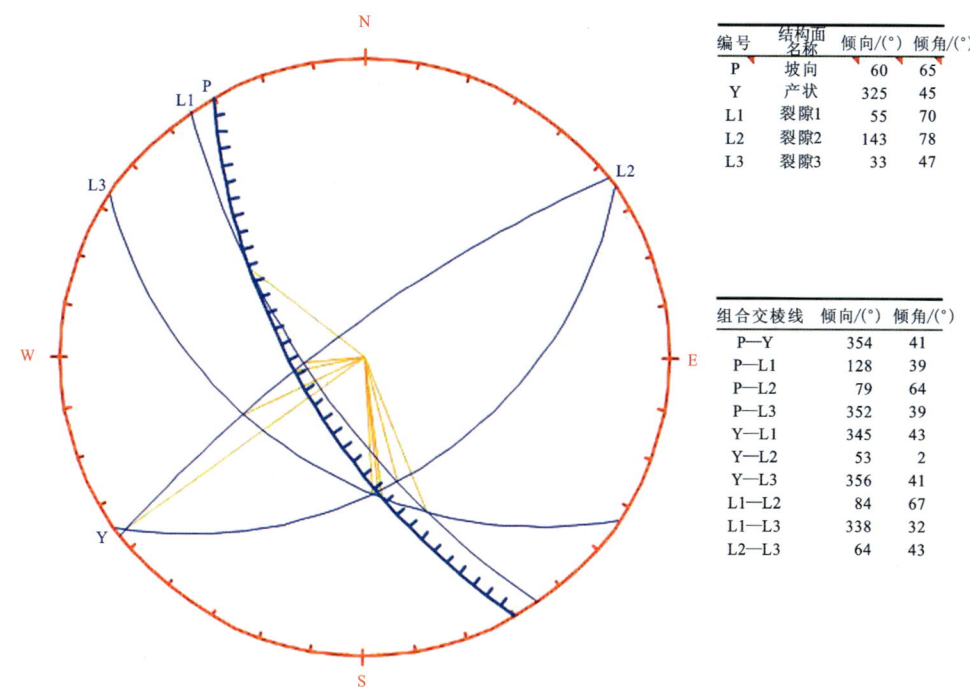

图 5.10 刚察—江仓公路 GCH092 崩塌裂隙赤平投影

倾向为 53°,倾角为 2°;L3 与岩层 Y 交线倾向为 356°,倾角为 41°。3 组不利主控结构面交线与坡面倾向之间夹角小于 70°,且倾角小于坡角,构成斜交缓倾不稳定结构坡,斜坡处于不稳定状态,在不利影响因素的作用下将产生崩塌。

综上所述,崩塌所在斜坡目前处于不稳定状态,其岩体风化强烈,节理裂隙发育,部分与张开的裂隙面贯通,斜坡岩体被切割成块体状,在风化、车辆震动等作用下,将加剧引发崩塌破坏。

5. 防治措施及建议

根据崩塌所在斜坡的特征及形成原因,提出几方面的防治措施建议:设立警示牌,对过往车辆及行人发出警示;清除坡面上孤石及危岩体。

二、门源县上碱沟滑坡

上碱沟滑坡(图 5.11)位于门源县东川镇下碱沟村,距离门源县城约 23km,下碱沟村部分村民居住于该滑坡中部和前部。滑坡在 2008 年 7 月一场暴雨后,局部开始出现蠕滑现象,威胁滑坡体上居民人身和财产安全。

1. 滑坡形成机理

根据野外调查和勘探结果,该滑坡为一老滑坡,位于下碱沟脑北侧斜坡地带,南侧斜坡坡底为下碱沟。根据钻探揭露,该滑坡共发生过两次滑动,现将第一次滑动的滑坡定义为老滑

图 5.11 上碱沟滑坡全貌

坡,第二次滑动的滑坡定义为新滑坡。

老滑坡平面形态近似呈半圆状,后壁上已发育多条浅冲沟,模糊较难辨认。老滑坡东西两侧均发育冲沟,冲沟仍在溯源侵蚀,为老滑坡东西两边界。老滑坡坡顶高程为 2986m,坡脚高程为 2889m,相对高差为 97m。东西向宽为 120~650m,南北平均长为 350m,滑坡体厚度前部约 28m,中部约 35m,后部约 30m,滑坡体平均厚度约 31m,总体积约 $545.6 \times 10^4 m^3$,为一大型岩质滑坡。

新滑坡平面形态和老滑坡相似,呈半圆状,后壁距老滑坡后壁约 20m,较清晰,为一高 3~5m 的陡坎。滑坡侧壁和老滑坡相同,以东西两侧冲沟为界。新滑坡坡顶高程约 2978m,坡脚高程为 2889m,相对高差为 89m。东西向宽为 100~620m,南北平均长约 320m,滑坡体厚度前部约 9m,中部约 13m,后部约 10m,滑坡体平均厚度约 10.5m,总体积约 $157.5 \times 10^4 m^3$,为一大型土质滑坡。

两滑坡整体坡型相同,整体坡度约 28°,前部稍陡峭,坡度约为 32°,且前部发育有多处小型滑坡,坡面破碎不完整,此类小型滑坡沿下碱沟沟谷北岸分布,多呈圆弧形,后壁为一陡坎,高 1~3m,可见明显擦痕。约 6 户居民房屋位于滑坡前部东侧,部分居民已搬迁。滑坡中部由于人工修路开挖形成一宽约 6m 的平台,中部东侧相对较平缓,村民在此处削坡建房,人类工程活动影响较大,改变了坡体原始地貌。坡体后部较平缓,坡度约 25°,调查时该部大部分滑体表层已被开发为农田,后部西侧发育 5 条小冲沟。

总体看,两滑坡形态呈前陡后缓、上窄下宽的半圆形地貌,后壁局部有陡坡,侧壁发育冲沟,轮廓基本清晰可辨,且滑体中下部发育有多条陡坎,明显反映滑坡整体特征。

目前老滑坡滑带已位于河床以下,且后壁不明显,无明显变形。新滑坡在过去滑动后,势能已经明显降低,但滑坡前缘长期受水流侧蚀作用,发育多处小型滑塌,前部坡面破碎凌乱。小型滑塌产生的陡坎和临空面,为滑坡的局部滑动提供了空间条件。

调查时发现滑坡体出现 1 处较大的裂缝。位于滑坡体前部,裂缝长度约为 40m,呈弧形展布,裂缝整体走向为北东东向,近似与滑向垂直,裂缝最大可见深度 1.5m,裂缝最大张开量 40cm(图 5.12),裂缝填充物为地表耕植土及碎石。

滑坡后壁和滑体前部均发育有落水洞,落水洞直径1~5m不等,深度1.5~4m(图5.13),在强降雨条件下,坡面流水易通过落水洞下渗。滑体前部可见树木歪斜(图5.14)和滑坡前缘坡面破碎(图5.15)。

滑坡结构自上而下划分为滑体、滑带和滑床3部分。新滑坡滑体物质主要成分是第四系全新统粉质黏土和黏土,老滑坡滑体物质成分除上述两种外还包含新近系(N)棕红色泥岩。粉质黏土分布较广,覆盖于滑坡体表层,呈灰白色和浅黄色,稍湿,土质较均匀,空隙较发育,厚度为0~7m。黏土分布较广,下伏于滑坡体表层粉质黏土之下,呈褐黄色—灰褐色,稍湿,可塑,土质较均匀,局部含有碎石,岩性为青灰色砂岩,粒径0.5~2.0cm。该层平均厚度约为4.5m。新近系泥岩广泛分布于滑坡体表层粉质黏土或黏土之下,出露于滑坡中部陡坎下,呈棕红色,层状结构,产状为205°∠20°。中间有薄层砂岩夹层,厚度10~30cm不等,分布不均,局部分化严重呈砂状。

图5.12 滑坡前部裂缝图

图5.13 滑坡体上落水洞

图5.14 滑坡体上树木歪斜图

图5.15 滑坡前缘坡面破碎

门源县下碱沟滑坡属于黏土-基岩接触面滑坡,在雨季下碱沟流域降雨集中,容易形成季节性水流或泥石流,水流或泥石流侧蚀使得下碱沟坡脚变陡,坡体前缘软弱带处剪应力集中,而在后缘处产生拉应力集中。潜在滑移面后半段和斜坡坡脚处的应力增量加强,最终导致前缘变形加剧。

1)滑坡变形扩展效应

滑坡变形扩展效应指坡脚发生变形后,处于较高处的覆盖层在其移动中将失去支撑,并且会移动起来,由此,变形将逐渐向上扩展,直到滑坡的后缘边界。

2)强降雨启动效应

强降雨是个快速的过程,可以快速启动滑坡,降雨对滑坡的启动效应是多方面、多因素的耦合。

综上所述,下碱沟滑坡是在长期的流水和泥流冲蚀、侧蚀作用下,使得坡脚变陡,斜坡局部变形,形成裂缝。同时由于强降雨入渗在下伏泥岩顶面形成饱水软弱带,随着软弱带的贯通,滑坡失稳下滑。

结合滑坡形成机理,分析其演化过程主要经历了应力集中阶段、变形扩展阶段、滑移面贯通阶段和滑坡滑动阶段4个阶段。

(1)应力集中阶段(图5.16)。

水流和泥流的冲蚀、侧蚀,使前缘变陡峭,斜坡后缘拉应力、坡脚剪应力增大,应力不断集中。

(2)变形扩展阶段(图5.17)。

在前缘剪应力达到土体的抗剪强度后,斜坡前缘发生剪切破坏,前缘变形后,处于较高部位的土体失去支撑,这些土体在重力作用下逐渐向下移动变形,滑面也逐渐延长,土体扰动变形后变得较为疏松,并在坡体产生拉张裂缝。

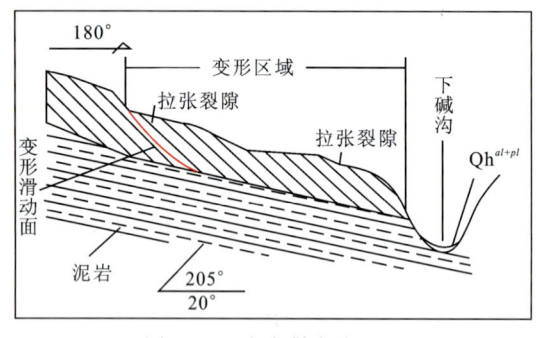

图5.16 应力集中阶段图

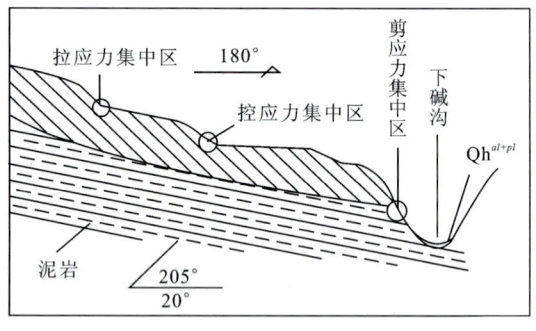

图5.17 滑坡变形扩展阶段

(3)滑移面贯通阶段(图5.18)。

当扩展至斜坡后缘的平缓地带后,蠕动变形停止扩展,平缓地带前缘在拉应力作用下形成拉张裂缝,拉张裂缝不断加深加宽,最终与滑移面贯通,由于滑体变形扰动,滑体上出现多处拉张裂缝,此时的斜坡处于失稳前的临界状态。

(4)滑坡滑动阶段(图5.19)。

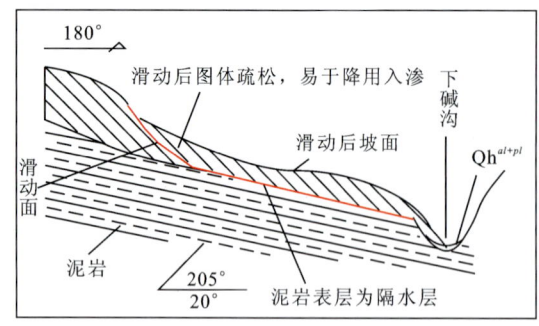

图5.18 滑坡滑移面贯通阶段

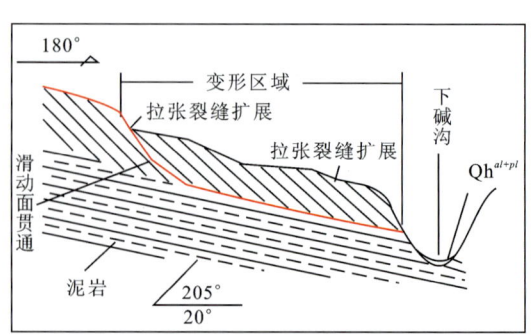

图5.19 滑坡滑动阶段

2. 滑坡成灾模式

据调查,新滑坡是老滑坡中前部局部复活,新老滑坡成因相似。新滑坡目前正在发生蠕动变形,共发育有 1 条拉张裂缝,坡前有新近堆积物,滑坡前部变形较明显,分析其原因,主要有以下几个方面。

(1)地形条件上,该滑坡产生于下碱沟斜坡地带,平均坡度 35°,为滑坡形成提供了地形地貌条件。另外,坡体在下碱沟水流不断侧向侵蚀作用下,前部坡度变大,致使滑坡体前部的应力产生分异,坡脚处最大主应力显著增高,致使滑坡前部多处发生滑塌,陡坎发育,整个斜坡在自身重力作用下向沟谷方向位移,产生蠕动,形成滑坡。

(2)地层岩性上,坡体上部为第四系全新统残坡积粉质黏土,孔隙发育,易于水的入渗,增加土体容重,加大下滑力;新滑带含砂砾黏土亦多孔隙,易于水的入渗,降低其抗剪强度。老滑带岩性为软弱层砂质泥岩,在重力和水的作用下老滑体沿岩体层理面滑动。下伏滑床物质均为棕红色泥岩,结构较完整,节理裂隙不发育,为相对隔水层。因此,坡体上部岩土体易沿饱水层或软弱夹层与下伏相对隔水层接触面发生滑动。

(3)地下水是导致滑坡产生变形的主要原因,暴雨季节,雨水入渗不仅增大坡体静水压力,导致土体抗剪强度降低,而且增大了滑体的容重,降低了滑带土体的抗滑力。最终,滑体沿滑带向下蠕动变形。

3. 稳定性分析

从滑坡地形地貌、岩土工程性能、水条件进行稳定性分析。

首先,从地形地貌分析,老滑坡前缘在河流侵蚀作用下已不甚明显,据勘探揭露目前老滑带已处于河床以下,即老滑坡前部没有发生滑动的空间;新滑坡体前缘较陡峭,多处发生小型滑塌,致使前缘发育陡坎或陡坡,提供了一定的临空条件;另外新滑坡体虽已由原来处于较高势能的位置滑至现在重心势能较低部位,其动力已减弱到较小的状态,但新滑坡后壁根到剪出口高差仍有 60m 左右,其势能仍然较大。

其次,新滑带含砂砾黏土,土质不均匀,多孔隙,是地下水运移的良好通道;而老滑坡滑带砂质泥岩,虽然结构稍显破碎,但其滑动后时间久远,已逐渐处于胶结状态。

最后,勘查区内降雨相对集中,滑体前部拉张裂缝发育且多处发育落水洞,地下水具有充分的补给条件。

综上所述,可认为老滑坡目前整体处于稳定状态;新滑坡中部和后部处于相对稳定状态,新滑坡前部在降雨或地震作用下有可能失稳。

三、门源县金子沟泥石流

1. 概述

金子沟位于门源县青石嘴镇西铁迈村,属大通河右岸,为大通河一级支流。沟道内长年流水,主要接受大气降水、冰雪融水的补给,流量及水位变幅受季节控制明显,主沟道切割深度较深,植被覆盖率低。金子沟泥石流为一沟谷型泥石流,流域面积约 73.07km²,主沟沟长约 13.5m,流域相对高差约 1168m,沟谷纵坡降 112.78‰,主沟沟道横断面呈"U"形,主沟两侧支沟分布较多,沟道内堆积大量松散物,泥石流规模为中型(图 5.20)。

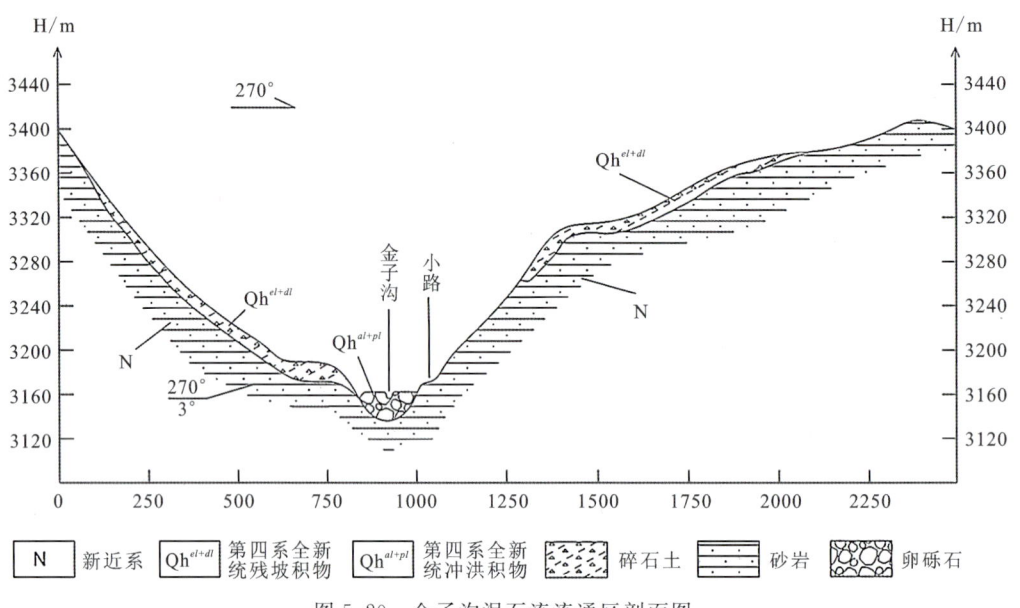

图 5.20 金子沟泥石流流通区剖面图

2. 泥石流基本特征

1) 泥石流形成区特征

该泥石流形成区位于侵蚀构造中高山区,平面形态呈树叶状。区域内支沟发育密集,且形成区上游沟脑为达坂山北坡,山体平均坡度较陡约为 60°,山体中上部由于冰雪消融而基岩裸露,岩性为二叠系(P)砂岩,岩体风化十分强烈,节理裂隙发育,大量碎块石脱离母岩,以坠、剥落的形式堆积于坡体中下部;形成区中下游沟道较宽阔,两侧山体坡度较平缓(图 5.21),部分山体由于人工开挖基岩裸露。沟道内堆积大量人工开挖后松散物(图 5.22),阻塞较严重。形成区内植被类型以牧草为主,总体覆盖率低。

图 5.21 形成区下游图

图 5.22 形成区下游被开挖的坡体

2)泥石流流通区特征

泥石流流通区由于人工开挖,沟槽内堆积较厚层堆积物,厚2~4m,堆积物多为卵砾石,粒径4~25cm,易被流水搬运。流通区沟道下切较浅,水流较缓,受降雨补给,雨季流量较大,沟道两侧坡面多被牧草覆盖,局部坡面裸露。沟道两侧坡体发育数条支沟,切割较浅。

3)泥石流堆积区特征

该泥石流堆积区地形较为开阔,呈扇形,完整性约30%,扇长约1500m,宽约1000m,沟口扩散角约45°。扇面平缓,扇上多牧草,分布不均。主沟流水将扇面下切,形成冲沟,深约1m,宽4~6m,沟内覆盖有泥石流堆积物,厚约0.5m,多为卵砾石,粒径2~30cm。堆积扇边缘与山体过渡地带居住村民,其中下铁迈西村位于金子沟堆积区冲沟西侧(图5.23),下铁迈东村位于金子沟堆积区冲沟东侧(图5.24),G227国道穿过泥石流堆积区约2km。

图5.23 金子沟西侧下铁迈西村　　　图5.24 金子沟东侧下铁迈东村

3. 泥石流形成机理分析

1)地形地貌条件

金子沟属常年流水冲沟,流域面积较大约73.07km²,主沟沟长约13.5m,流域相对高差约1168m,沟谷纵坡降112.78‰,主沟沟道横断面呈"U"形,形成区山体坡体较陡,约60°,主沟两侧支沟密布。形成区三面环山的地形有利于降水迅速汇集,易使沟头碎屑物质获得启动速度。流通区有较厚层松散物质,沟道阻塞严重,同时两侧坡面上水流和碎屑向沟道的汇集和搬运,为泥石流的形成提供了动力和物源的补给。沟口堆积区地势开阔平缓,为泥石流物质的停歇和堆积提供了有利的空间。

2)物源条件

金子沟形成区山体顶部由于冰雪消融而基岩裸露,岩性为二叠系(P)砂岩,岩体风化中等,节理裂隙发育,少量碎屑脱离母岩,以坠、剥落的形式堆积于坡体中下部。同时泥石流形成区下游和流通区沟道内由于人工开挖造成大量碎屑物质堆积于沟槽,这都为泥石流提供了丰富的物源物质。

3)水动力条件

门源县降雨主要集中在6—9月,降雨集中,强度大,具备了激发该泥石流发生的水动力条件。

4. 泥石流易发性分析

根据《泥石流灾害防治工程勘查规范》的量化标准,对金子沟泥石流的发育特征进行了综合评分,综合评分结果为 95 分,属易发性泥石流。

5. 泥石流危险性分析

1)泥石流的危害范围

金子沟泥石流的危害范围主要为泥石流下游沟道,以及沟口堆积扇区域,主要威胁对象为下游沟道和堆积扇上居民点、穿过泥石流堆积区的国道 G227 约 2km、居民输电线路约 3km 以及村内道路约 2km。

2)泥石流的危害方式

金子沟泥石流对堆积扇上的居民点的危害方式主要为冲毁、淤埋,对国道 G227 和村内的跨河桥梁危害方式主要为淤埋和冲毁,对输电线路的危害方式主要为冲毁。

3)泥石流的危险性

该泥石流沟道中现有大量的松散堆积物,在暴雨季节仍有暴发泥石流灾害的可能性,暴发的规模取决于降雨强度,威胁金子沟堆积扇上下铁迈西村和下铁迈东村部分村民,威胁输电线路约 3km 和国道 G227 约 2km,其险情等级为中等。

四、海晏县黄草村 1♯滑坡

1. 概述

该滑坡位于三角城镇黄草村梁子水库左岸丘陵区斜坡前缘,为岩质滑坡,规模为小型(图 5.25、图 5.26),地理坐标为:东经 $100°55'39.84''$,北纬 $36°50'53.96''$。原始坡高约 40m,坡度约 $30°$,植被覆盖率约 50%,以草本植物为主。地层岩性为古近系(E)泥岩、砂岩,节理发育,岩层产状 $110°∠10°$。据调查,黄草村 1♯滑坡发生于梁子水库修建之前,由于后期梁子水库蓄水,诱发滑坡发生失稳变形,属工程复活滑坡。

图 5.25　海晏县黄草村 1♯滑坡全貌　　图 5.26　海晏县黄草村 1♯滑坡表部冲沟

2. 滑坡基本特征

滑坡平面形态呈不规则状,北侧以冲沟为界,南侧边界明显,前缘以下河巴尕磨水沟为界,主滑方向120°,滑体整体坡度约20°。滑坡后缘坡顶高程为3238m,坡脚高程为3198m,相对高差约为40m,为一顺层滑坡,剖面形态呈凹形,见图5.27、图5.28。

滑坡后壁呈近似矩形,高5~8m,坡度约65°,后壁植被覆盖率约10%,以草本植物为主。后壁发育有1条冲沟,宽0.8~1.5m,切深约1.5m,沟谷呈"V"形,沟内无流水。

滑体长约100m,宽70~100m,滑体平均厚度约8m,总体积约$6.4×10^4 m^3$。滑体表部呈波状,滑体后缘坡度约25°,植被覆盖率约40%,以草本植物为主,滑体前缘坡度10°~15°,植被覆盖率约20%,以草本植物为主。滑体表部小型冲沟发育,冲沟切割滑体破碎,冲沟宽0.2~0.8m,切深0.5~1.2m,沟内无流水。

滑体前缘高3~4m,坡度约40°,基本无植被覆盖,滑体前缘由于流水冲蚀作用,前缘较破碎。

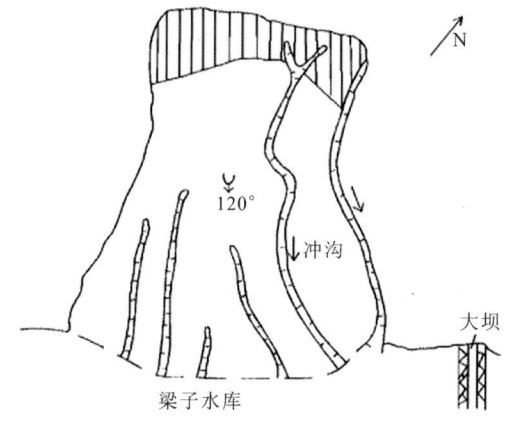

图5.27 黄草村1#滑坡平面图

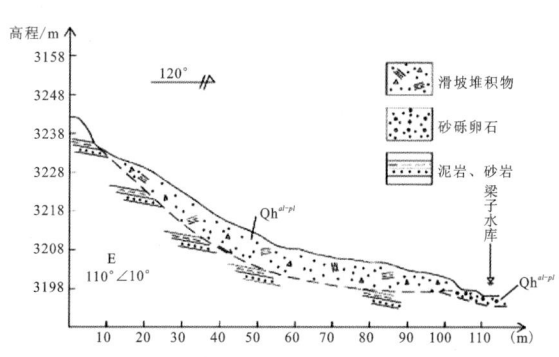

图5.28 黄草村1#滑坡剖面图

3. 危害对象

滑体前缘近下河巴尕磨水沟,前缘破碎且持续受到水流的冲击,若发生整体滑移或局部崩塌,可能会威胁到周边居民、道路的安全。滑体表部冲沟发育、前缘流水侵蚀,易加剧水土流失。滑体后壁及前缘植被覆盖率低,暴雨作用下,易发生泥石流。滑坡北侧冲沟宽深呈"V"形,若滑体持续变形,滑体堆积物可能会堵塞河道,改变水文条件,影响下游生态系统稳定性。

4. 滑坡变形特征

根据调查访问,黄草村1#滑坡发生于梁子水库修建之前,滑体整体坡度约20°,后缘陡前缘缓,后缘坡度约25°,前缘坡度10°~15°,滑体表部冲沟发育,切割滑坡表部破碎。由于后期梁子水库蓄水,诱发滑坡发生缓慢蠕动变形。

5. 滑坡影响因素及成因分析

根据调查访问，该滑坡发生于梁子水库修建之前，为一顺层滑坡。滑体整体坡度约20°，后缘陡前缘缓，剖面形态呈凹形。前缘高3～4m，坡度40°左右，滑坡体上未发现变形迹象。由于后期梁子水库蓄水，诱发滑坡发生失稳变形，为工程复活滑坡。现状条件下，如遇水库蓄水、强降雨及连续降雨等特殊情况，滑坡发生滑移变形的可能性大。

分析该滑坡形成的影响因素，主要有以下几个方面。

1）地形地貌

该滑坡位于梁子水库左岸低山丘陵区斜坡前缘，原始坡高约30m，坡度约20°，为直线形坡，滑坡前缘为梁子水库，为滑坡发生滑动提供了开阔的空间。

2）地层岩性

该处山体表层为第四系全新统残坡积碎石土，孔隙发育，易于水的入渗，会增加岩土体容重，加大下滑力。泥岩碎块局部出露地表，主要分布在中前部，岩层面产状为110°∠10°，成分以泥岩、砂岩碎块为主。强风化泥岩、砂岩节理裂隙发育，泥质结构，层状构造，具碎裂结构。这些地层不但自身的强度低，而且对含水量变化极为敏感，遇水后易软化，易形成软弱滑动面，为易滑地层，雨水沿着坡面上的裂缝下渗，一方面增加滑体自身重量，另一方面地表水下渗至滑体与下伏的强风化泥岩滑床之间易形成软弱滑动面（带），使得滑体遇水后抗剪强度大大降低从而增加滑坡失稳的可能性。

3）水的作用

滑坡位于下河巴尕磨水沟左岸，坡脚易受季节性洪水冲刷影响，使坡体易形成临空面，调查区多年平均降水量446.8mm，坡体表层松散物质透水性强，持续性降水渗入松散层后，地下水迅速沿松散层内径流。雨水渗透后，岩土体的抗剪强度降低，阻滑力下降，且大量入渗的水使坡体自身重量增加，促进了滑坡的形成、发展。

4）人类工程活动

该滑坡滑体前缘为梁子水库，根据现场调查及访问，在水库蓄水后，水体部分淹没滑体前缘。由于地表水的渗透，岩土体的抗剪强度降低，阻滑力下降，且大量入渗的水使坡体自身重量增加，促进了滑坡发生变形失稳。

6. 稳定性分析

据调查，该滑坡发生于梁子水库修建之前，为工程复活滑坡。滑体表层发育有6条小型冲沟，地表水易渗入滑体；当梁子水库蓄水位淹没滑体前缘后，滑体自身重量增加，阻滑力下降，再次发生滑动的可能性较大。因此，综合判定黄草村1#滑坡整体处于不稳定状态。

7. 防治措施及建议

在雨季期间，应加大对该滑坡的监测工作。

五、海晏县岳峰村泥石流

1. 地质灾害概况及危害情况

岳峰村泥石流发育于湟水右岸低山区一无名冲沟内,地理坐标为:东经101°03′28.62″,北纬36°50′49.43″。流域范围内出露地层岩性为元古代(γ_2)侵入花岗岩,表部覆有厚0.1~1.0m的残坡积(Qh^{d+dl})碎石土。该泥石流流域面积约1.50km²,主沟长约1.46km,最高点位于主沟沟源山顶处,高程3180m,最低点位于沟口处,高程2995m,相对高差185m,沟谷平均纵坡降约127‰,为一沟谷型泥石流,规模为小型。沟域内山高坡陡,平均坡度为35°,植被覆盖率约40%,以草本植物为主。2016年8月暴发泥石流时,1户居民房屋进水,幸未造成人员伤亡。后当地居民对扇体上沟道进行了人工改造,沟道两侧修建排导渠,高2~4m。现威胁沟口堆积扇上8户33人,养殖场1座以及G315国道约300m等,见图5.29。

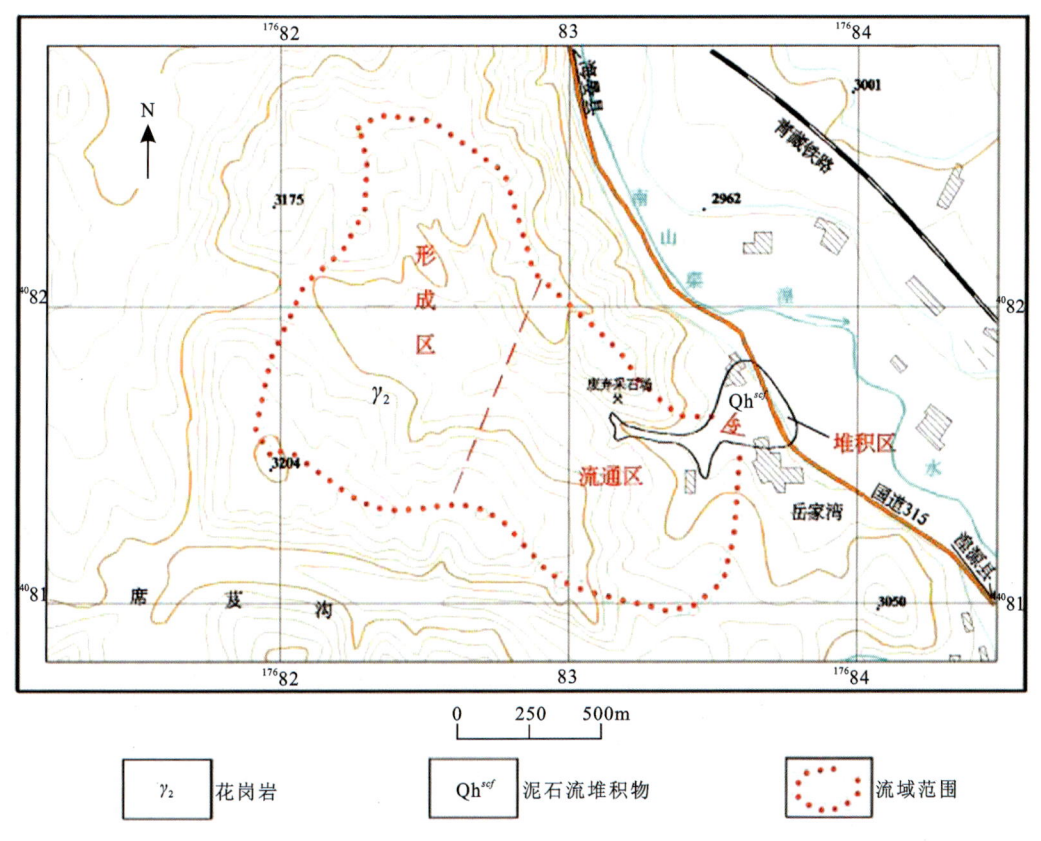

图5.29 岳峰村泥石流流域图

2. 泥石流发育特征

1)形成区发育特征

形成区主要发育有两条支沟,北侧支沟沟道较长,沟脑处沟道宽且平缓,沟底局部改造为农田。沟两岸山体坡度25°~30°,植被覆盖率约50%,以草本植物为主,两岸支沟发育,支沟宽0.5~2.5m,切深1.5~5.0m,沟谷呈"V"形,沟内无流水。南侧支沟沟道宽20~50m,两岸坡度20°~25°。两岸山体坡度相对较缓,残坡积层相对较厚,局部改造为梯田(图5.30、图5.31)。

图5.30 岳峰村泥石流北侧支沟

图5.31 岳峰村泥石流南侧支沟

2)流通区发育特征

流通区沟宽1.5~5.0m,沟谷呈"V"形。左岸坡度较陡,约40°,植被覆盖率约20%,局部基岩裸露。右岸坡度较缓,约30°,植被覆盖率约40%,均以草本植物为主。山体表部小型冲沟发育,冲沟宽0.5~1.5m,切深0.5~1.0m,沟谷呈"V"形。流通区沟道内淤积有碎石土,淤厚约1.0m,碎石含量约70%,一般粒径3~10cm,最大可达30cm。调查时,沟内无流水。流通区下游山体表部残坡积层变厚,局部发生浅层溜滑,方量5~20m³(图5.32)。左岸近沟口处有一废弃采石场,采石场废渣堆积于沟底,堵塞沟道,方量约300m³(图5.33)。由于人工采石,于左岸形成1处崩塌,堆积体呈锥形堆积于坡脚,总量约45m³(图5.34)。出山口处修有一浆砌块石拦挡坝,坝长5m,高1.5m,宽1.2m,坝后已淤满(图5.35)。泥石流物源主要为坡体表部松散堆积物、沟底再搬运及采石场弃渣。

图5.32 山体表部局部发生浅层溜滑

图5.33 弃渣堵塞沟道

图 5.34 堆积体呈锥形堆积于坡脚

图 5.35 浆砌块石拦挡坝

3)堆积区发育特征

堆积区位于出沟口处,扇体长约 200m,宽约 300m,厚 6~7m,由碎石土构成,碎石含量 60%~70%,一般粒径 5~10cm,最大可达 40cm,成分主要为片麻状花岗岩。扇体前缘堆积于湟水Ⅰ级阶地后缘,扇体表部现被改造为居民点(图 5.36)。据扇体前缘沟道断面调查,该泥石流扇体每次堆积厚约 0.3m(图 5.37)。泥石流沟道切扇体中部通过,至扇体前缘湮灭,沟道后经人改造,两侧修有排导渠,高 2~4m。南山渠以暗涵的形式通过该泥石流沟道,渠深 2.5m,宽 2.5m。国道 315 线切扇体前缘通过,未设涵洞。

图 5.36 扇体上修有居民房及养殖场

图 5.37 扇体前缘断面

3. 泥石流的形成条件

泥石流的形成,必须同时具备 3 个基本条件:有利于储集、运动和停淤的地形地貌条件;有丰富松散土石碎屑的物源条件;短时间内可提供充足水源的水动力条件。

1)地形地貌条件

岳峰村泥石流平面形态近似"Y"字形,流域纵向长度 1.46km,平均宽度 0.75km,沟域面积 1.50km²。流域最高点位于主沟沟源北侧山顶,高程 3180m,最低点位于沟口处,高程 2995m,相对高差 185m,沟谷平均纵坡降 127‰。沟域内山高坡陡,平均坡度为 35°,有利于降雨的迅速汇集,为泥石流形成提供了基础。同时,下游段流通区由于地形陡峻,雨水汇聚后流速快,冲蚀能力强烈,有利于松散物源的运移。

根据泥石流形成条件和运动机制及泥石流松散固体物源的分布,将沟域划分为3片:上游段两支沟沟道宽且平缓,两侧山体坡度较缓,植被发育,物源分布较少,因此划为泥石流形成区(清水区);中游以下至西侧支沟沟口段坡面植被覆盖率低,表部局部发生溜滑,沟床堆积物丰富,为流域内泥石流松散固体物源的主要分布区域,划为泥石流流通区;沟口处为泥石流堆积区。

2)物源条件

(1)坡面侵蚀物源:沟道上游植被覆盖率较高,覆盖率约为50%,山体表层较完整。至沟道中下游植被发育较少,局部基岩裸露,节理裂隙发育,坡面部分岩体风化掉落,成为泥石流活动的物源之一。至沟道下游处山体表层残坡积层变厚,局部发生浅层溜滑,成为泥石流活动的物源之一。因地形陡峻,坡面松散堆积物在暴雨冲刷下以风化剥落、坡面侵蚀方式启动、参与泥石流活动。出现的水土流失面状物源区面积约 $0.10km^2$,平均厚度 $0.3m$,可提供的松散固体物源总量约 $3.0×10^4m^3$,按特大暴雨条件下侵蚀厚度 $0.1m$ 计,其可参与泥石流活动的动储量约 $1.5×10^4m^3$。

(2)沟床堆积物源:沟道堆积物源主要为原沟道的堆积物,部分坡面侵蚀物源在暴雨作用下,经不同距离的搬运转移而成为新生的沟道堆积物源,主沟内堆积物源较丰富,为该泥石流主要物源类型之一。沟道堆积物源参与泥石流活动的方式主要为沟床的揭底冲刷,其可参与泥石流活动的物源量主要为沟槽下切可能掏蚀的部分及沟槽下切后,两侧岸坡可能失稳进而参与泥石流活动的物源两部分组成。根据野外调查,主沟及支沟沟道侵蚀下切深度 $0.3\sim0.8m$,平均深度 $0.5m$,沟床宽 $1.5\sim5.0m$,平均宽度 $3.3m$,主沟及支沟长共 $2370m$,沟道堆积物长度约 $1310m$,堆积物平均厚度约 $1.0m$,估算出沟道物源总储量为 $0.43×10^4m^3$,按短期内可能冲刷和掏蚀影响宽度 $0.5m$ 考虑,揭底冲刷深度 $0.5m$,估算其动储量约 $0.22×10^4m^3$。

(3)沟道内堆积有大量废弃矿渣,是该泥石流重要的物源。在降雨条件下,沟道内形成强烈的地表径流,在水流的冲击下残渣形成的坝体溃决,松散固体物质最终加入泥石流流体,成为泥石流流体固体物质,增大了泥石流黏度。

可以看出,坡面侵蚀物源为该泥石流主要物源,其次为沟床堆积物源。在强降雨作用下,坡面松散堆积物被雨水冲刷携带,进而可能启动主沟沟床内堆积的大量堆积物,形成泥石流灾害。

3)水动力条件

据海晏县气象台多年统计资料,海晏县年平均降雨量 $446.8mm$,年最大降雨量 $475.1mm$。年降水量的90%集中在5—9月,10月至次年4月降水量占全年的10%。大雨、暴雨集中在7—9月,尤其8月居多。海晏县24h最大降雨量 $64.0mm$,年蒸发量 $1432.8mm$,日最大降雨量 $64.0mm$;1h最大降雨量 $17.3mm$;10min最大降雨量 $7.9mm$。区内大雨或强降雨多发,降水亦相对集中,极易产生洪水并引发泥石流灾害。

该泥石流沟流域形态为"Y"字形,汇水面积较大,地形陡峻,沟谷纵坡大,北侧支沟山体表层岩体风化剥蚀较强烈,地表径流系数较大,有利于地表水的汇集。同时,由于沟谷纵坡大,水流流速较快,水动力强大。周边地区大暴雨等极端天气近年来多发,区内短历时大强度的降水为泥石流的形成提供了充足的水源条件。

综上所述，岳峰村泥石流沟具有形成泥石流的地形地貌条件、物源条件和水源条件，在特定暴雨作用下发生泥石流灾害的可能性和危险性较大。

4. 泥石流易发性评价

根据《泥石流灾害防治工程设计规范》附录表1的泥石流沟数量化综合评判及严重程度等级标准，对岳峰村泥石流的发育特征进行综合评分，综合评分结果为95分，见表5.1，属于易发泥石流。

表5.1 岳峰村泥石流沟严重程度数量化评分表

序号	影响因素	权重	量级划分								取值
			严重(A)	得分	中等(B)	得分	轻微(C)	得分	一般(D)	得分	
1	崩塌滑坡及水土流失(自然和人为的)的严重程度	0.159	崩塌滑坡等重力侵蚀严重，多深层滑坡和大型崩塌，表土疏松，冲沟十分发育	21	崩塌滑坡发育，多浅层滑坡和中小型崩塌，有零星植被覆盖，冲沟发育	16	有零星崩塌、滑坡和冲沟存在	12	无崩塌、滑坡、冲沟或发育轻微	1	16
2	泥沙沿程补给长度比/%	0.118	>60	16	66～30	12	30～10	8	<10	1	16
3	沟口泥石流堆积活动	0.108	河形弯曲或堵塞，大河主流受挤压偏移	14	河形无较大变化，仅大河主流受迫偏移	11	河形无变化，大河主流在高水偏，低水不偏	7	河形无变化，主流不偏	1	11
4	河沟纵坡度/‰	0.090	≥12°	12	6°～12°	9	3°～6°	6	<3°		6
5	区域构造影响程度	0.075	强抬升区，6级以上地震区	9	抬升区4～6级地震区，有中小支断层或无断层	7	相对稳定区，4级以下地震区，有小断层	5	沉降区，构造影响小或无影响	1	9
6	流域植被覆盖率/%	0.067	<10	9	10～30	7	30～60	5	≥60	1	5

续表 5.1

序号	影响因素	权重	量级划分								取值
			严重(A)	得分	中等(B)	得分	轻微(C)	得分	一般(D)	得分	
7	河沟近期一次变幅/m	0.062	≥2	8	1～2	6	0.2～1	4	<0.2	1	4
8	岩性影响	0.054	软岩、黄土	6	软硬相间	5	风化和节理发育的硬岩	4	硬岩	1	4
9	沿沟松散物储量/($10^4 m^3 \cdot km^{-2}$)	0.054	≥10	6	5～10	5	1～5	4	<1	1	1
10	沟岸山坡坡度/‰	0.045	≥32°	6	25°～32°	5	15°～25°	4	<15°	1	6
11	产沙区沟槽横断面	0.036	"V"形谷、谷中谷、"U"形谷	5	拓宽"U"形谷	4	复式断面	3	平坦型	1	5
12	产沙区松散物平均厚度/m	0.036	≥10	5	5～10	4	1～5	3	<1	1	1
13	流域面积/km²	0.036	0.2～5	5	5～10	4	0.2以下和10～100	3	≥100	1	5
14	流域相对高差/m	0.030	>500	4	300～500	3	100～300	3	<100	1	2
15	河沟堵塞程度	0.030	严	4	中	3	轻	2	无	1	4
数量化评分总分值											95
易发程度等级											易发

5. 泥石流危险性及发展趋势

1）泥石流的危害范围

岳峰村泥石流的危害范围主要为下游沟道及沟口堆积扇区域，主要威胁对象为堆积扇上的 8 户居民，1 座养殖场以及 G315 国道约 300m。

2）泥石流的危害方式

岳峰村泥石流对居民、养殖场以及 G315 国道的危害方式主要为冲毁、淤埋。

3）泥石流发展趋势

岳峰村泥石流沟流通区沟谷下切强烈，纵坡降大，组成山体的片麻状花岗岩节理裂隙发育，沟口两岸坡面上的残坡积物较厚，局部发生浅层溜滑，受沟谷地形条件的限制，绝大部分堆积于狭窄的沟道内，当发生泥石流时，直接冲蚀、搬运，几乎全部转化为泥石流的固体物质。加之沟口处弃渣及崩塌体堆积于沟道，改变了泥石流的排泄通道。该泥石流沟固体松散物质丰富，累计速率高，在强降雨的影响下，泥石流的发生频率将增高，对沟口居民的生命安全及财产损失威胁较大。

6. 泥石流的危险性

据实地调查，岳峰村泥石流现对沟口泥石流堆积扇上8户居民、1座养殖场以及G315国道约300m构成威胁，潜在经济损失为260万元，其危害程度等级为中型。根据泥石流沟数量化综合评判及严重程度等级标准，对岳峰村泥石流的发育特征进行综合评分，综合评分结果为95分，属于易发泥石流。综上所述，该泥石流沟的危险性为危害性中等。

7. 防治措施及建议

（1）建议采取工程治理措施。据现场调查，该泥石流沟道修有1座拦挡坝，扇体沟道修有挡水埝，但由于坝体设计较小，经过长期淤积，坝后已淤满，大大降低了拦挡坝的拦挡作用，已经失去了其工程效应；扇体沟道修筑的挡水埝为当地居民修建的简易排导措施，排洪能力有限。因此，建议采用"拦挡坝＋排导工程"进行治理。

（2）严禁在泥石流沟道内挖砂采石，堆放生活及生产垃圾，并及时清除沟道内堆积的弃渣。

（3）加强监测。在治理工程实施之前，地方政府应落实专人对泥石流暴发情况进行监测。

六、祁连县老虎嘴崩塌

1. 崩塌概况

该崩塌位于扎麻什乡黑河大峡谷内老虎嘴，黑河右岸，属S204公路沿岸地质灾害高发区。地理坐标：东经$99°53'39''$，北纬$38°16'12''$，为一倾倒式人工岩质崩塌。遇强降雨及地震易发生崩塌。根据现场对危岩体灾害影响范围内的各项实物指标的调查，目前崩塌主要威胁公路80m，潜在经济损失150 000元。

2. 崩塌基本特征

该崩塌所在微地貌为陡坡，其中崩塌体高52m，长57m，宽79m，厚3.1m，体积$1.4×10^4 m^3$，为中型崩塌，主崩方向240°，坡度约65°；坡脚标高为2949m，坡顶标高为3001m。崩塌体岩性由上覆第四系残坡积（Qh^{dl+el}）碎石土及下伏寒武系（$\in$）片岩组成。原始坡体较陡，坡面基岩裸露，风化严重，整体呈碎裂结构，为一变质岩顺向斜坡，全风化带深度1.6m，卸荷裂隙深度0.5m，坡体时有块石坠落，现今坡脚有大量崩积物堆积，规模约179m³，其中最大块度$1.2×0.8×0.5 m^3$，崩塌稳定性差（图5.38～图5.40）。

图 5.38 老虎嘴不稳定斜坡危岩体

图 5.39 老虎嘴崩嘴左侧及挡墙

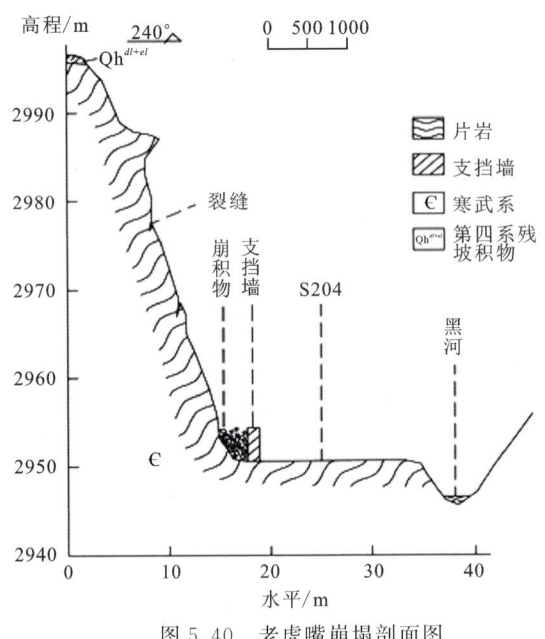
图 5.40 老虎嘴崩塌剖面图

3. 崩塌形成机理

该崩塌主要的诱发因素为开挖坡脚而引起的重力失衡，引发因素为强降雨与地震。降雨形成的水流沿新生裂缝渗入坡体，当水流沿裂隙面整个贯通后，在静水压力作用下，便产生崩塌。地震将会加剧拉张裂缝扩张，使岩体松散，减小岩体间的抗滑阻力，从而导致崩塌。

4. 崩塌稳定性分析

该崩塌为岩质崩塌，坡体较陡，坡面出露基岩呈巨块状，连续分布。坡顶发育有小型的拉张裂缝，坡脚堆积有一定量的崩积物及落石，威胁坡脚过往车辆、道路及其行人的生命及财产安全。该崩塌危岩不稳定。

5. 防治措施及建议

老虎嘴崩塌所在斜坡坡脚已修建支挡墙，但挡墙内崩积物已淤满，建议对该崩塌体崩积物进行定期清理，对上部危岩体进行削坡减载；在离崩塌体一定距离处设立警示标志。

第六章　地质灾害问题风险评价

本章的主要工作为对海北州一般调查区进行1∶5万地质灾害风险评价,在易发性、危险性评价的基础上,结合易损性评价,最终确定风险性。

第一节　地质灾害易发性评价

地质灾害易发性评价是进行危险性和风险评价的基础,是对一个地区已发生地质灾害类型、数量、密度、空间分布特征和影响易发性的因素进行分析评价,用一定的模型对地质灾害发生空间分布与相关地质灾害影响因素建立关系模型,重点分析评价一个地区地质灾害已经发生的程度,并预测未来将要发生地质灾害的倾向性。着重强调静态地质灾害易发条件和灾害发生的空间概率统计分析评价。核心内容包括地质灾害特征、空间密度、易发条件和潜在易发区预测评价。

一、地质灾害易发区分区原则

1)突出"以人为本"的原则

"以人为本"的原则即在考虑调查区地质环境条件和地质灾害分布规律的基础上,充分考虑突出地质灾害与人类生产生活的密切程度,即地质灾害的发育程度与人口分布密度的关系,人类工程活动与地质灾害的关系。还要考虑地质灾害对人类生产生活存在的潜在危害性,准确预测地质灾害的危险性,减少损失,保证人民群众的生产生活安全,更好地为社会发展和经济建设服务。

2)以"孕灾地质条件为主"的原则

地质灾害易发区主要依据形成地质灾害的孕灾地质条件、主要诱发条件和地质灾害发育现状进行划分,同时要考虑受地质灾害影响的居民点及与人类活动有关的工程设施等。

3)规范性和可比性原则

所选取的指标因子,对崩塌、滑坡、泥石流的发生具有重要的作用,各因子的选取要具有规范性和可比性原则。同时,评价指标应尽可能简单、明确,具有代表性和可操作性。具有代表性、可操作性是指评价指标的内容是可以通过已有灾害资料和手段方便获取或实现的。

4)以"定量评价为主,定性分析为辅"的原则

定性与定量相结合的原则:定性分析的结果是约束定量分析的框架,定量分析是定性分析的数学表达,将定性分析与定量分析相结合,应用于地质灾害危险性分级时会取得更理想

的结果。

5)以"区内相似、区际差异"的原则

"区内相似、区际差异"的原则即在同一类型的区内,孕灾地质条件、主要诱发条件和地质灾害发育特征应基本相似,而不同类型的区内,则应具备明显的差异性。

二、地质灾害易发区划分方法

1)评价思路

地理信息系统在最近的 30 多年内得到了快速的发展,广泛应用于资源调查、环境评估、灾害预测等众多领域,借助 GIS 系统可以完成数字制图、数字地形分析、空间决策支持、空间分析统计等任务,在 GIS 平台上进行易发性区划,可以在一定程度上避免传统区划工作量大、工作强度大、工作精度不高以及主观影响大等不足。

由于地质灾害易发性的评价结果受到多种因素的影响,而这些因素本身存在着不确定性、模糊性以及各因素之间相互作用的复杂性,如何将复杂的地质因素尽可能定量化,使分析和评价结果最大限度地符合客观实际情况,是地质工作者广为探讨的问题。

目前,地质灾害易发性评价的常用方法有证据权法、信息量法、多元统计法、逻辑回归法等。这些方法都采用数据驱动的权重确定法。多元统计法在选取因子和表达式过程中存在较大的主观性,不同建模人员的建模结果可能会有很大的不同,模型可靠度直接取决于测试区原始数据的精度,存在拟合不足或过拟合的问题。信息量法使用信息量来衡量地质灾害的可能性,但同时也存在因子组合状态比较多,样本需求大,实际统计数量受限的局限性。证据权法采用贝叶斯条件概率原理,充分考虑了地质灾害与影响因子之间的相关关系以及影响因子之间的相关关系,具备严谨的数学基础和方法体系,同时还具有样本统计数量要求不高的优点。根据上述方法优缺点结合调查区实际,本次地质灾害易发性评价采用证据权法进行评价。

2)评价方法

证据权法是《地质灾害风险调查评价技术要求》推荐的方法,证据权模型通过对与地质灾害形成相关的影响因素的权重指数进行叠加分析,开展地质灾害易发性评价。其中,每种影响因素都被视为地质灾害易发性评价的证据因子,各证据因子对地质灾害易发性的贡献由该因子的权重值来表征。一般将各证据因子图层网格化为不连续的二值图层:1 代表因子对灾害发生的证据存在,0 代表不存在。通过证据权模型给出该二值化的证据因子图层的权重,最终叠加多元图层,实现地质灾害易发性评价。

(1)权重计算。

计算每一个证据因子的权重,首先要把整个调查区栅格化;利用条件概率计算证据因子图层所有单元对地质灾害发生的贡献权重。假设调查区被划分成面积相等的 T 个单元,其中 B 为地质灾害单元数,D 为非地质灾害单元数。对于该证据因子,B/D 和 $\overline{B}/D$ 分别表示证据因子在地质灾害单元和非地质灾害单元内存在的单元数,$B/\overline{D}$ 和 $\overline{B}/\overline{D}$ 分别表示证据因子在地质灾害单元和非地质灾害单元内不存在的单元数,其权重定义为

第六章 地质灾害问题风险评价

$$W^+ = \ln \frac{P(B/D)}{P(B/\overline{D})} \tag{6.1}$$

$$W^- = \ln \frac{P(\overline{B}/D)}{P(\overline{B}/\overline{D})} \tag{6.2}$$

式中：W^+ 为证据因子存在区的权重值；W^- 为证据因子不存在区的权重值。

证据因子权重由落入特定证据因子图层的灾点数和全部灾点数之比与证据因子图层面积和调查区总面积之比的比值决定。证据因子和灾害点正相关表示为 $W^+ > 0$，$W^- < 0$，负相关表示为 $W^+ < 0$，$W^- > 0$，不相关时权重为 0。对于原始数据缺失，其权重值为 0。相对系数 $C = W^+ - W^-$，用来度量证据图层和地质灾害之间的相关性大小。

（2）证据综合。

在上述权重值计算及分析的基础上，通过证据层的优选，选择权重值大、与地质灾害关系密切的证据层，剔除权重值较小、与地质灾害关系不密切的证据层；进一步进行证据因子相对灾害点的条件独立性检验，剔除地质灾害权重值相对较小而与其他证据因子相关性大的证据层。对最终筛选出的 n 个关于地质灾害点独立的证据因子，根据贝叶斯法则，研究任一单元 K 为地质灾害的可能性，对数后验概率可表示为

$$F = \ln O(D/\sum_{i=1}^{n} B_i^{K(i)}) = \sum_{i=0}^{n} W_i^K + \ln O(D) \tag{6.3}$$

式中：O 为概率，$O(D) = D/(T-D)$；D 为存在地质灾害的单元网格数；B_i 为第 i 个证据层；$K(i)$ 为在第 i 个证据因子存在时是 +，不存在时是 −；W_i 为第 i 个证据因子存在或不存在的权重。

最后计算后验概率为

$$P = \frac{O}{1+O} = \frac{\exp(F)}{1+\exp(F)} \tag{6.4}$$

后验概率值的大小指示易发性的高低，其值在 0～1 之间。后验概率值越大，表示易发性越高；后验概率值越小，表示易发性越低。

（3）评价步骤。

利用证据权模型进行地质灾害易发性评价的具体步骤如下：首先运用 GIS 的空间分析功能分别提取地层岩性、地形地貌（坡度、坡向、高程、地形起伏度）、地质构造（断层）、河流水系、人类工程活动等影响因素；其次根据各影响因素数据预处理以及地质灾害的统计分析得到每个影响因素的证据因子分级，采用证据权法计算各个证据层对地质灾害发生的权重值，进而计算各证据层的后验概率；再次将各个证据层的后验概率进行叠加，使用自然断点法将地质灾害易发程度分为极高易发区、高易发区、中易发区、低易发区；最后将区划结果与实际发生情况进行对比验证。

3）证据因子的选取

地质灾害的影响因素众多，根据刚察县相关孕灾地质条件分析，选取水系、断层、工程地质岩组、地形地貌、道路（人类工程活动）作为评价因子，各评价因子对地质灾害易发性的控制机理分析如下。

（1）水系。水系是影响地质灾害发生的重要因素，底部侵蚀和侧蚀改变了斜坡的临空面

状态,使得坡体内部应力发生改变,从而影响坡体稳定性。刚察县发育的地质灾害,在深切的河谷两岸及各支沟具有集中分布的规律。

(2)断层。断层主要从两个方面影响地质灾害的发生:一方面,断层周围由于地层挤压或拉裂,使得岩石比较破碎,同时加剧了岩体的风化速度,岩体力学性质降低,稳定性降低;另一方面,断层往往形成地貌上的不连续,为地质灾害的发生创造了有利条件。

(3)工程地质岩组。坡体的工程地质岩组,决定了岩土体的物理力学特性,在一定程度上决定了坡体的破坏失稳方式,刚察县区内为残坡积碎石土、冲洪积砾石、砂、黏土层等松散土体类,往往是控制滑坡产生的主要工程地质岩组。门源县、海晏县和祁连县区内为上更新统的含砾粉土、砂砾卵石层、碎石土和新近系泥岩等软弱松散岩组,往往是控制滑坡产生的主要工程地质岩组。

(4)地形地貌。地形地貌包括高程、坡度、坡向、地形起伏度等方面。不同坡度的坡体,其内部应力分布不同,稳定性不同,坡度越大越利于发生地质灾害;坡向决定了坡体受阳光照射时点及时长,进而影响岩体风化速度,从一定程度上影响着地质灾害的发生。不同高程的地方,受河流切割作用不同,往往形成不同的地形地貌。地形地貌与地质灾害的分布存在一定关联关系。

(5)人类工程活动。人类工程活动对地质灾害的发生有着显著影响,海北州境内大面积的人类工程活动主要为修建道路。修建道路对地质灾害发生的影响主要体现在两个方面:道路修建会采取切坡或填方的方式,改变了坡体内部应力状态,使坡体趋于不稳定;道路修建时,引发坡体变形,汽车在道路上行驶产生的震动加剧了坡体变形的速度。道路对坡体稳定性的影响随距离变化,离道路越近,影响越大。根据成果资料分析,刚察县区域内315国道亚秀麻路段、省道204公路两侧、门源县区域内岗木公路两侧、海晏县区域内国道G315公路两侧以及祁连县区域内省级公路S204公路两侧,往往地质灾害都较为发育。

三、刚察县地质灾害易发性评价结果

1)数据处理

本次评价利用的数据主要有:刚察县1∶5万地质灾害详细调查数据,刚察县汛期地质灾害隐患核查、排查数据,1∶20万区域地质图,1∶5万地形图,DEM(12.5m×12.5m)空间分辨率数据。评价数据及处理方法见表6.1。

表6.1 刚察县评价数据及处理方法一览表

数据图层	数据类型	数据来源或处理方法
灾害点图层	点状	1∶5万地质灾害调查数据,遥感影像解译
坡高、坡度、坡向	栅格	根据1∶5万地形图制作,用 ArcGIS 提取
断层分布	线矢量	根据1∶20万区域地质图制作,MapGIS 数格式转换成 shapefile 格式
工程地质岩组分布	面矢量	根据1∶20万区域地质图及资料编制提取

续表 6.1

数据图层	数据类型	数据来源或处理方法
人类工程活动	线矢量	根据 1∶5 万地形图,遥感解译补充,用 ArcGIS 提取
水系分布	线矢量	根据 1∶5 万地形图,用 ArcGIS 提取

在进行评价前,应对各证据因子进行合理分级即划分证据层。对离散型数据如工程地质岩组就以出露的岩组数进行分类,对于连续性数据,先按一定步长统计各步长所占比例,然后根据统计数据划分证据层。划分证据层之前,先对调查区进行栅格单元划分,本次栅格单元分辨率为 25m×25m,选取包含高程、坡度、坡向、地形起伏度、距断层距离、距河流距离、距公路距离(人类工程活动)、工程地质岩组共计 8 个证据因子,利用 ArcGIS 对调查区进行栅格化,根据式(6.1)、式(6.2)计算权重。

刚察县各证据因子等级权重计算结果见表 6.2,各证据因子 GIS 分析结果见图 6.1~图 6.8。

表 6.2 刚察县证据因子等级权重一览表

评价因子	因子等级	栅格数	面积比/%	W^+	W^-	C
坡向/(°)	−1~54.16	18 423 638	32.19	−1.269 012 655	0.293 559 216	−1.562 571 87
	54.16~136.20	10 228 284	17.86	−0.406 096 706	0.070 095 945	−0.476 192 651
	36.20~208.33	10 919 409	19.08	0.558 141 654	−0.193 808 843	0.751 950 497
	208.33~281.88	9 063 853	15.83	0.813 383 931	−0.269 452 23	1.082 836 162
	281.88~359.68	8 607 111	15.04	−0.407 881 996	0.057 585 53	−0.465 467 526
坡度/(°)	0~3.78	21 317 988	37.24	−0.833 007 255	0.289 256 602	−1.122 263 856
	3.78~9.60	17 134 971	29.93	0.135 730 707	−0.064 119 986	0.199 850 693
	9.60~16.87	10 459 661	18.27	−0.036 422 75	0.007 965 076	−0.044 387 826
	16.87~26.18	5 806 793	10.14	0.832 982 146	−0.158 739 29	0.991 721 437
	26.18~74.17	2 522 882	4.42	0.665 158 843	−0.044 537 816	0.709 696 659
高程/m	3121~3306	17 259 177	30.15	−1.583 212 042	0.294 933 19	−1.878 145 232
	3306~3551	10 520 098	18.38	−0.219 115 523	0.043 352 124	−0.262 467 646
	3551~3773	12 377 147	21.62	0.789 508 326	−0.402 996 613	1.192 504 939
	3773~4003	10 760 184	18.80	0.195 534 666	−0.051 285 86	0.246 820 525
	4003~4682	6 325 689	11.05	−0.254 062 509	0.027 491 874	−0.281 554 383

续表 6.2

评价因子	因子等级	栅格数	面积比/%	W^+	W^-	C
地形起伏度/(°)	0~2	23 586 589	41.20	−0.746 922 634	0.313 902 974	−1.060 825 608
	2~7	21 740 650	37.94	0.120 811 879	−0.081 902 062	0.202 713 941
	7~13	8 212 766	14.31	0.506 521 169	−0.117 063 822	0.623 584 991
	13~20	2 961 355	5.17	0.750 036 898	−0.062 879 242	0.812 916 139
	20~126	792 209	1.38	0.724 878 925	−0.015 051 358	0.739 930 283
距断层距离/m	0~2824	4 843 031	31.38	2.113 104 025	−1.115 574 768	3.228 678 792
	2824~20 303	9 322 369	60.39	0.594 906 104	−0.172 134 198	0.767 040 302
	20 303~44 250	1 270 544	8.23	−1.539 262 519	0.017 672 718	−1.556 935 237
距河流距离/m	0~10 134	12 436 767	28.49	1.069 884 505	−0.758 342 535	1.828 227 041
	10 134~25 693	19 654 411	45.01	−0.183 772 328	0.084 139 369	−0.267 911 697
	25 693~49 892	11 572 784	26.50	−0.915 259 473	0.141 445 344	−1.056 704 817
到道路距离/m	0~6987	3 274 627	21.21	2.619 973 742	−1.481 539 954	4.101 513 696
	6987~34 533	9 182 927	59.49	−0.149 865 162	0.026 245 566	−0.176 110 729
	34 533~64 278	2 978 390	19.30	0.381 393 057	−0.025 815 69	0.407 208 747
工程地质岩组	双层结构砂土、卵砾类土	5 054 383	32.75	0.576 440 152	−0.078 515 924	0.654 956 076
	层状较坚硬变质岩岩组	6 798 695	44.04	1.635 500 258	−0.813 953 159	2.449 453 417
	多层结构卵砾类土	1 491 727	9.66	1.519 139 924	−0.100 346 606	1.619 486 53
	层状较坚硬碎屑岩岩组	157 679	1.02	3.638 557 794	−0.107 907 553	3.746 465 347
	层状软弱碎屑岩岩组	26 258	0.17	0	0.000 458 824	0
	块状坚硬侵入岩岩组	1 899 553	12.31	−1.248 288 513	0.024 178 166	−1.272 466 679
	单一结构淤泥质土	7449	0.05	0	0.000 130 14	0

第六章 地质灾害问题风险评价

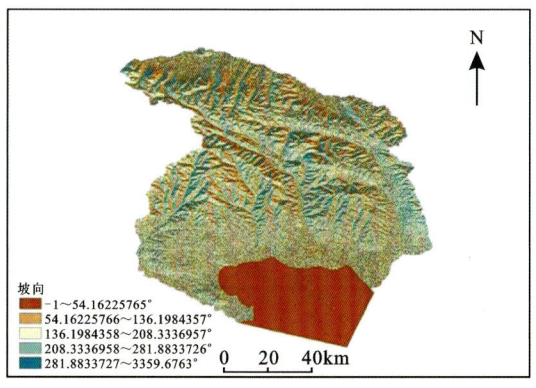

图 6.1 刚察县坡向 GIS 分析图

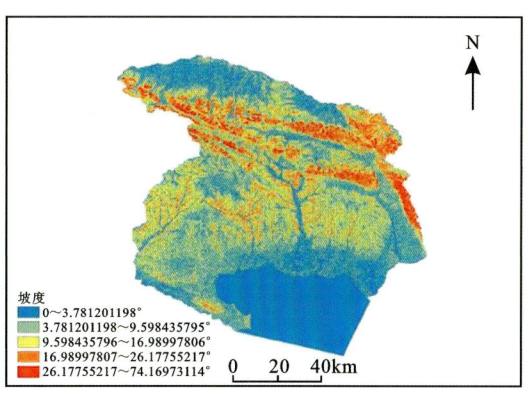

图 6.2 刚察县坡度 GIS 分析图

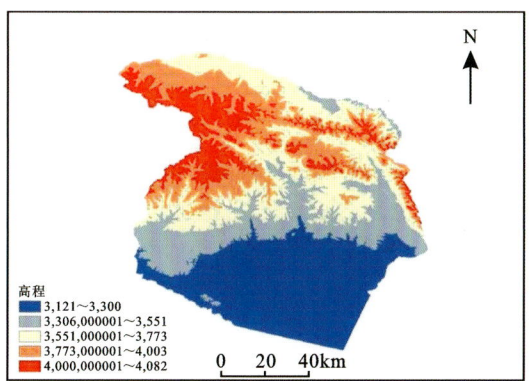

图 6.3 刚察县高程 GIS 分析图

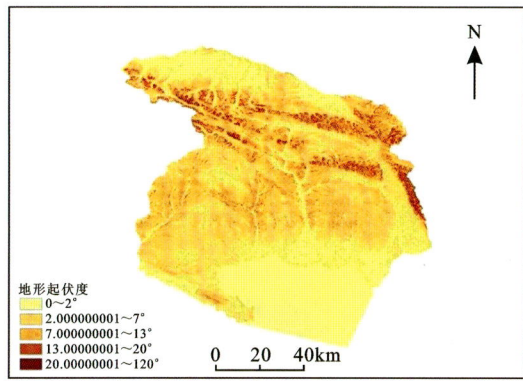

图 6.4 刚察县地形起伏度 GIS 分析图

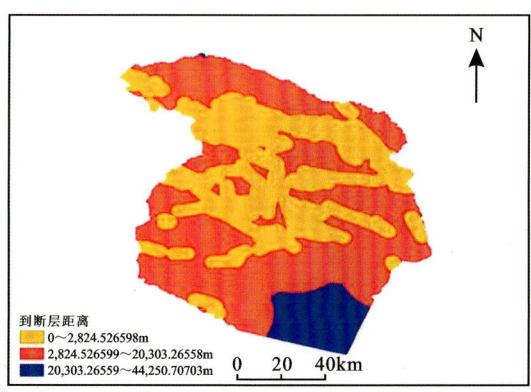

图 6.5 刚察县与断层距离 GIS 分析图

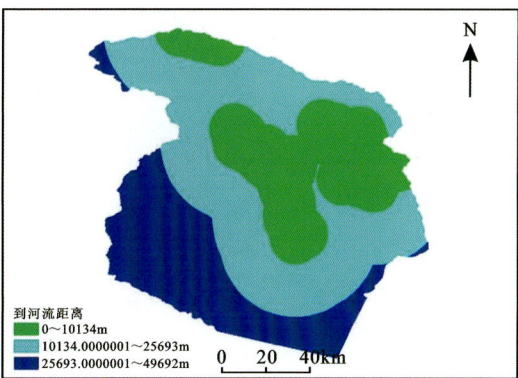

图 6.6 刚察县与河流距离 GIS 分析图

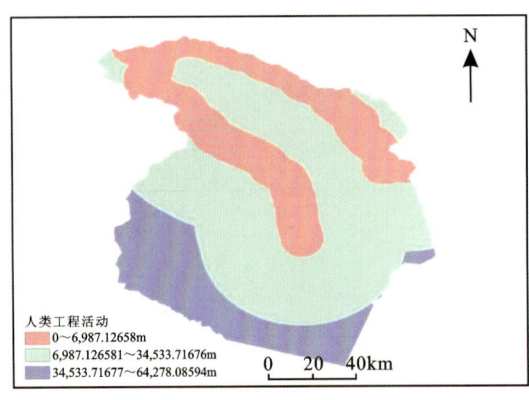
图 6.7 刚察县人类工程活动 GIS 分析图

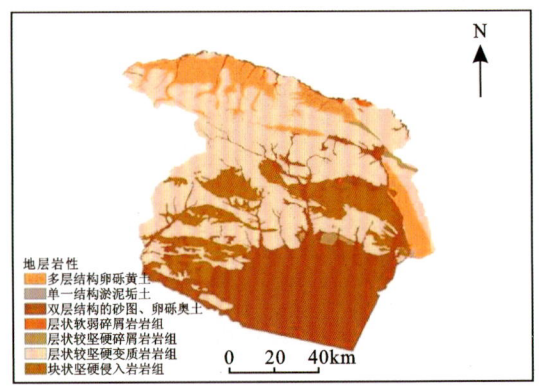
图 6.8 刚察县工程地质岩组 GIS 分析图

2) 地质灾害易发程度等级划分

对满足独立性检验的独立证据因子,根据贝叶斯法则,按式(6.4)计算后验概率。根据证据层后验概率的计算结果,运用 GIS 叠加分析工具,得到调查区每一个栅格的后验概率叠加值,从而得到刚察县地质灾害易发性定量计算成果。按照自然断点法的临界点作为易发程度分区界线值,从而将全区划分为低易发区、中易发区和高易发区 3 个不同等级的区域(图 6.9)。

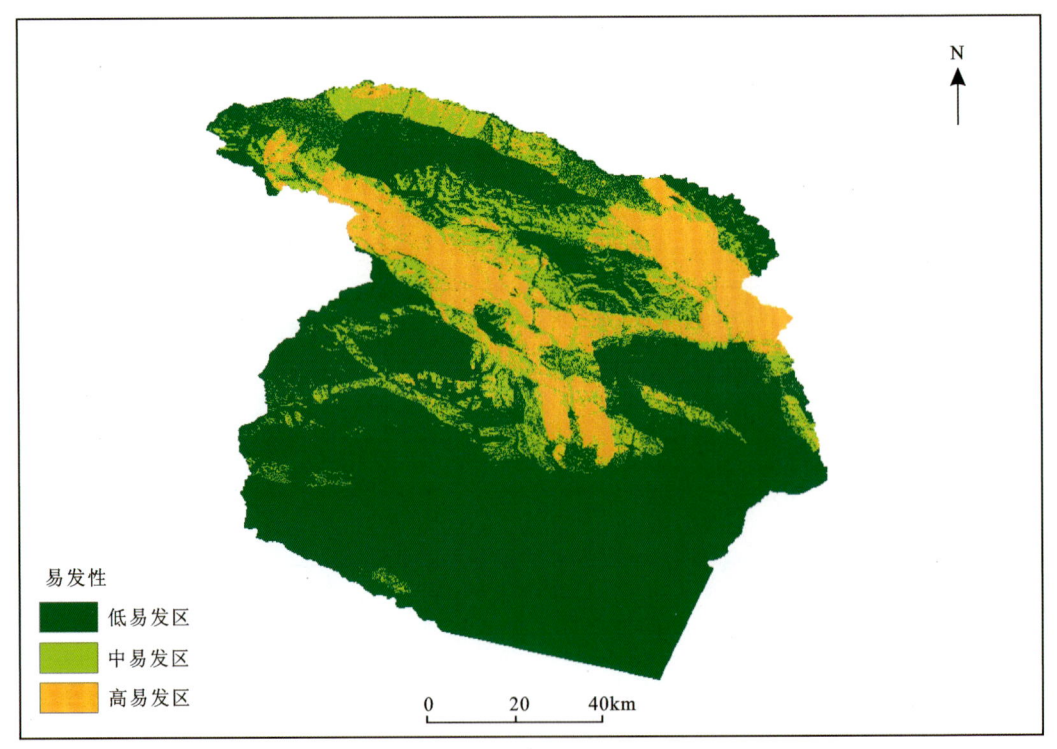

图 6.9 刚察县地质灾害易发程度 GIS 评价图

3) 地质灾害易发性分区与评价

在定量计算分级分区的基础上,综合考虑各种因素,以"区内相似、区间相异"为原则,通过对高易发、中易发、低易发以及不易发区各权重值范围内的所涉及的评价单元进行合并,同时尽量考虑行政区划设置和小流域的相对完整性,将刚察县地质灾害易发性划分为高易发区、中易发区、低易发区3个区,共9个亚区(图6.10,表6.3)。

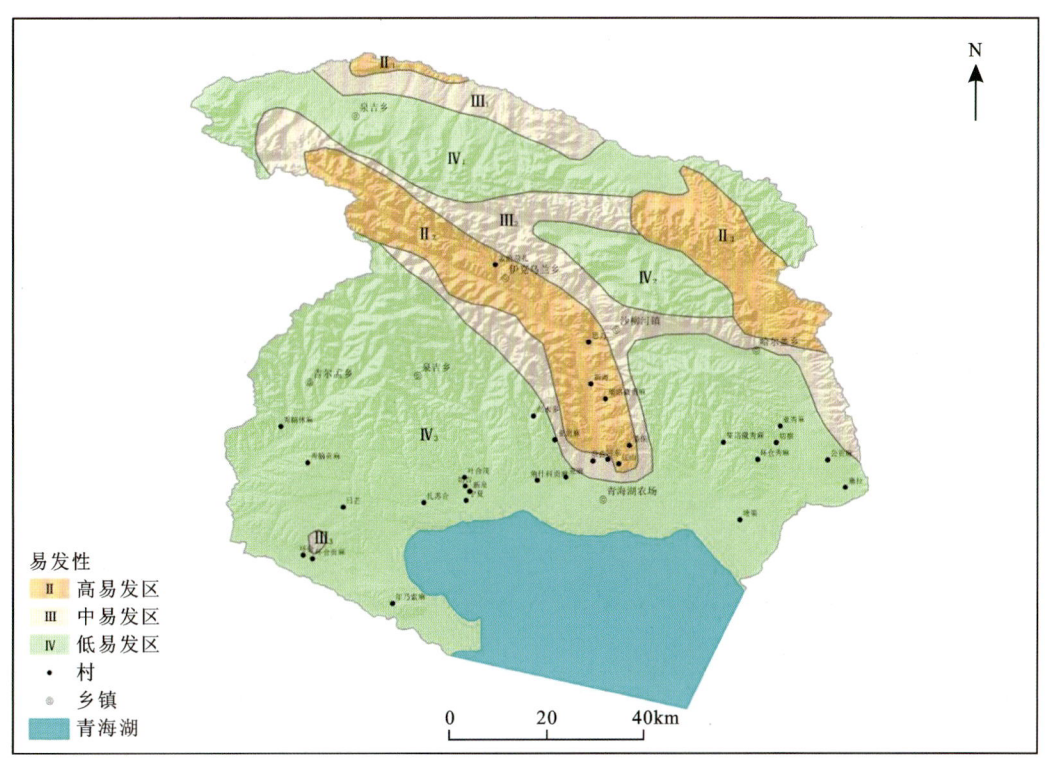

图 6.10 刚察县地质灾害易发性评价分区图

表 6.3 刚察县地质灾害易发程度分区说明表

分区及代号	亚区及代号	面积/km²	占比/%	地质灾害数量/处				总计	灾害点密度/(处·km⁻²)
				滑坡(潜在滑坡)	崩塌(潜在崩塌)	泥石流	合计		
高易发区 Ⅱ	泉吉—伊克乌兰乡北侧一带亚区Ⅱ₁	45.30	0.69	4	4	4	12	159	0.265
	泉吉乡—伊克乌兰乡沙柳河两岸一带亚区Ⅱ₂	481.34	7.31	16	16	41	73		0.152
	哈尔盖镇东北部一带亚区Ⅱ₃	812.06	12.33	21	28	25	74		0.091
中易发区 Ⅲ	泉吉—伊克乌兰—哈尔盖镇北侧高山区一带亚区Ⅲ₁	275.04	4.18	2	2	2	6		0.022

续表6.3

分区及代号	亚区及代号	面积/km²	占比/%	地质灾害数量/处				总计	灾害点密度/(处·km⁻²)
				滑坡(潜在滑坡)	崩塌(潜在崩塌)	泥石流	合计		
中易发区 Ⅲ	伊克乌兰—沙柳河—哈尔盖镇高山、中山一带亚区Ⅲ₂	1 040.36	15.79	1	3	9	13	29	0.012
	吉尔孟乡环仓贡麻村北部一带亚区Ⅲ₃	10.01	0.15	8	0	2	10		0.999
低易发区 Ⅳ	大通河右岸侵蚀构造高山一带亚区Ⅳ₁	1 105.88	16.79	1	2	2	5	22	0.005
	伊克乌兰—沙柳河镇东北部高山区一带亚区Ⅳ₂	335.30	5.09	0	0	1	1		0.003
	吉尔孟乡、泉吉乡、伊克乌兰及沙柳河镇南部中山区、堆积平原一带亚区Ⅳ₃	2 481.85	37.68	12	2	2	16		0.006
合计		6 587.14	100	65	57	88	210	210	0.032

四、门源县地质灾害易发性评价结果

1)数据处理

本次评价收集的数据主要有:门源回族自治县1∶5万地质灾害详细调查数据,门源回族自治县2021年度汛期地质灾害隐患核查、排查数据,1∶20万区域地质图,1∶5万地形图,DEM(12.5m×12.5m)空间分辨率数据。评价数据及处理方法见表6.1。

门源县各证据因子等级权重计算结果见表6.4,各证据因子GIS分析结果见图6.11~图6.18。

表6.4 门源县证据因子等级权重一览表

评价因子	因子分级	栅格数	面积比/%	W^+	W^-	C
坡向/(°)	−1~45	831 681	12.70	−0.087 8	0.012 2	−0.1
	45~135	1 675 770	25.60	0.135 3	−0.051 1	0.186 4
	135~225	1 647 329	25.20	0.236 9	−0.094 2	0.331 2
	225~315	1 687 945	25.80	−0.199 7	0.061 0	−0.260 7
	315~359	702 684	10.70	−0.576 1	0.051 3	−0.627 4
	0~9	7 097 288	23.20	0.455 4	−0.191 9	0.647 3

续表 6.4

评价因子	因子分级	栅格数	面积比/%	W^+	W^-	C
坡度/(°)	9~18	6 487 318	25.70	0.160 2	−0.062 0	0.222 2
	18~27	7 156 309	23.10	−0.267 1	0.068 0	−0.335 1
	27~36	5 641 958	17.50	−0.526 5	0.083 3	−0.609 8
	36~78	184.149 670	10.50	−0.704 3	0.057 4	−0.761 7
地形起伏度/(°)	0~60	8 666 756	13.50	0.006 8	0.001 1	−0.007 8
	60~150	9 600 318	24.30	0.795 3	−0.495 2	1.290 6
	150~220	7 169 761	26.70	−1.337 9	0.050 8	−0.205 5
	220~300	2 615 706	25.30	−1.557 1	0.211 4	−1.394 6
	300 以上	413 596	10.20		0.086 1	−1.643 2
距断层距离/m	0~500	6 829 209	10.70	−0.647 6	0.055 6	−0.703 2
	500~1000	6 217 687	9.70	−0.816 2	0.058 5	−0.874 7
	1000~1500	5 515 860	8.60	−0.696 4	0.046 4	−0.742 8
	1500~2000	5 092 016	8.00	−0.085 8	0.007 1	−0.092 9
	大于 20 000	4 012 176	62.90	0.220 7	−0.542 9	0.763 6
距河流距离/m	0~100	95 414	1.30	1.694 3	−0.062 5	1.756 9
	100~200	88 077	1.20	1.936 9	−0.077 6	0.014 5
	200~500	244 855	3.50	1.582 2	−0.148 9	1.731 1
	500~1000	382 775	5.40	0.562 8	−0.044 1	0.606 9
	1000~2500	1 032 358	14.60	0.240 8	−0.047 5	0.288 3
	2500 以上	5 242 764	74.00	−0.634 6	0.848 6	−1.483 2
植被覆盖度/%	−0.295 39	278 947	4.30	−0.679 7	0.021 7	−0.701 4
	0~0.04	1 885 388	28.70	−0.734 3	0.190 5	−0.924 8
	0.04~0.08	2 399 928	36.60	0.001 3	−0.000 8	0.002 1
	0.08~0.13	1 802 954	27.50	0.536 1	−0.313 1	0.849 2
	0.13~0.268 617	191 848	2.90	−1.914 9	0.025 4	−1.940 2
工程地质岩组	较坚硬薄层状变质岩	4 926 145	69.50	−1.057 8	0.911 8	−1.969 6
	松散卵砾石层类土	1 633 546	23.10	1.070 6	−0.854 0	1.924 6

续表 6.4

评价因子	因子分级	栅格数	面积比/%	W^+	W^-	C
工程地质岩组	坚硬块状侵入岩岩组	144 528	2.00	−0.455 7	0.007 6	−0.463 3
	雪被	75 235	1.10	−3.470 0	0.010 7	−3.480 7
	黄土	276 874	3.90	−3.470 0	0.039 9	−3.509 9
	坚硬中厚层状碎屑软弱中厚层状泥岩、砂岩	28 844	0.40	2.891 0	−0.072 0	2.963 1
	雪被	1068	0.00	−3.470 0	0.000 2	−3.470 2

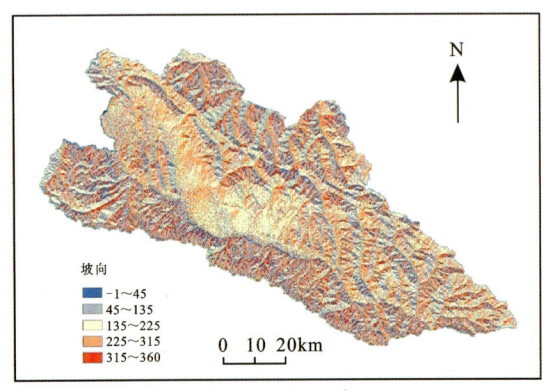

图 6.11 门源县坡向 GIS 分析图

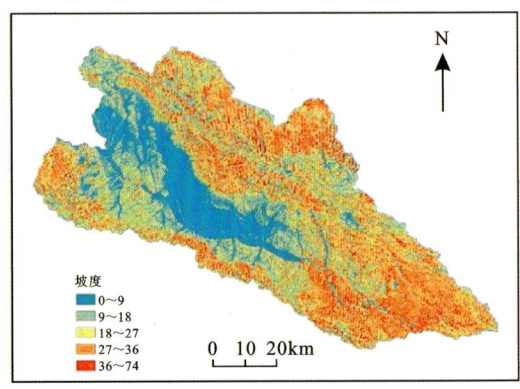

图 6.12 门源县坡度 GIS 分析图

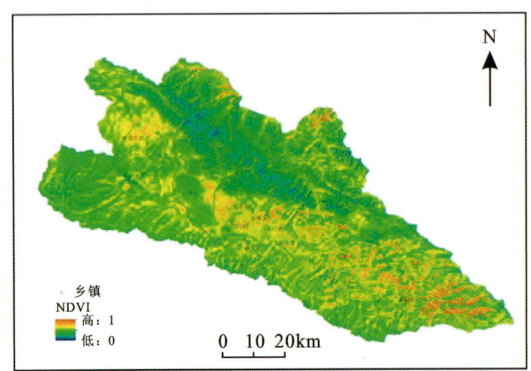

图 6.13 门源县植被指数 GIS 分析图

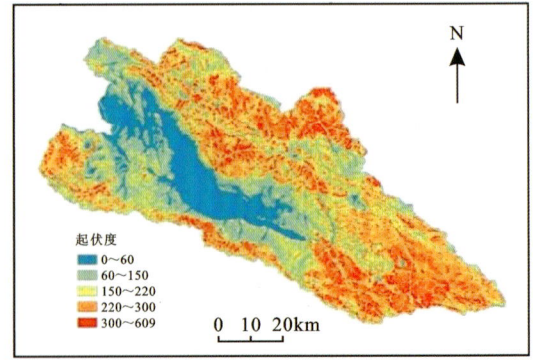

图 6.14 门源县地形起伏度 GIS 分析图

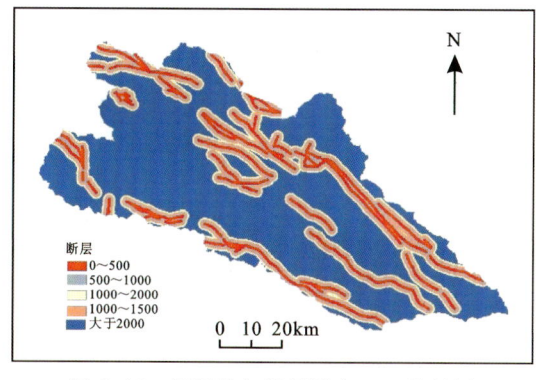

图 6.15　门源县与断层距离 GIS 分析图

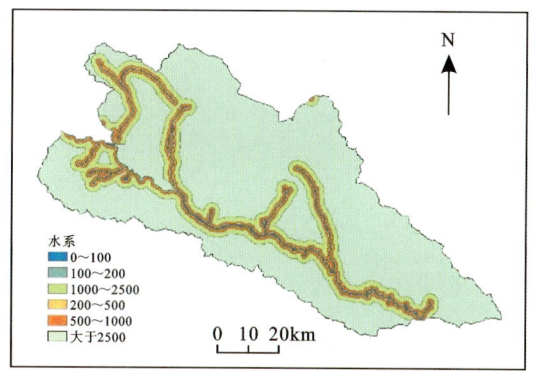

图 6.16　门源县与河流距离 GIS 分析图

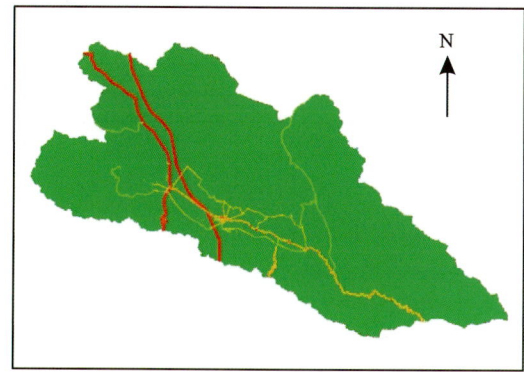

图 6.17　门源县人类工程活动 GIS 分析图

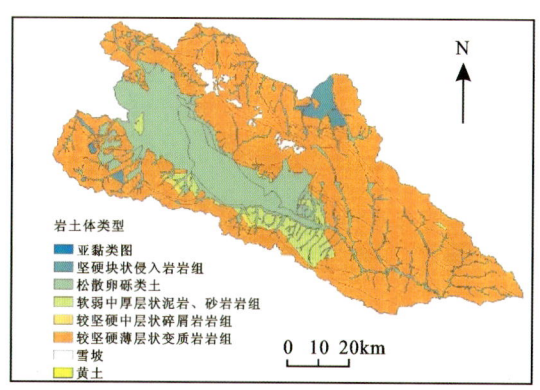

图 6.18　门源县工程地质岩组 GIS 分析图

2）地质灾害易发程度等级分析

由门源县地质灾害易发性定量计算结果,将全区划分为低易发区、中易发区、高易发区和极高易发区 4 个不同等级的区域（图 6.19）。

3）地质灾害易发性分区与评价

在定量计算分级分区的基础上,综合考虑各种因素,以"区内相似、区间相异"为原则,通过对高易发、中易发、为低易发以及不易发区各权重值范围内的所涉及的评价单元进行合并,同时尽量考虑行政区划设置和小流域的相对完整性,将工作区划分为地质灾害极高易发区、高易发区、中易发区、低易发区 4 个区,10 个亚区（图 6.20,表 6.5）。

（1）地质灾害极高易发区（A）。

门源县地质灾害极高易发区主要分布于县境门源县周围,低山丘陵区以及山前冲积平原,包括青石嘴镇、苏吉滩乡、北山乡、麻莲乡、西滩乡、泉口镇、阴田乡、东川乡、仙米乡、珠固乡,该区地质环境条件脆弱,面积 1 024.33km^2,占全区总面积的 16.05%。低山丘陵区相对高差 50～200m,梁与深沟相间,沟谷两岸斜坡坡度多大于 40°,流水侵蚀作用强烈,区内人类工程活动强烈,在降雨条件下易发生崩塌、滑坡、泥石流等地质灾害,本区泥石流较为发育,其次为崩塌。区内共发育地质灾害 219 处,其中滑坡 56 处,崩塌 77 处,泥石流 86 处,地质灾害点密度 0.121 处/km^2,根据区内地质灾害的发育及分布进一步划分为 5 个亚区。

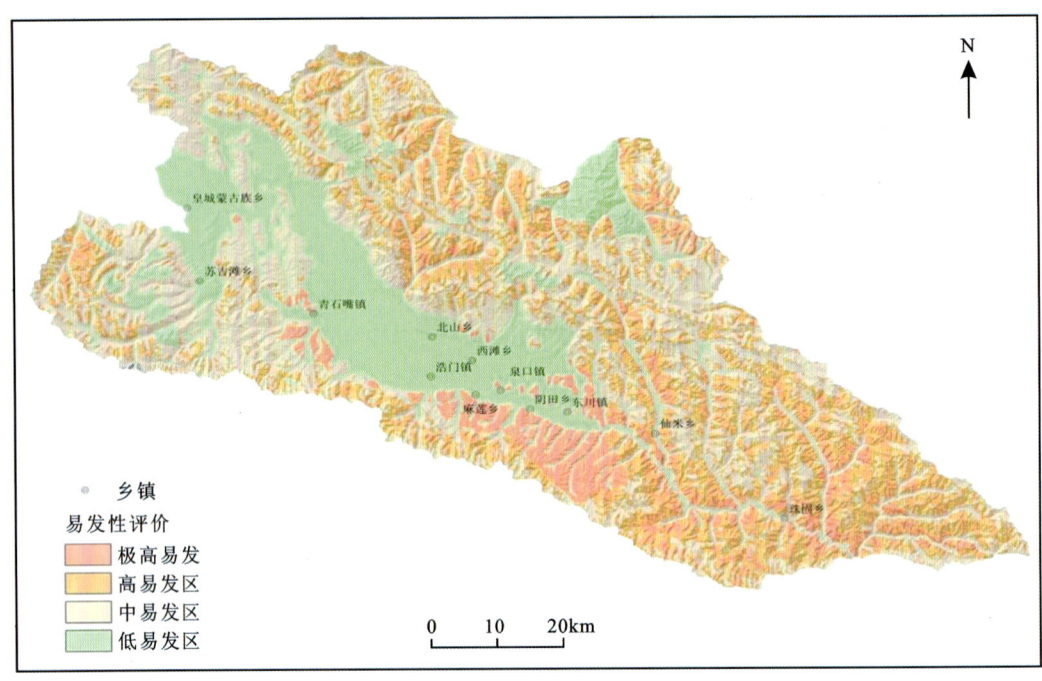

图 6.19 门源县地质灾害易发程度 GIS 评价图

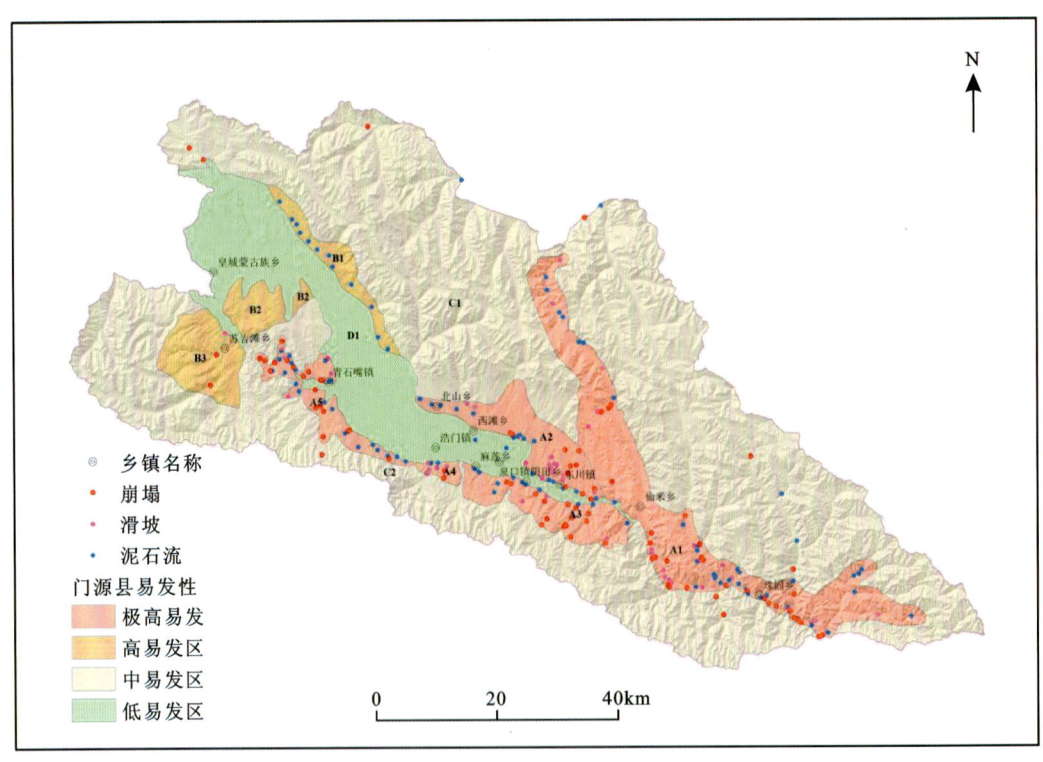

图 6.20 门源县地质灾害易发性评价分区图

表6.5 门源县地质灾害易发程度分区说明表

分区及代号	亚区及代号	面积/km²	占比/%	地质灾害数量/处			
				滑坡	崩塌	泥石流	合计
极高易发区(A)	沙沟—珠固寺沟地质灾害极高易发亚区(A1)	575.07	9.01	24	29	39	92
	东川镇—红沟地质灾害极高易发亚区(A2)	174.53	2.73	15	10	12	37
	吊沟—巴哈沟地质灾害极高易发亚区(A3)	146.31	2.29	4	16	12	32
	白崖沟—头塘沟地质灾害极高易发区(A4)	18.86	0.30	8	2	2	12
	泉沟地质灾害极高易发亚区(A5)	109.56	1.72	5	20	21	46
高易发区(B)	青藏铁路北侧高易发区(B1)	86.385	1.35	0	0	12	12
	皇城蒙古族乡西侧高易发区(B2)	75.240	1.18	0	0	0	0
	苏吉滩乡西侧高易发区(B3)	150.89	2.36	1	2	0	3
中易发(C)	祁连山—冷龙岭中易发区(C1)	2 968.3	46.51	5	0	4	9
	依达坂山区中易发区(C2)	1 300.2	20.37	3	0	0	3
低易发区(D)	大通河河谷低易发区(D)	776.58	12.17	2	1	8	11
合计		6 381.925	100	67	80	110	257

a. 沙沟—珠固寺沟地质灾害极高易发亚区(A1)。

沙沟—珠固寺沟地质灾害极高易发亚区分布在沙沟—珠固乡大通河两岸地带,面积为575.01km²,占全区总面积的9.01%,灾害点共92处,其中滑坡24处,崩塌29处,泥石流39处。

b. 东川镇—红沟地质灾害极高易发亚区(A2)。

东川镇—红沟地质灾害极高易发亚区分布在东川镇—红沟低山丘陵地带,面积为174.53km²,占全区总面积的2.73%,灾害点共37处,其中滑坡15处,崩塌10处,泥石流12处。

c. 吊沟—巴哈沟地质灾害极高易发亚区(A3)。

吊沟—巴哈沟地质灾害极高易发亚区分布在吊沟—巴哈沟低山丘陵地带,面积为146.31km²,占全区总面积的2.29%,灾害点共32处,其中滑坡4处,崩塌16处,泥石流12处。

d. 白崖沟—头塘沟地质灾害极高易发区(A4)。

白崖沟—头塘沟地质灾害极高易发区分布在白崖沟—头塘沟低山丘陵地带,面积为18.86km²,占全区总面积的0.3%,灾害点共12处,其中滑坡8处,崩塌2处,泥石流2处。

e. 泉沟地质灾害极高易发亚区(A5)。

头塘沟地质灾害极高易发亚区分布在头塘沟低山丘陵地带,面积为109.56km²,占全区总面积的1.72%,灾害点共46个,其中滑坡5处,崩塌20处,泥石流21处。

(2)地质灾害高易发区(B)。门源县地质灾害高易发区主要分布于县境周围中高山区及小部分低山丘陵区青藏铁路北侧高易发区(B1)、皇城蒙古族乡西侧高易发区(B2)、苏吉滩乡西侧高易发区(B3),该区涉及了皇城乡、苏吉滩乡、浩门农场、北山乡、泉口镇、仙米乡、珠固乡等多个乡镇,面积为312.55km²,占全区总面积的4.897%,区内发育地质灾害15处,其中滑坡1处,崩塌2处,泥石流12处。地质灾害点密度为0.048处/km²。

(3)地质灾害中易发区(C)。门源县地质灾害中易发区主要分布于门源县北部的侵蚀构造中高山,包括皇城蒙古族乡、苏吉滩乡、青石嘴镇和珠固乡,以及麻莲乡、阴田乡、东川镇和仙米乡这4个乡镇的南部地区,面积4 268.56km²,占全区总面积的66.884%。区内山体陡峭,相对高差为400~800m,岩性主要有奥陶系的中性火山岩、凝灰岩,以及二叠系和三叠系的砂岩、灰岩;沟谷区有少量第四系的冰水沉积物和冲洪积物。区内共发育地质灾害18处,地质灾害点密度为0.002 8处/km²。其中泥石流4处,崩塌8处。

(4)地质灾害低易发区(D)。门源县地质灾害低易发区主要分布于县境中部门源县,面积776.58km²,占全区总面积的12.17%,包括浩门农场、浩门镇、西滩乡、麻莲乡、泉口镇、阴田乡部分地区,区内大通河谷地势较平坦开阔,植被覆盖率低,是门源县人类工程活动比较集中的地区,无崩塌、滑坡发育,但局部地段为泥石流的承灾区,区内未曾发生过重大地质灾害。区内发育各类地质灾害点11处,其中滑坡2处,崩塌1处,泥石流8处,地质灾害点密度0.014处/km²。

五、海晏县地质灾害易发性评价结果

1)数据处理

本次评价利用的数据主要有:海晏县1:5万地质灾害详细调查数据,海晏县汛期地质灾害隐患核查、排查数据,1:20万区域地质图,1:5万地形图,DEM(12.5m×12.5m)空间分辨率数据。评价数据及处理方法见表6.1。

门源县各证据因子等级权重计算结果见表6.6,各证据因子GIS分析结果见图6.21~图6.28。

表6.6 门源县证据因子等级权重一览表

评价因子	分级区间	分级区间栅格数	W^+	W^-	C
高程/m	[2859,3233]	10 687 291	0.284 477 035	−0.256 452 961	0.540 929 996
	(3233,3432]	6 272 620	−0.156 714 654	0.044 572 413	−0.201 287 067
	(3432,3665]	3 906 228	0.038 195 141	−0.006 834 742	0.045 029 883
	(3665,3929]	3 327 532	−0.243 298 056	0.030 889 868	−0.274 187 923
	(3929,4529]	2 040 416	−0.243 298 056	0.080 969 108	−0.324 267 163

续表 6.6

评价因子	分级区间	分级区间栅格数	W^+	W^-	C
坡度/(°)	[0,4)	9 669 796	−1.064 954 954	0.323 911 003	−1.388 865 957
	[4,10)	7 648 410	−0.014 691 601	0.005 983 78	−0.020 675 381
	[10,18)	4 410 895	0.368 677 658	−0.094 430 389	0.463 108 046
	[18,27)	3 034 874	0.850 222 201	−0.192 755 078	1.042 977 279
	[27,76)	1 470 112	0.248 175 277	−0.016 863 548	0.265 038 825
坡向/(°)	[0,55]	7 287 870	−0.659 555 552	0.170 384 682	−0.829 940 234
	(55,139]	4 304 173	0.597 967 24	−0.175 103 098	0.773 070 339
	(139,209]	5 363 904	0.359 165 391	−0.117 729 428	0.476 894 819
	(209,281]	4 905 287	−0.302 877 017	0.058 360 714	−0.361 237 731
	(281,359)	4 372 853	−0.271 360 516	0.046 442 994	−0.317 803 51
地形起伏度/m	[0,3]	12 231 310	−0.720 515 754	0.369 772 752	−1.090 288 506
	(3,9]	8 471 597	0.092 079 484	−0.046 997 024	0.139 076 508
	(9,15]	3 549 700	0.754 303 16	−0.193 514 565	0.947 817 725
	(15,22]	1 622 624	0.476 246 144	−0.040 988 908	0.517 235 052
	(22,120]	394 354	0.792 188 865	−0.018 585 557	0.810 774 422
距河流距离/m	[0,3716]	14 241 313	0.628 875 308	−0.372 657 325	1.001 532 632
	(3716,10 400]	3 571 648	0.062 779 945	−0.012 016 888	0.074 796 833
	(10 400,15 467]	6 448 700	−0.646 808 787	0.142 008 936	−0.788 817 724
	(15 467,20 958]	2 346 476	−0.652 559 836	0.220 248 573	−0.872 808 408
	≥20 958	414 852	−1.385 006 784	0.128 381 922	−1.513 388 706
距断层距离/m	[0,3974]	6 687 829	−0.999 012 71	0.505 515 262	−1.504 527 972
	(3974,9935]	1 655 712	−0.133 575 786	0.017 911 998	−0.151 487 784
	(9935,18 214]	4 766 988	−0.358 152 624	0.158 704 533	−0.516 857 157
	(18 214,27 818]	5 567 778	0.052 378 64	−0.040 503 276	0.092 881 916
	(27 818,42 225)	4 005 084	0.628 875 308	0.364 546 417	0.628 875 308

续表 6.6

评价因子	分级区间	分级区间栅格数	W^+	W^-	C
到道路距离/m	[0,2108]	3 680 911	1.315 641 059	−0.891 754 309	2.207 395 367
	(2108,5270]	5 130 974	−0.090 438 456	0.028 111 594	−0.118 550 051
	(5270,9582]	5 932 126	−1.058 730 882	0.233 076 021	−1.291 806 902
	(9582,15 331]	5 948 725	−3.951 899 752	0.333 409 016	−4.285 308 768
	(15 331,24 434]	1 990 655	−2.857 186 237	0.095 608 612	−2.952 794 849
工程地质岩组	单一结构砾类土	4275	−0.595 441 756	0.076 383 371	−0.671 825 127
	双层卵砾类土	8323	−0.503 657 483	0.151 544 232	−0.655 201 715
	坚硬、较坚硬层状变质岩岩组	12 980	−0.522 030 028	0.293 627 371	−0.815 657 399
	坚硬块状侵入岩岩组	2479	0.747 830 727	−0.111 021 805	0.858 852 532
	混杂堆积类土	419	0.978 419 282	−0.024 797 268	1.003 216 549
	砂类土	3182	−0.595 441 756	0.119 098 297	0.333 409 016
	软土	784	−0.595 441 756	0.0280 539 37	0.858 852 532
	软硬相间层状碎屑岩岩组	4090	0.554 958 142	−0.131 838 479	0.686 796 621

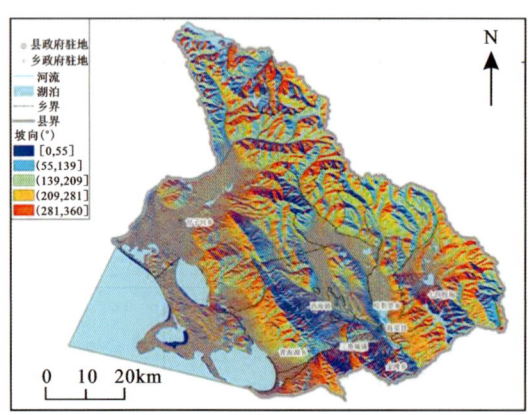

图 6.21 海晏县坡向 GIS 分析图

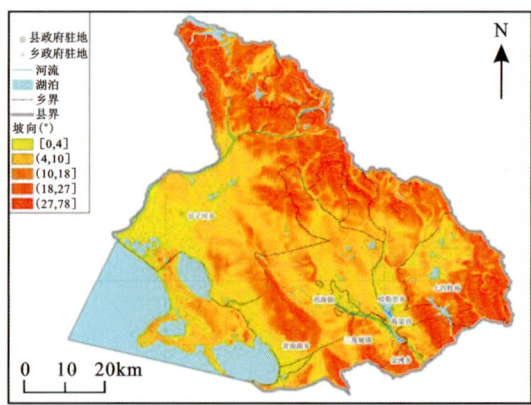

图 6.22 海晏县坡度 GIS 分析图

第六章 地质灾害问题风险评价

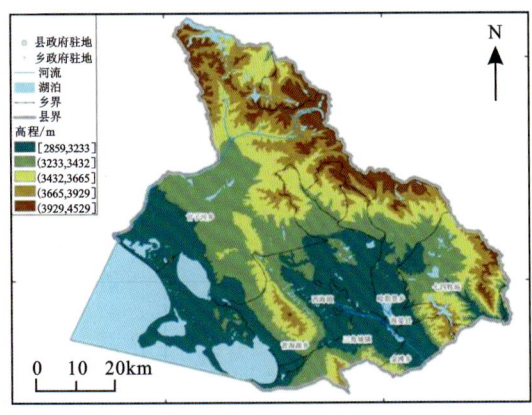

图 6.23 海晏县高程 GIS 分析图

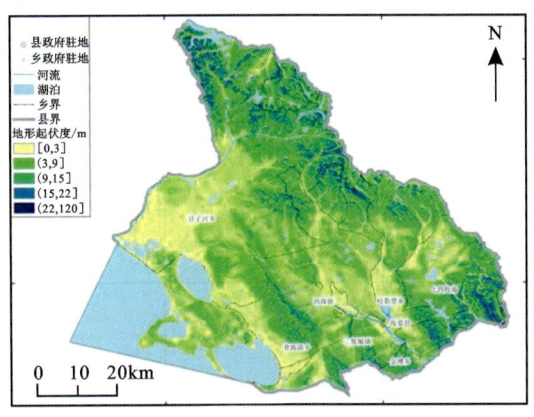

图 6.24 海晏县地形起伏度 GIS 分析图

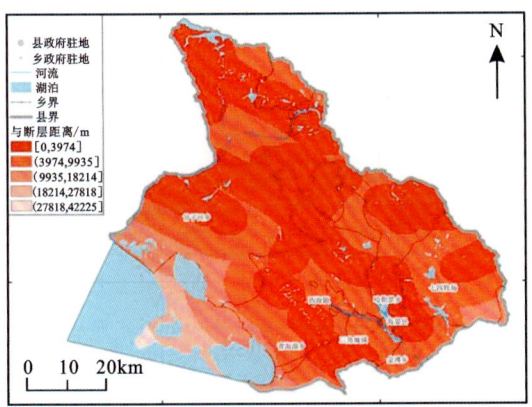

图 6.25 海晏县与断层距离 GIS 分析图

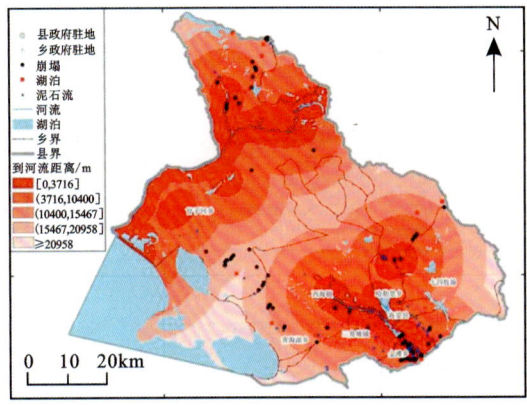

图 6.26 海晏县与河流距离 GIS 分析图

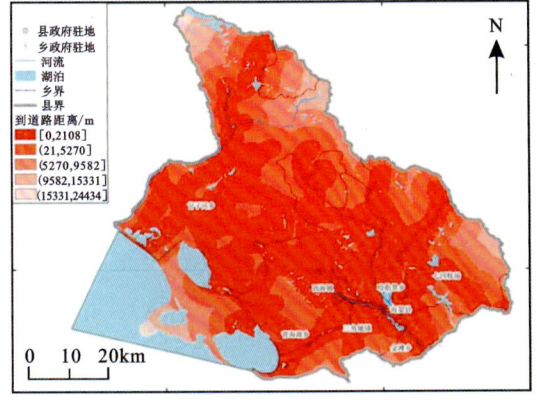

图 6.27 海晏县人类工程活动 GIS 分析图

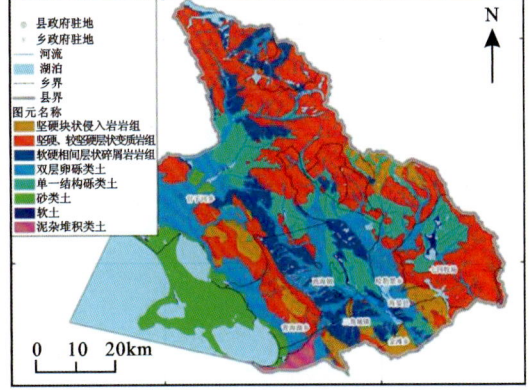

图 6.28 海晏县工程地质岩组 GIS 分析图

2) 地质灾害易发程度等级划分

由海晏县地质灾害易发性半定量计算成果,将全区划分为中易发区、低易发区和非易发区 3 个不同等级的区(图 6.29),共 5 个亚区(图 6.30,表 6.7)。

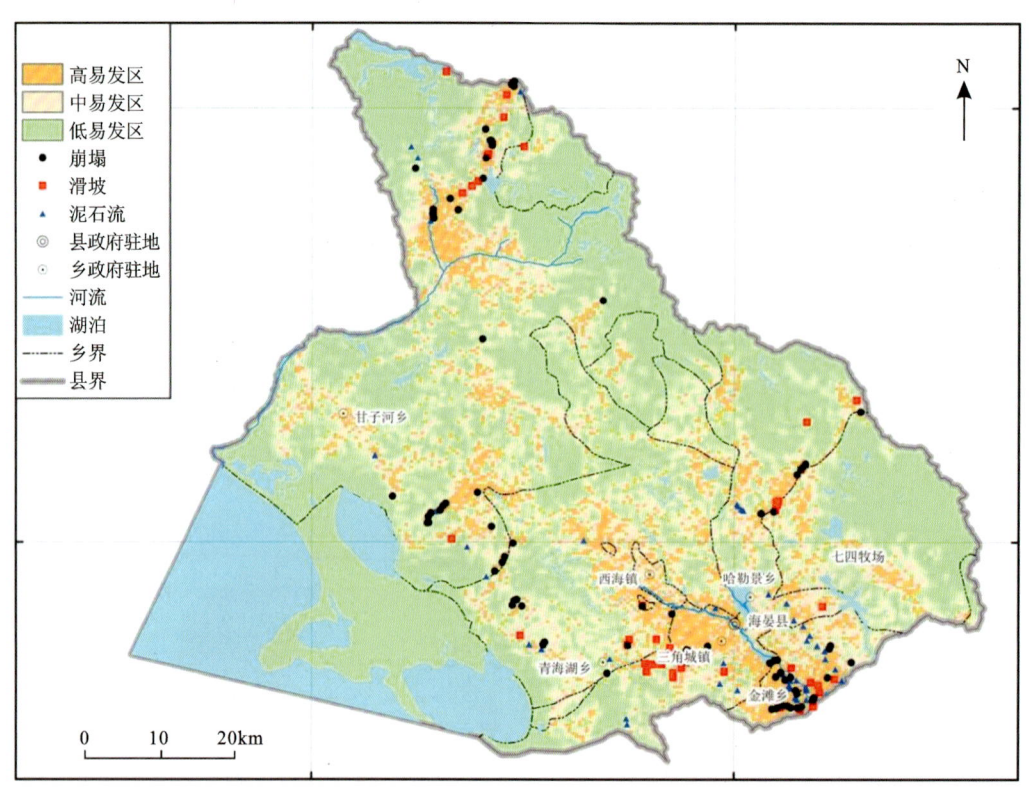

图 6.29　海晏县地质灾害易发程度 GIS 评价图

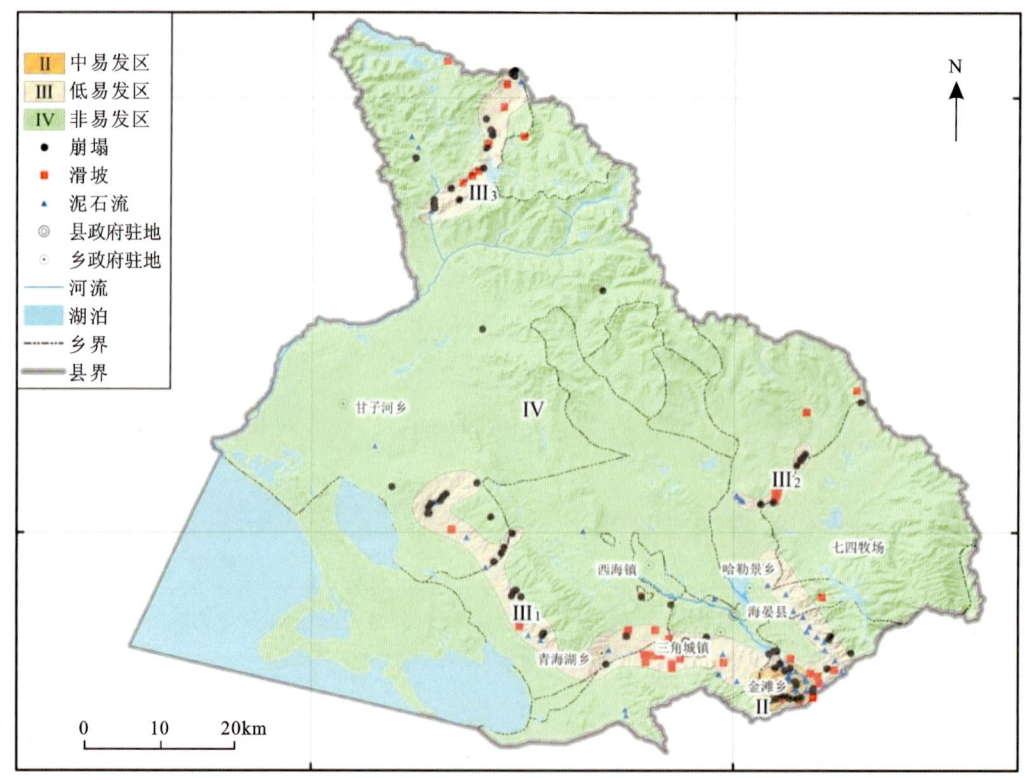

图 6.30　海晏县地质灾害易发性评价分区图

表 6.7　一般调查区地质灾害易发程度分区说明表

分区及代号	亚区及代号	面积/km²	占比/%	地质灾害数量/处					灾害点密度/(处·km⁻²)
				崩塌(潜在崩塌)	滑坡(潜在滑坡)	泥石流	合计	总计	
中易发区	岳家村—金滩乡—海东村—巴燕峡村西南侧Ⅱ	33.75	0.865	17	3	16	36	36	1.07
低易发区	黄草村—海晏站—道阳村—姜柳盛村—新泉村—永丰村—大菊红巴音托华—温都村—温都村至湟嘉公路道路沿线Ⅲ₁	262.74	6.74	34	22	23	79	125	0.30
	哈勒景村—乌兰哈达村Ⅲ₂	72.58	1.86	6	6	4	16		0.22
	甘子河乡擦那曲与茶默公路并行段沿途Ⅲ₃	19.6	0.5	17	11	2	30		1.53
非易发区	海晏县中部—东北部Ⅳ	3 511.45	90.03	7	6	7	20	20	0.005 7
	合计	3 900.12	100	81	48	52	181	181	0.046

(1)地质灾害中易发区(Ⅱ)。地质灾害中易发区主要分布于县境内巴燕峡湟水左岸丘陵区、右岸中高山区前缘,相对高差 100~500m,包括金滩乡、三角城镇部分地区。中易发区总面积 33.75km²,占海晏县总面积的 0.865%(不包括青海湖水域面积)。

该区地貌单元属丘陵区和中高山区,丘陵区地形破碎,梁与深沟相间,植被覆盖低,水土流失严重,冲沟发育强烈,冲沟多呈"V"形谷,两岸谷坡多大于 40°,流水侵蚀强烈,地层岩性主要由古近系泥岩、砂岩构成。区内人类工程活动强烈,表现为削坡修路、建房。中高山区山大沟深,沟谷狭窄,地形陡峭,地层岩性主要由加里东期侵入岩构成,裸露坡体岩体风化强烈,节理裂隙发育,坡体均发育不利的结构面,坡体中下部多覆盖有残坡积层,结构松散,植被覆盖率 30%~50%,以草本植物为主。区内人类工程主要为削坡建房、筑路。受地形地貌、岩土体类型、降雨、植被、人类工程活动等因素的控制与影响,该区地质灾害发育,在降雨条件下易发生崩塌、滑坡、泥石流等地质灾害。

该区内发育地质灾害以崩塌(潜在崩塌)和泥石流为主,其次为滑坡(潜在滑坡)。区内共发育有地质灾害点 36 处,其中崩塌(潜在崩塌)17 处,滑坡(潜在滑坡)3 处,泥石流 16 处,地质灾害点密度 1.07 处/km²。

(2)地质灾害低易发区(Ⅲ)。地质灾害低易发区主要分布于县境西北部茶默公路沿线、东北部城西公路沿线及哈勒景乡东北部地区、县境南部地区,相对高差 100~1200m。包括三角城镇、甘子河乡、青海湖乡、哈勒景乡、金滩乡部分地区,低易发区总面积 354.92 km²,占海晏县总面积的 9.1%(不包括青海湖水域面积)。

　　该区地貌单元主要以中高山为主,其次为丘陵区、高山区、低山区。中高山区山大沟深、沟谷狭窄,地形陡峭,坡体岩性主要由下元古界片麻岩、花岗片麻岩构成,裸露坡体岩体风化强烈,节理裂隙发育,坡体均发育不利的结构面,坡体中下部多覆盖有残坡积层,结构松散,植被覆盖率 30%～50%,以草本植物为主,区内人类工程主要为削坡建房、筑路。丘陵区地形破碎,梁与深沟相间,植被覆盖低,水土流失严重,冲沟发育强烈,冲沟多呈"V"形谷,两岸谷坡多大于 40°,流水侵蚀强烈,地层岩性主要由古近系泥岩、砂岩构成。区内人类工程活动较强烈,表现为削坡修路、建房及矿山开采。高山区地形陡峭,山体坡度在 40°以上,山体表部沟谷发育,沟谷大多呈"U"形冰槽谷,山体顶部寒冻风化强烈,地层岩性主要由上元古界板状千枚岩、二叠系石英砂岩、三叠系长石砂岩构成,西北部高山区植被覆盖良好,受构造及风化作用影响,岩体节理裂隙发育,坡体发育有不利的结构面。东南部高山区植被覆盖率低,高山区人烟稀少,人类工程活动主要为削坡筑路。低山区山体坡度 20°～30°,山体表部较完整,冲沟弱发育,沟谷多呈拓宽"U"形,局部山坡较陡地段,沟道侵蚀下切严重,沟谷呈"V"形,人类工程活动主要为削坡筑路。受地形地貌、岩土体类型、降雨、植被、人类工程活动等因素的控制与影响,该区内地质灾害较发育,在降雨条件下易发生崩塌、滑坡、泥石流等地质灾害。

　　该区内发育地质灾害以崩塌(潜在崩塌)和泥石流为主,其次为滑坡(潜在滑坡)。区内共发育有地质灾害点 125 处,其中崩塌(潜在崩塌)57 处,滑坡(潜在滑坡)39 处,泥石流 29 处,地质灾害点密度 0.352 2 处/km²。

　　(3)地质灾害非易发区(Ⅳ)。地质灾害非易发区主要分布于县境北部高山区、青海湖东北部中高山区、麻学寺西部低山丘陵区及海晏盆地、青海湖盆地、茶拉盆地等广大地区,包括西海镇、三角城镇、甘子河乡、青海湖乡、哈勒景乡、金滩乡部分地区及后备用地、七四牧场等,非易发区总面积 3 511.45 km²,占海晏县总面积的 90.03%(不包括青海湖水域面积)。

　　该区地貌单元主要以平原为主,其次为高山区、中高山区、低山区、丘陵区。海晏盆地、青海湖盆地、茶拉盆地等平原地区,地层岩性主要由不同时期的冲积、洪积、风积、湖积物及冰川冰水堆积物等构成,地势平坦开阔,地表植被发育,是人类生产生活的主要场所,地质灾害不发育。县境北部高山区山体相对高差大于 1000 m,坡度大于 40°,表层地面沟谷发育,山体顶部寒冻风化强烈,为牧民夏季放牧场所,地层岩性主要由元古界片麻岩、千枚岩、二叠系石英砂岩、三叠系长石砂岩及不同时期侵入岩构成。该区人烟稀少,人类工程活动主要为修建简易牧道。青海湖东北部中高山区山大沟深、沟谷狭窄,地形陡峭,植被覆盖率 30%～50%,坡体岩性主要由元古界片麻岩、千枚岩及不同时期侵入岩构成。该区人烟稀少,为牧民夏季放牧场所,人类工程活动主要为修建简易牧道。麻学寺西部低山区山体坡度 20°～30°,山体表部较完整,冲沟弱发育,沟谷多呈拓宽"U"形,地层岩性主要由上元古界板状千枚岩、震旦系火山碎屑岩构成。该区人烟稀少,为牧民放牧场所,人类工程活动主要为修建乡村硬化路及简易牧道。丘陵区山坡坡度 20°～30°,由于流水的面状侵蚀和浅刻切的侧向侵蚀,山顶呈浑圆状,多为残梁或孤丘,地层岩性主要由古近系泥岩、砂岩构成,植被覆盖良好,为牧民放牧场所,人类工程活动主要为修建简易牧道。

该区内发育地质灾害点 20 处,其中崩塌(潜在崩塌)7 处,滑坡(潜在滑坡)6 处,泥石流 7 处,地质灾害点密度 0.005 7 处/km^2。

六、祁连县地质灾害易发性评价结果

1)数据处理

本次评价利用的数据主要有:祁连县 1∶5 万地质灾害详细调查数据,祁连县汛期地质灾害隐患核查、排查数据,1∶20 万区域地质图,1∶5 万地形图,DEM(12.5m×12.5m)空间分辨率数据。评价数据及处理方法见表 6.1。

祁连县各证据因子等级权重计算结果见表 6.8,各证据因子 GIS 分析结果见图 6.31~图 6.38。

表 6.8　祁连县证据因子等级权重一览表

评价因子	因子等级	栅格数	面积比/%	W^+	W^-	C
坡向/(°)	0~67	22 380 028	26.79	−0.074 91	0.026 067	−0.100 98
	67~143	18 746 725	22.44	−0.440 09	0.098 038	−0.538 12
	143~213	19 478 912	23.32	0.173 927	−0.059 5	0.233 424
	213~285	9 892 969	11.84	0.024 756	−0.003 37	0.028 128
	285~359	13 043 354	15.61	0.287 299	−0.063 55	0.350 853
坡度/(°)	0~8	41 123 382	49.22	0.077 27	−0.081 08	0.158 35
	8~17	21 019 993	25.16	0.097 785	−0.035 15	0.132 932
	17~26	834 619	1.00	−0.547 16	0.004 244	−0.551 41
	26~35	14 811 266	17.73	−0.287 84	0.052 497	−0.340 33
	35~79	5 752 728	6.89	−0.280 39	0.017 921	−0.298 31
高程/m	2222~3359	16 609 734	19.88	1.537 25	−2.366 68	3.903 926
	3359~3741	23 192 419	27.76	−1.473 87	0.259 501	−1.733 37
	3741~4109	28 699 974	34.35	−3.391 69	0.409 266	−3.800 96
	410~5233	15 039 861	18.00	0	0.198 485	−0.198 49
距断层距离/m	0~2 377.18	12 915 577	57.93	−0.153 01	0.178 448	−0.331 45
	2377~5983	5 244 544	23.52	0.712 742	−0.385 3	1.098 044
	5983~10 902	3 027 091	13.58	0	0.145 921	−0.145 92
	10 902~20 902	1 108 021	4.97	0	0.050 976	−0.050 98

续表 6.8

评价因子	因子等级	栅格数	面积比/%	W^+	W^-	C
距河流距离/m	0~2570	4 960 968	31.13	1.044 051	−1.784 57	2.828 618
	2570~5428	4 411 660	27.69	−1.384 16	0.252 272	−1.636 43
	5428~8877	4 036 095	25.33	−2.170 66	0.262 758	−2.433 41
	8877~174 004	1 945 887	12.21	0	0.130 245	−0.130 24
	>174 004	579 870	3.64	0	0.037 07	−0.037 07
距公路距离/m	1600 以上	13 879 698	86.62	−1.372 13	1.763 795	−3.135 92
	1200~1600	555 367	3.47	2.741 603	−0.735 99	3.477 598
	800~1200	536 725	3.35	1.501 125	−0.128 79	1.629 913
	400~800	528 014	3.30	0.898 426	−0.050 88	0.949 305
	0~400	522 993	3.26	−1.037 95	0.021 557	−1.059 51
工程地质岩组	285~372	1 494 809	6.71	−1.758 69	0.057 838	−1.816 53
	372~421	13 221 600	59.36	−0.554 15	0.483 245	−1.037 4
	421~474	1 163 474	5.22	0.437 818	−0.030 74	0.468 56
	474~548	5 454 786	24.49	0.544 139	−0.267 24	0.811 376
	548~691	345 046	1.55	2.010 027	−0.107 24	2.117 27
	691~844	595 145	2.67	−0.432 27	0.009 589	−0.44 186

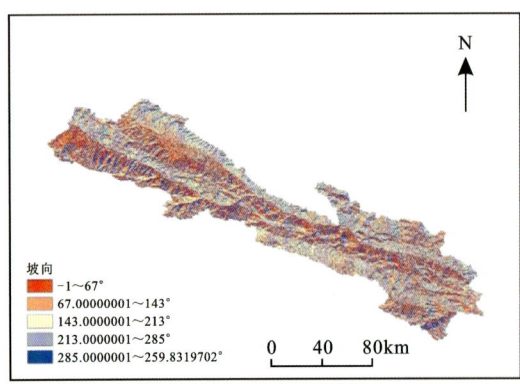

图 6.31　祁连县坡向 GIS 分析图

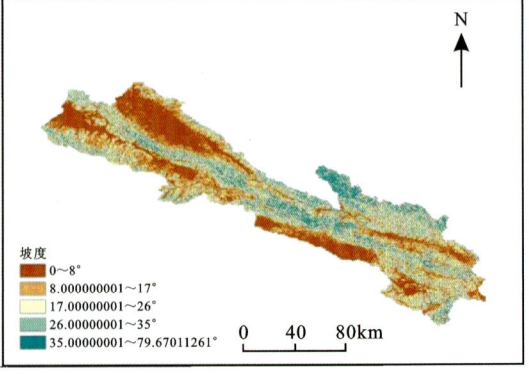

图 6.32　祁连县坡度 GIS 分析图

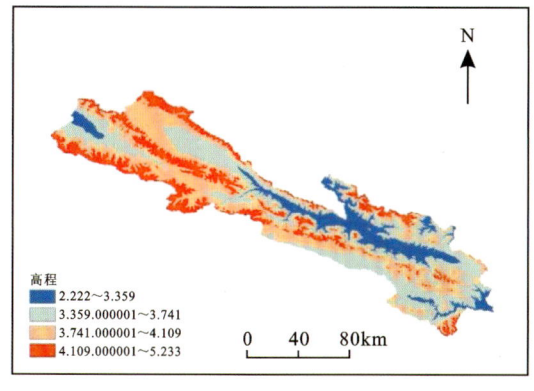

图 6.33 祁连县高程 GIS 分析图

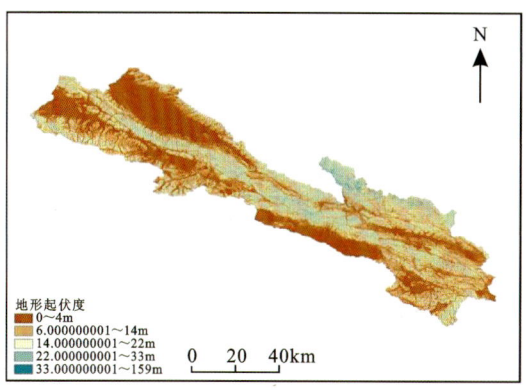

图 6.34 祁连县地形起伏度 GIS 分析图

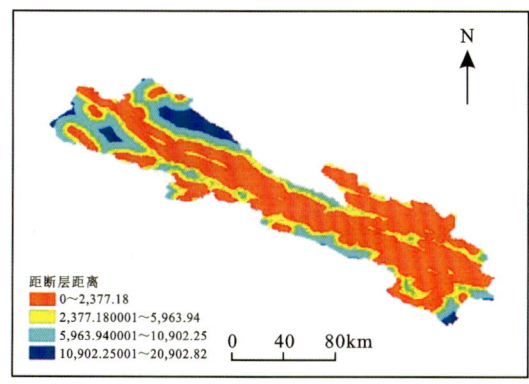

图 6.35 祁连县与断层距离 GIS 分析图

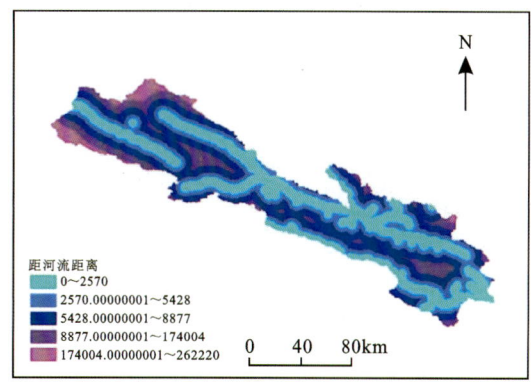

图 6.36 祁连县与河流距离 GIS 分析图

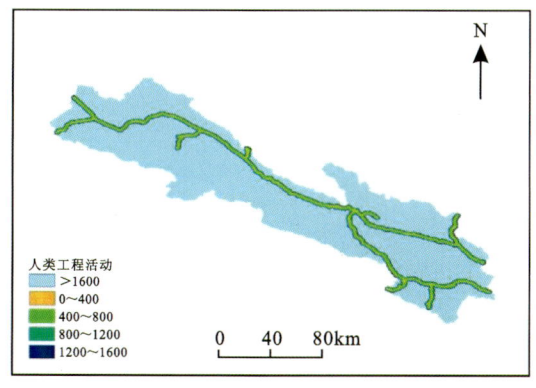

图 6.37 祁连县人类工程活动 GIS 分析图

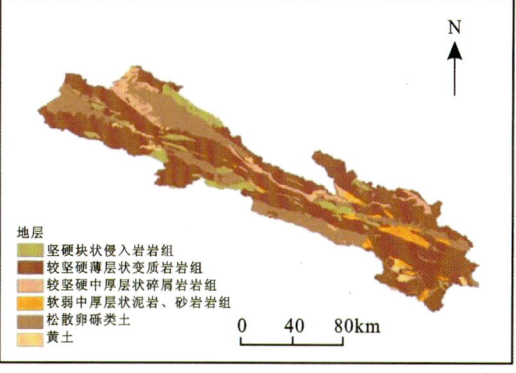

图 6.38 祁连县工程地质岩组 GIS 分析图

2)地质灾害易发程度等级划分

由祁连县地质灾害易发性半定量计算成果,将全区划分为低易发区、中易发区和高易发区、极高易发区 4 个不同等级的区(图 6.39),共 9 个亚区(图 6.40,表 6.9)。

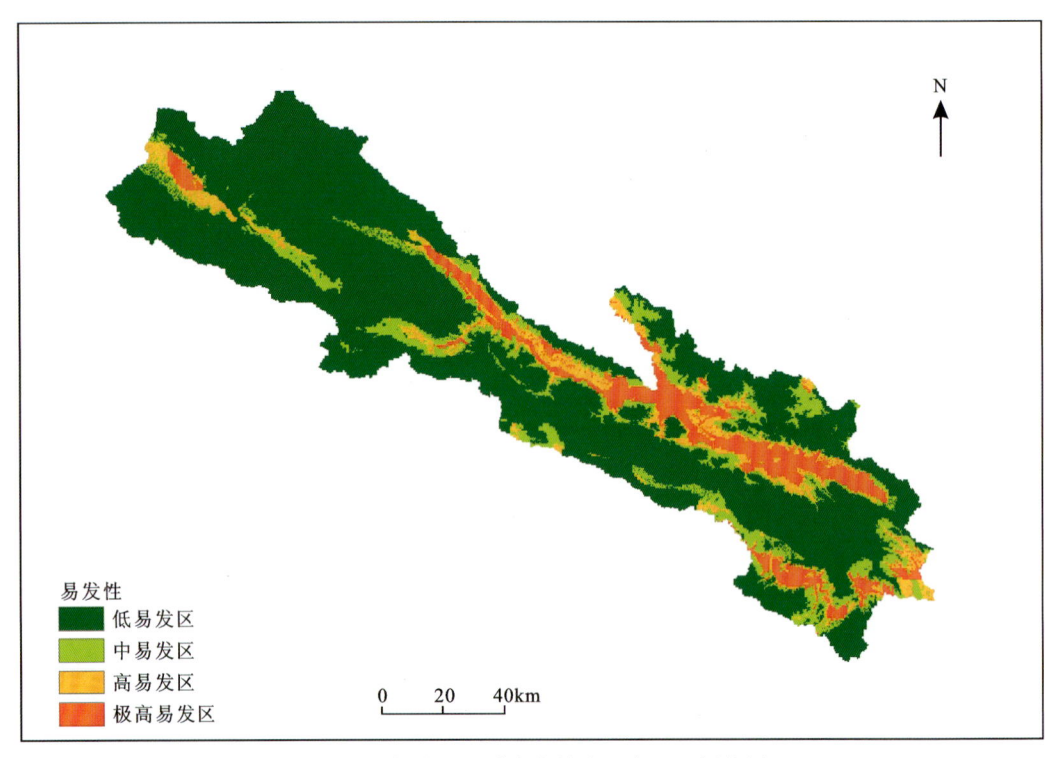

图 6.39　祁连县地质灾害易发程度 GIS 评价图

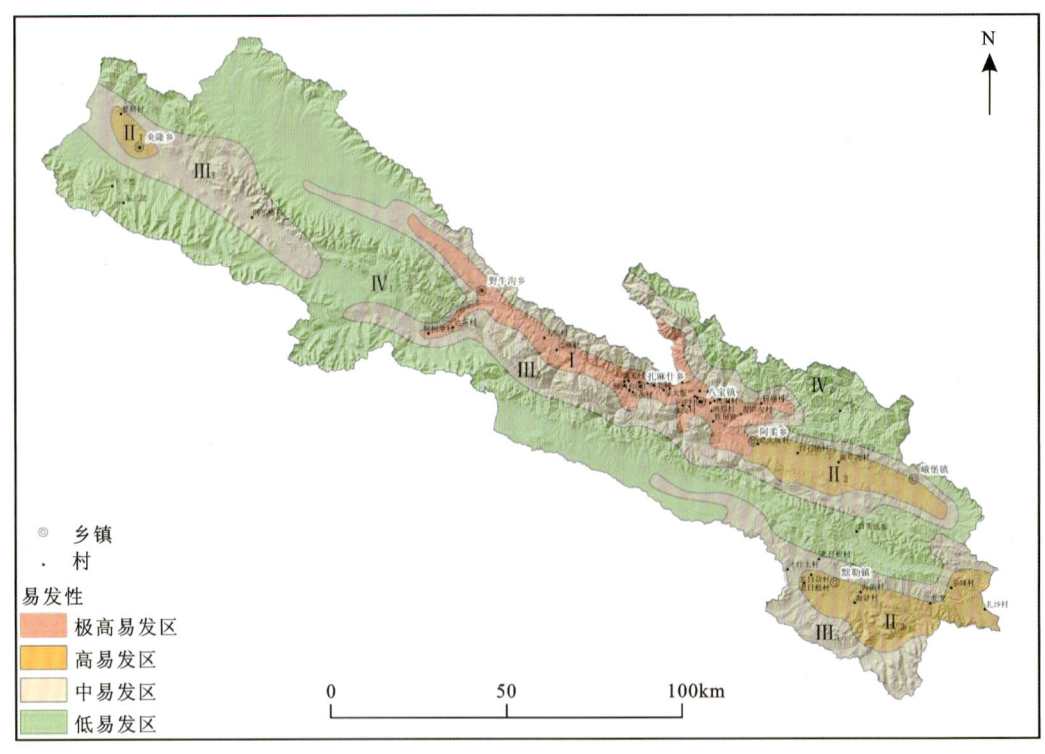

图 6.40　祁连县地质灾害易发性评价分区图

表 6.9 祁连县地质灾害易发程度分区说明表

分区及代号	亚区及代号	面积/km²	占比/%	地质灾害数量/处 滑坡(潜在滑坡)	崩塌(潜在崩塌)	泥石流	合计	总计	灾害点密度/(处·km⁻²)
极高易发区Ⅰ	野牛沟乡—扎麻什乡—八宝镇—阿柔乡一带Ⅰ	1 028.21	7.38	41	54	43	138	138	0.134 2
高易发区Ⅱ	讨赖河右岸央隆乡一带亚区Ⅱ₁	108.08	0.78	0	1	0	1	10	0.009 3
	八宝河北岸阿柔乡—峨堡镇一带亚区Ⅱ₂	517.98	3.72	0	2	5	7		0.013 5
	默勒镇南部一带亚区Ⅱ₃	683.48	4.91	0	2	0	2		0.002 9
中易发区Ⅲ	讨赖河两岸央隆乡阿尔格村—阴凹槽一带亚区Ⅲ₁	1 017.17	7.31	0	1	0	1	22	0.001 0
	黑河、八宝河两岸野牛沟—扎麻什—八宝镇—阿柔—峨堡低山丘陵、中高山一带亚区Ⅲ₂	2 142.03	15.38	8	8	2	18		0.008 4
	默勒镇南北部托勒山—大通山一带亚区Ⅲ₃	985.24	7.08	1	2	0	3		0.003 0
低易发区Ⅳ	祁连县黑河、八宝河、陶莱河及大通河河谷平原地带亚区Ⅳ₁	6 541.30	46.98	0	0	0	0	3	0
	八宝镇、阿柔乡、峨堡镇北部走廊南山的山体及山前一带亚区Ⅳ₂	899.83	6.46	0	3	0	3		0.003 3
合计		13 923.32	100.0	50	73	50	173	173	0.012 4

七、海北州地质灾害易发性评价结果

在各县地质灾害易发性评价的基础上,综合考虑全州孕灾地质环境条件、地质灾害发育特征、人类工程活动强度等因素,以"区内相似、区间相异"为原则,在全州划分尺度上,局部进行人工调整(包括删除、合并等),将全州地质灾害易发性划分为高易发区、中易发区、低易发区、非易发区 4 个区,共 21 个亚区(图 6.41,表 6.10)。

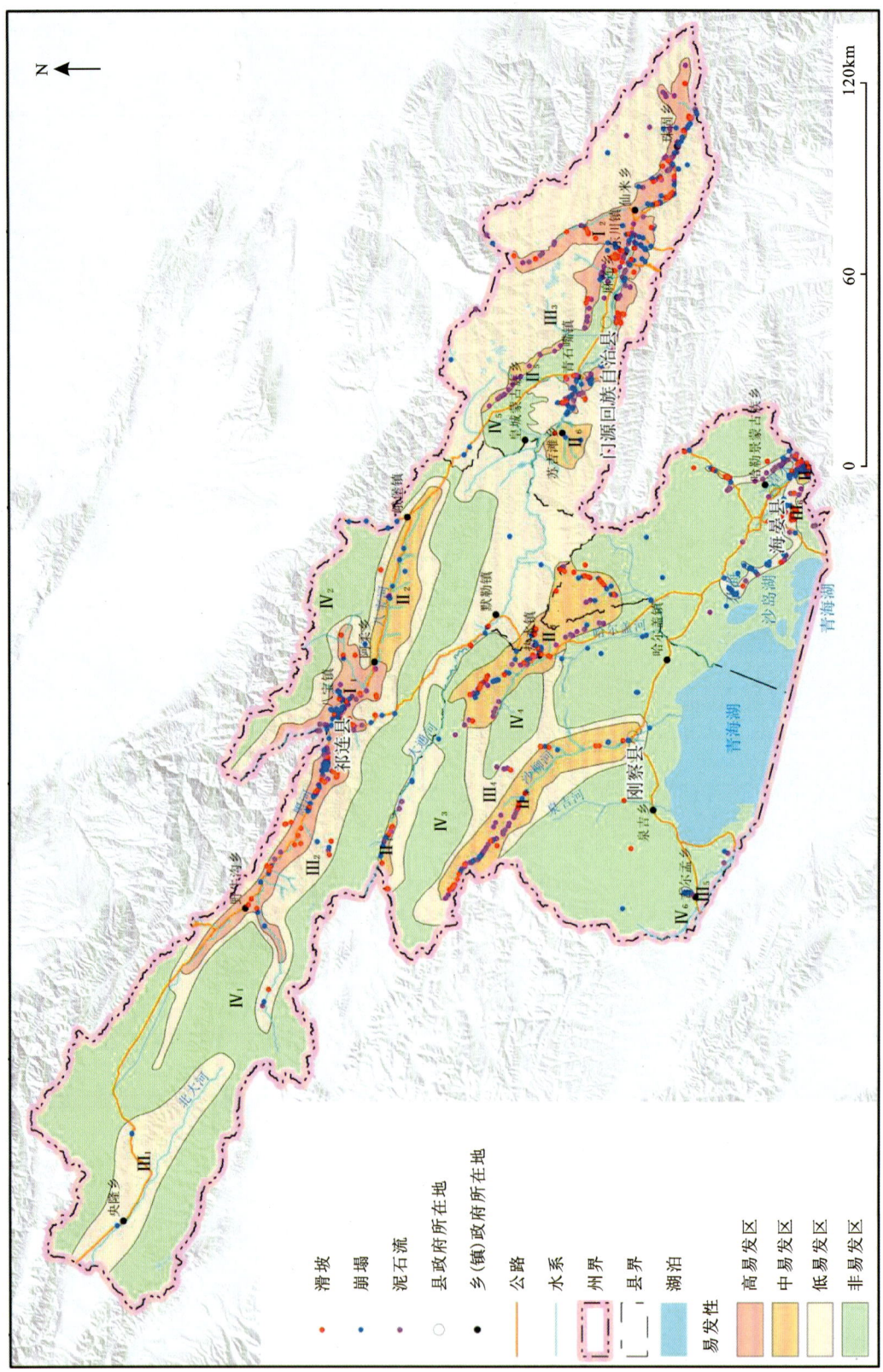

图6.41 海北州地质灾害易发性评价图

第六章 地质灾害问题风险评价

表 6.10 海北州地质灾害易发性分区统计表

序号	易发等级	位置及编号	面积/km²	占比/%	地质灾害数量/处 滑坡	崩塌	泥石流	合计	总计	灾害点密度/(处·100km⁻²)
1	高易发区Ⅰ	祁连县野牛沟乡—扎麻什乡—八宝镇—阿柔乡低山丘陵区与河谷平原区—带亚区（Ⅰ₁）	1 028.21	2.99	41	54	43	138	357	13.42
2		门源县青石嘴镇—苏吉滩乡—北山乡—西滩乡—泉口镇—东川—仙米低山丘陵区以及山前冲积平原—带亚区（Ⅰ₂）	1 032.25	3.00	56	77	86	219		21.22
3		刚察县泉吉乡—伊克乌兰乡北侧—带亚区（Ⅱ₁）	60.10	0.17	4	4	4	12		19.97
4		祁连县八宝河北岸—峨堡镇—带亚区（Ⅱ₂）	517.98	1.51	0	5	2	7		1.35
5		刚察县泉吉乡沙柳河两岸—带亚区（Ⅱ₃）	811.63	2.36	16	16	41	73		8.99
6	中易发区Ⅱ	刚察县哈尔盖镇东北部以及海晏县甘子河乡擦那曲乡与默公路—带亚区（Ⅱ₄）	943.53	2.74	33	47	36	116	259	12.29
7		门源县青藏铁路北侧—带（Ⅱ₅）	86.48	0.25	0	0	12	12		13.88
8		门源县苏吉滩乡西南—带（Ⅱ₆）	151.01	0.44	1	2	0	3		1.99
9		海晏县金滩乡—金海村—巴燕峡村—带亚区（Ⅱ₇）	33.75	0.10	3	17	16	36		106.67
10	低易发区Ⅲ	祁连县讨赖河两岸央隆乡阿尔格村—阴巴槽—带亚区（Ⅲ₁）	1 125.25	3.27	0	2	0	2	151	0.18
11		祁连县黑河八宝河两岸牛沟—扎麻什—八宝镇—阿柔—峨堡低山丘陵、中高山—带亚区（Ⅲ₂）	2 142.03	6.23	8	8	2	18		0.84
12		祁连县默勒镇南北部托勒山、门源县冷龙岭—达坂山，刚察县泉吉—伊克乌兰—哈尔盖乌兰北侧高山区—带亚区（Ⅲ₃）	6 339.77	18.43	5	15	6	26		0.41

续表 6.10

序号	易发等级	位置及编号	面积/km²	占比/%	地质灾害数量/处 滑坡	地质灾害数量/处 崩塌	地质灾害数量/处 泥石流	地质灾害数量/处 合计	总计	灾害点密度/(处·100km⁻²)
13	低易发区Ⅲ	刚察县伊克乌兰—沙柳河—哈尔盖镇高山、中山一带亚区（Ⅲ₄）	926.62	2.69	3	0	2	5	151	0.54
14		刚察县吉尔孟乡环仓贡麻村北部一带亚区（Ⅲ₅）	10.01	0.03	0	8	2	10		99.89
15		海晏县黄草村—道阴村—姜柳盛村—新泉村—永丰村—大菊红巴音托华—温都村至湟嘉都公路道路沿线—哈勒景村—乌兰哈达村（Ⅲ₆）	296.03	0.86	28	37	25	90		30.40
16	非易发区Ⅳ	祁连县黑河、八宝河、陶莱河及大通河谷平原地带亚区（Ⅳ₁）	6 403.46	18.61	0	0	0	0	54	0.00
17		祁连县八宝镇、阿柔乡、峨堡镇北部走廊南山及山前一带亚区（Ⅳ₂）	899.83	2.62	0	3	0	3		0.33
18		刚察县大通河右岸侵蚀构造高山一带亚区（Ⅳ₃）	1 159.25	3.37	0	1	2	3		0.26
19		刚察县伊克乌兰—沙柳河镇东北部高山区一带亚区（Ⅳ₄）	335.30	0.97	0	0	1	1		0.30
20		门源县中部大通河谷一带亚区（Ⅳ₅）	747.02	2.17	1	2	10	13		1.74
21		海晏县北部高山区、青海湖东北部中高山区、麻举寺西部低山丘陵区及海晏盆地、青海湖盆地、茶拉盆地等广大地区以及刚察县吉尔孟乡、泉吉乡、伊克乌兰及沙柳河镇南部中山区、堆积平原一带亚区（Ⅳ₆）	9 358.37	27.20	7	20	7	34		0.36
	总计		34 407.87	100.00	206	318	297	821		

第二节 地质灾害危险性评价

一、评价方法

危险性是指在某种诱发因素作用下,一定区域内某一时间段发生特定规模和类型地质灾害的可能性。本次危险性评价采用基于 GIS 的栅格分析法,在易发性评价的基础上,采用降雨量及地震动峰值加速度开展地质灾害危险性评价。将易发性、多年平均降雨量和地震动峰值加速度栅格数据归一化后按权重进行量化计算,得到危险性评价结果。

二、刚察县地质灾害危险性评价

1）证据因子的等级权重

本危险性评价亦采用基于 GIS 的栅格分析法。在易发性评价的基础上,采用降雨量及地震动峰值加速度开展地质灾害危险性评价。降雨量及地震动峰值加速作为证据因子,采用证据权法模型计算权重,各证据因子等级权重见表 6.11,各证据因子 GIS 分析结果见图 6.42、图 6.43。

表 6.11 刚察县证据因子等级权重一览表

评价因子	因子等级	栅格数	面积比/%	W^+	W^-	C
降雨量/ mm·a^{-1}	278～352	3 745 600	24.25	−2.620 399 702	0.062 900 131	−2.683 299 833
	352～508	8 750 400	56.65	1.231 575 372	−0.576 042 574	1.807 617 946
	508～534	2 950 400	19.10	2.213 394 5	−0.584 660 858	2.798 055 358
地震动峰值加速度/ (m·s^{-2})	0.10	9 146 788	20.95	1.214 179 242	−0.598 293 919	1.812 473 161
	0.15	34 517 174	79.05	−0.266 561 36	0.304 103 675	−0.570 665 035

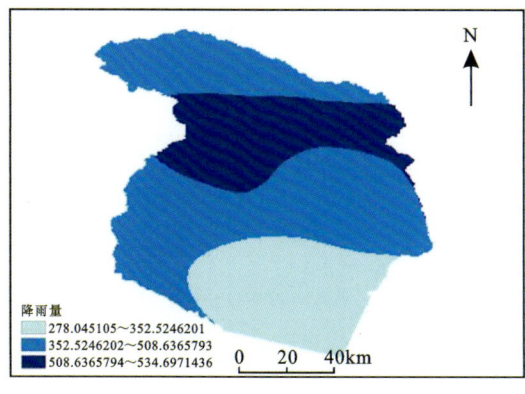 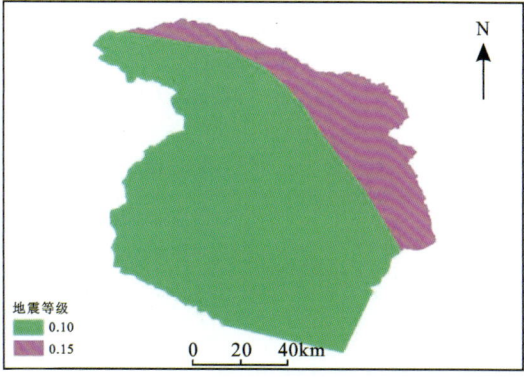

图 6.42 刚察县降雨量 GIS 分析图　　图 6.43 刚察县地震动峰值加速度 GIS 分析图

2)地质灾害危险程度等级划分

在上述证据因子权重计算的基础上,运用 GIS 叠加分析工具,将易发性评价结果与区内降雨量及地震动峰值加速度两个证据因子叠加,从而得到刚察县地质灾害危险性定量计算成果栅格图件。经综合研究分析,从危险性评价计算结果图中找出适宜的临界点作为危险程度分区界线值,从而将全区划分为高危险区、中危险区、低危险区 3 个不同等级的区域,GIS 分级结果见图 6.44。

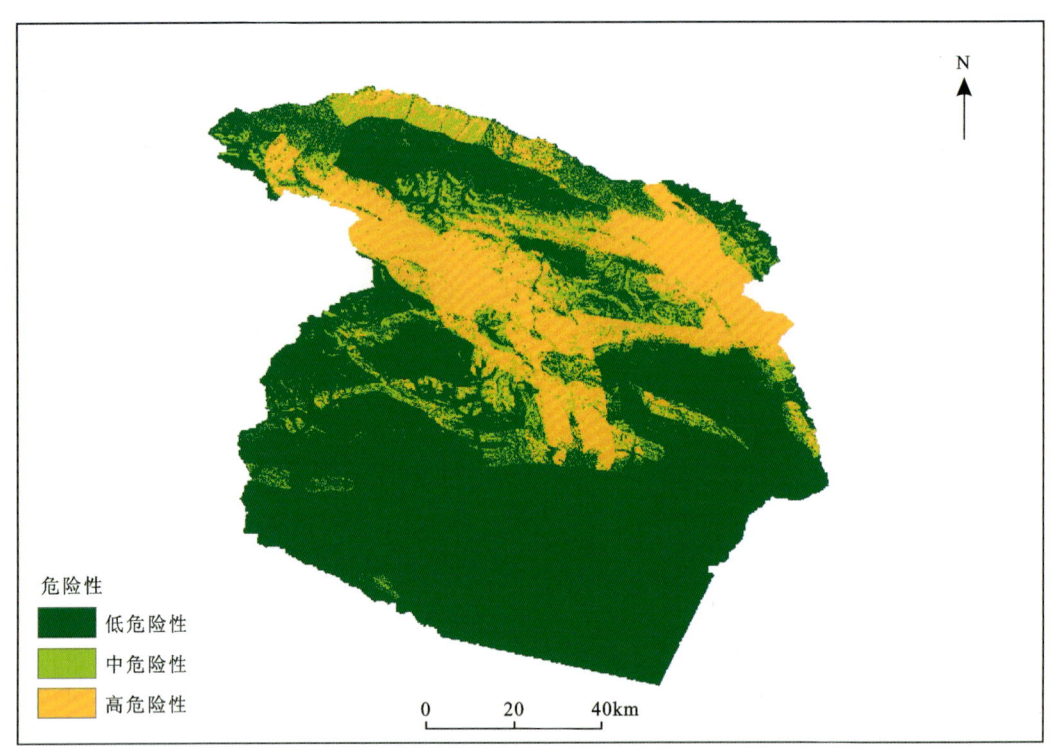

图 6.44　刚察县地质灾害危险性分级图

3)地质灾害危险性分区与评价

依据地质灾害危险程度区划的评估原则和地质灾害危险程度的等级分区图,地质灾害危险程度划分为高危险区、中危险区、低危险区 3 个不同等级的区域(表 6.12)。根据坡形、流域完整性原则,结合地质灾害易发区和承灾体种类及其分布的区域,综合考虑各种因素,人工勾画出重点调查区地质灾害危险程度分区图(图 6.45)。

表 6.12　刚察县地质灾害危险性分区说明表

分区及代号	亚区及代号	面积/km²	占比/%	地质灾害数量/处				灾害点密度/(处·km⁻²)
				滑坡(潜在滑坡)	崩塌(潜在崩塌)	泥石流	总计	
高危险区Ⅱ	大通河右岸高山一带亚区Ⅱ₁	261.79	3.97	6	6	6	18	0.069

续表 6.12

分区及代号	亚区及代号	面积/km²	占比/%	地质灾害数量/处				灾害点密度/(处·km⁻²)
				滑坡(潜在滑坡)	崩塌(潜在崩塌)	泥石流	总计	
高危险区Ⅱ	伊克乌兰乡—沙柳河两岸高山、中山一带亚区Ⅱ₂	1 175.32	17.84	15	15	41	71	0.060
	哈尔盖镇北部高山一带亚区Ⅱ₃	474.55	7.20	28	21	25	74	0.156
中危险区Ⅲ	沙柳河镇—哈尔盖镇北部高山一带亚区Ⅲ₁	391.42	5.94	3	6	11	20	0.051
	吉尔孟乡南部高山一带亚区Ⅲ₂	35.54	0.54	8	0	2	10	0.281
低危险区Ⅳ	大通河右岸、沙柳河镇北部高山一带亚区Ⅳ₁	1 739.20	26.40	1	2	1	4	0.002
	吉尔孟乡、泉吉乡高山、中山一带，伊克乌兰及沙柳河镇南部中山、堆积平原一带亚区Ⅳ₂	2 509.32	38.09	11	2	2	15	0.006
合计		6 587.14	100	72	50	88	210	0.032

(1)高危险区(Ⅱ)。该区位于大通河南岸，包括哈尔盖镇、伊克乌兰乡、泉吉乡部分地区，可分为大通河右岸低山丘陵及高山一带亚区(Ⅱ₁)、伊克乌兰乡—沙柳河两岸高山及中山一带亚区(Ⅱ₂)、哈尔盖镇北部高山一带亚区(Ⅱ₃)3个亚区。面积1 911.66km²，占全区总面积的29.02%。地貌主要为侵蚀构造高山区、侵蚀构造中山区，区内地形起伏较大，沟谷切割较强烈。该区具备崩塌、危岩、寒冻风化碎屑流发育条件，寒冻风化碎屑物是形成水石型泥石流的主要物源。高山区地层岩性主要由元古界一套变质较深的片麻岩、片岩，寒武、奥陶系的碳酸盐盐岩，二叠系砂岩、石英岩，三叠系的砂岩、泥岩及花岗岩组成。中山区地层岩性以二叠系变质砂岩、变质粉砂岩、三叠系砂岩和加里东期侵入岩等为主。区内开采矿山，修建公路等人类工程活动较强烈。

该区地质灾害点共计163处，占刚察县地质灾害点总数的76.66%，灾害点密度为

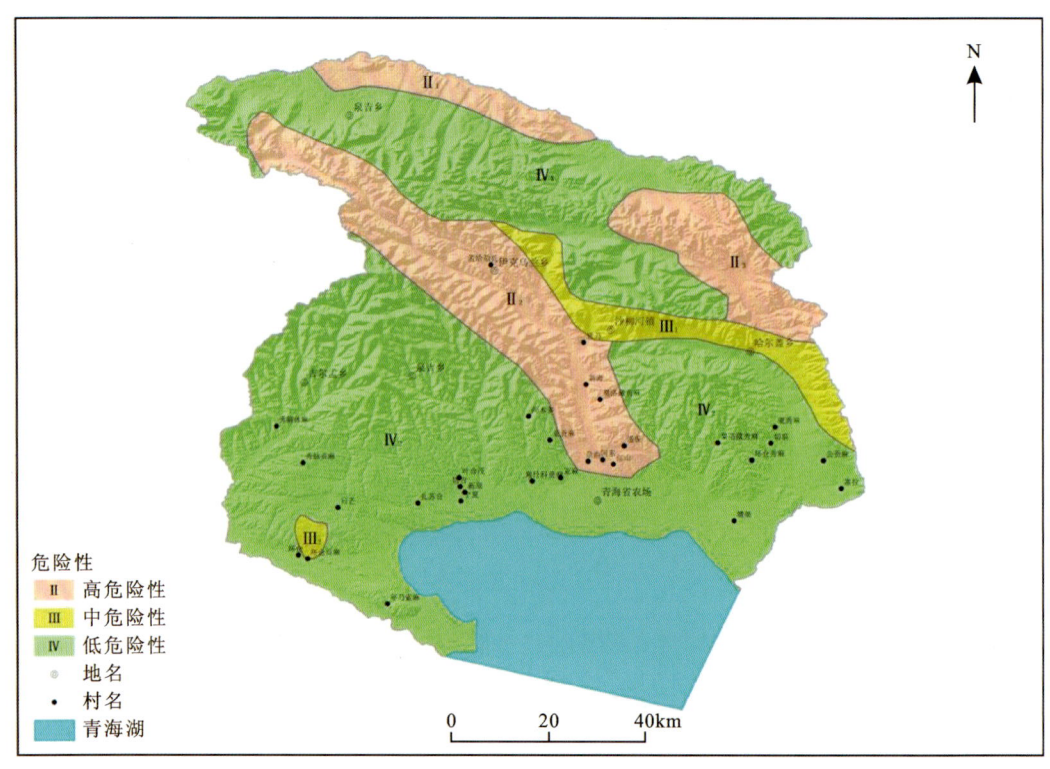

图 6.45 刚察县地质灾害危险性评价分区图

0.084 处/km²。其中滑坡(潜在滑坡)49 处,崩塌(潜在崩塌)42 处,泥石流 72 处。现今地质灾害威胁 38 人的生命财产安全,威胁财产约 3 687.6 万元。

(2)中危险区(Ⅲ)。该区位于沙柳河镇、哈尔盖镇北部,吉尔孟乡南部部分地区。可分为沙柳河镇—哈尔盖镇北部高山一带亚区(Ⅲ₁)、吉尔孟乡南部高山一带亚区(Ⅲ₂)两个亚区。面积 426.96km²,占全区总面积的 6.48%。地貌主要为侵蚀构造高山区、侵蚀构造中山区,区内地形起伏较大,沟谷切割较强烈。

该区地质灾害点共计 30 处,占刚察县地质灾害点总数的 14.15%,灾害点密度为 0.070 处/km²。其中滑坡(潜在滑坡)11 处,崩塌(潜在崩塌)6 处,泥石流 13 处。现今地质灾害威胁 33 人的生命财产安全,威胁财产约 554.45 万元。

(3)低危险区(Ⅳ)。地质灾害低危险区主要分布于县境北部、东南部,各个乡镇的区域都有涉及,可分为大通河右岸、沙柳河镇北部高山一带亚区(Ⅳ₁)、吉尔孟乡、泉吉乡高山、中山一带、伊克乌兰及沙柳河镇南部中山、堆积平原一带亚区(Ⅳ₂)两个亚区。面积 4 248.52km²,占全区总面积的 64.50%。地貌类型主要为侵蚀构造高山、侵蚀构造中山以及堆积平原。区内人类工程活动主要为切坡修路,人类工程活动对地质灾害发育的影响较小。

该区地质灾害点共计 19 处,占刚察县地质灾害点总数的 8.96%,灾害点密度为 0.004 5 处/km²。其中滑坡(潜在滑坡)12 处,崩塌(潜在崩塌)4 处,泥石流 3 处。现今地质灾害威胁 16 人的生命财产安全,威胁财产约 313.01 万元。

三、门源县地质灾害危险性评价

1)证据因子的等级权重

将易发性、多年平均降雨量和地震动峰值加速度栅格数据归一化后按表 6.13 的权重进行量化计算,得到危险性评价结果。

表 6.13 门源县地质灾害危险性指数计算因子权重一览表

项目	诱发因子		地质灾害易发性
权重	0.3		0.7
次一级因子	多年平均降雨量	地震动峰值加速度	
权重	0.5	0.5	
总权重	0.15	0.15	

门源县危险性评价是在易发性评价的基础上,采用降雨量及地震动峰值加速度开展地质灾害危险性评价(图 6.46、图 6.47)。

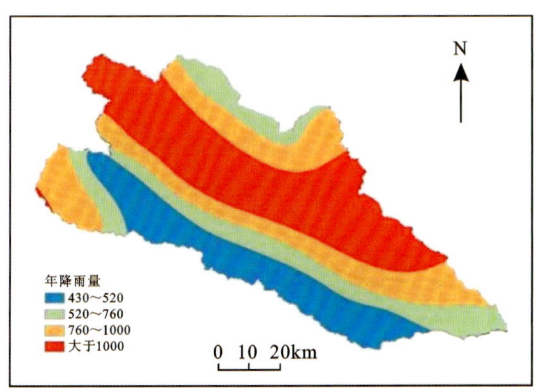

图 6.46 门源县降雨量 GIS 分析图

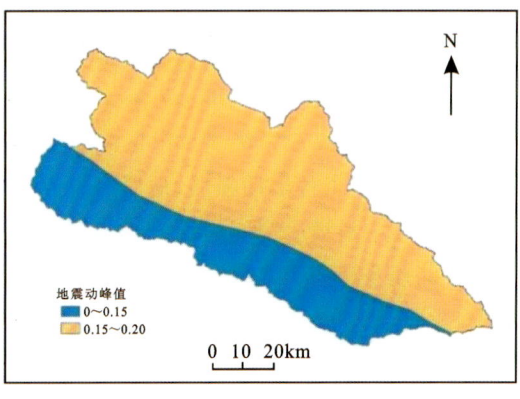

图 6.47 门源县地震动峰值加速度 GIS 分析图

2)地质灾害危险程度等级划分

同理,得到门源县地质灾害危险性定量计算成果栅格图件,将全区划分为极高危险区、高危险区、中危险区、低危险区 4 个不同等级的区域,GIS 分级结果见图 6.48。

3)地质灾害危险性分区与评价

根据综合分析评价将门源县划分为地质灾害极高危险区、高危险区、中危险区和低危险区 4 个区,共 9 个亚区(表 6.14 和图 6.49)。各区内具体位置、面积、地质环境背景条件、地质灾害发育状况等情况分述如下。

(1)地质灾害极高危险区(A)。极高危险区主要分布于大通河门源县大通河两岸及山前地带,包括泉口镇、东川镇、麻莲乡、阴田乡、浩门镇南部部分地区,面积 426.34km²,占全区总面积的 6.68%。该区地质灾害点共计 120 处,其中滑坡 29 处,崩塌 47 处,泥石流 44 处。依据地质环境条件、地质灾害发育特征并结合行政区划进一步划分为 3 个亚区。

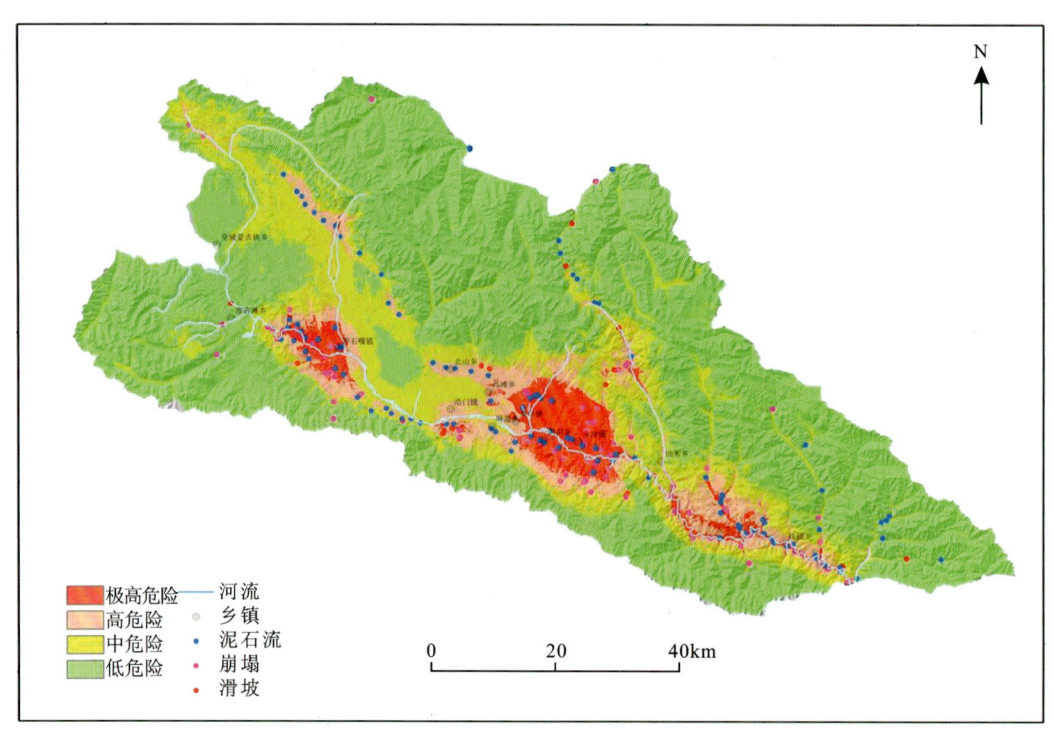

图 6.48 门源县地质灾害危险性分级图

a. 西滩乡—东川镇极高危险区(A1)：主要分布在西滩乡—东川镇斜坡地带，该区内地质环境脆弱，人类工程活动强烈，地质灾害发育，承灾体分布较广，面积 260.03km²，地质灾害点共 56 处，其中滑坡 21 处，崩塌 15 处，泥石流 20 处。

b. 麻莲乡—阴田乡极高危险区(A2)：主要分布在大通河右岸麻莲乡南部—阴田乡地带，面积 82.39km²，区内人类工程活动较强烈，主要因铁麻公路修建，造成人工边坡分布较多、地质环境复杂，因而地质灾害发育，共发育地质灾害点 25 处，其中滑坡 3 处，崩塌 15 处，泥石流 7 处。

表 6.14 门源县危险区分区表

分区及代号	亚区及代号	面积/km²	占比/%	地质灾害数量/处			
				滑坡	崩塌	泥石流	总计
极高危险区 A	A1	260.034	4.07	21	15	20	56
	A2	82.39	1.29	3	15	7	25
	A3	83.92	1.31	5	17	17	39
高危险区 B	B1	114.07	1.79	14	24	24	62
	B2	55.15	0.86	8	3	10	21
	B3	16.14	0.25	0	0	8	8

续表 6.14

分区及代号	亚区及代号	面积/km²	占比/%	地质灾害数量/处			
				滑坡	崩塌	泥石流	总计
中危险区 C	C1	3 492.14	54.72	5	8	21	34
	C2	1 476.42	23.13	1	6	0	7
低危险区 D	D	801.75	12.56	1	1	3	5
合计		6 382.014	100	58	89	110	257

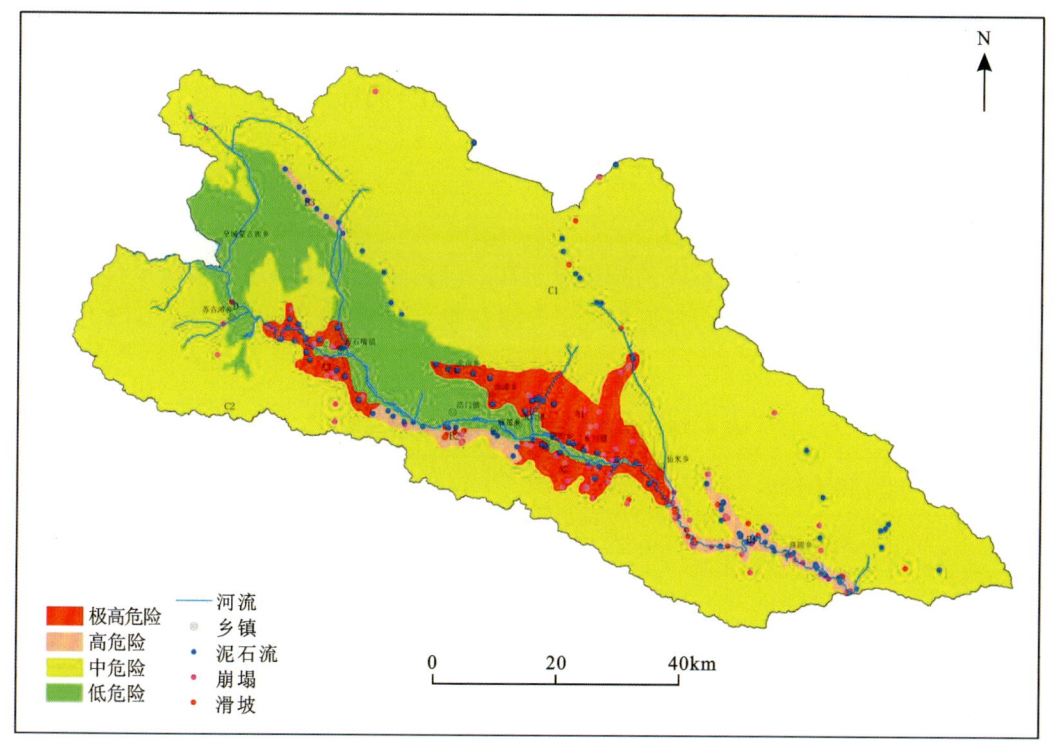

图 6.49 门源县地质灾害危险性评价分区图

c. 青石嘴乡—铁迈村极高危险区（A3）：主要分布于大通河流域两岸地带，该区面积 83.92km²，区内青石嘴乡人类工程强烈，同时吊沟沟谷发育，坡面侵蚀严重，地质环境条件主要以泥岩、砂岩为主，上层覆盖层以碎石土为主，地质灾害发育 39 处，其中滑坡 5 处，崩塌 17 处，泥石流 17 处。

（2）地质灾害高危险区（B）。门源县地质灾害高危险区主要分布于大通河南岸侵蚀剥蚀低山丘陵区、大通河下游的侵蚀剥蚀低山丘陵区，包括珠固乡、麻莲乡、阴田乡、皇城蒙古族乡部分地区，面积 185.36km²，占全区总面积的 2.9%，区内相对高差为 20~500m，基岩出露，主要为侏罗系和二叠系的砂岩、砂页岩夹煤层，岩石结构较致密，成岩程度较好，呈层状。植被覆盖率 30% 左右。河谷地区流水侵蚀作用强烈，切割较深，多呈"V"形谷。区内共发育地质灾害91处,其中滑坡22处,崩塌27处,泥石流42处。

(3)地质灾害中危险区(C)。该区主要分布于门源县北部的侵蚀构造中高山,包括皇城蒙古族乡、苏吉滩乡、青石嘴镇和珠固乡,以及麻莲乡、阴田乡、东川镇和仙米乡这4个乡镇的南部地区,面积4 968.56km²,占工作区总面积的77.85%。区内山体陡峭,相对高差为400～800m,岩性主要有奥陶系的中性火山岩、凝灰岩,以及二叠系和三叠系的砂岩、灰岩。沟谷区有少量第四系的冰水沉积物和冲洪积物。区内共发育地质灾害41处,地质灾害点密度为0.008处/km²。其中滑坡6处,泥石流21处,崩塌14处。

(4)地质灾害低危险区(D)。该区位于大通河河谷侵蚀堆积平原,主要由漫滩和阶地构成,包括浩门镇、泉口镇大部分地区,面积801.75km²,占工作区总面积的12.56%。区内主要为第四系上更新统和全新统的冲洪积物,砂卵石层厚度20m左右。区内山体浑圆,多呈"U"形谷。地势较平坦开阔,人口密集,是门源县人类活动比较集中的地区。局部地段为泥石流的承灾区,共发育地质灾害5处,其中滑坡1处,崩塌1处,泥石流3处。

四、海晏县地质灾害危险性评价

1)证据因子的等级权重

本危险性评价亦采用基于GIS的栅格分析法。降雨量及地震动峰值加速度作为证据因子,采用证据权法模型计算权重,各证据因子等级权重见表6.15,各证据因子GIS分析结果见图6.50、图6.51。

表6.15 海晏县证据因子等级权重一览表

评价因子	因子等级	栅格数	W^+	W^-	C
降雨/(mm·a⁻¹)	360～390	155 182	−1.036 301 135	0.256 098 58	−1.292 399 715
	390～420	343 039	−1.269 957 724	0.951 573 213	−2.221 530 937
	420～440	281 289	−1.368 757 313	0.676 411 191	−2.045 168 505
地震动峰值加速度/(m·s⁻²)	0.1	9 698 287	0.277 521 389	−0.688 509 223	0.966 030 612
	0.15	76 230	0	0.004 796 461	−0.004 796 461

2)地质灾害危险程度等级划分

同理,由海晏县地质灾害危险性定量计算成果栅格图件,将全区划分为高危险区、中危险区、低危险区3个不同等级的区域,GIS分级结果见图6.52。

3)地质灾害危险性分区与评价

在半定量评价的基础上,兼顾地质灾害危害特征的同时,重点结合区内不同孕灾程度斜坡发生地质灾害的可能性和危害程度等,经综合分析评价将海晏县划分为高危险区、中危险区、低危险区3个不同等级的区域(图6.53,表6.16)。

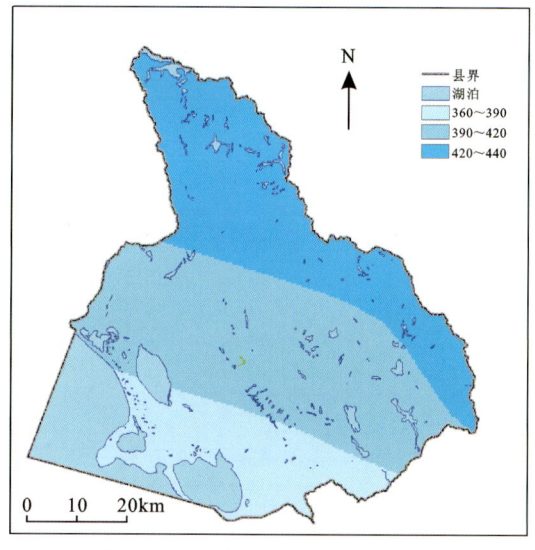

图 6.50 海晏县降雨量 GIS 分析图

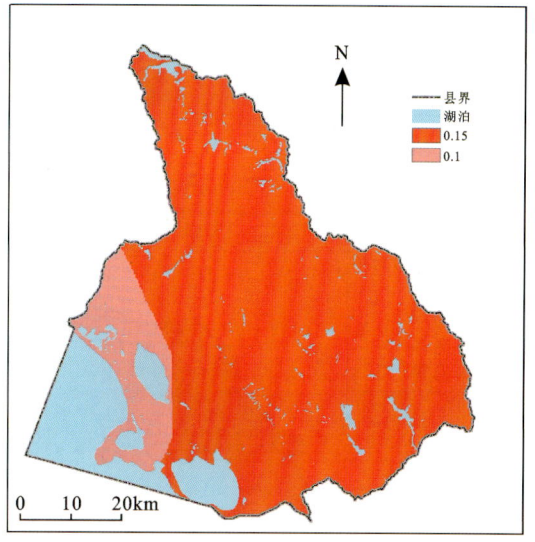

图 6.51 海晏县地震动峰值加速度 GIS 分析图

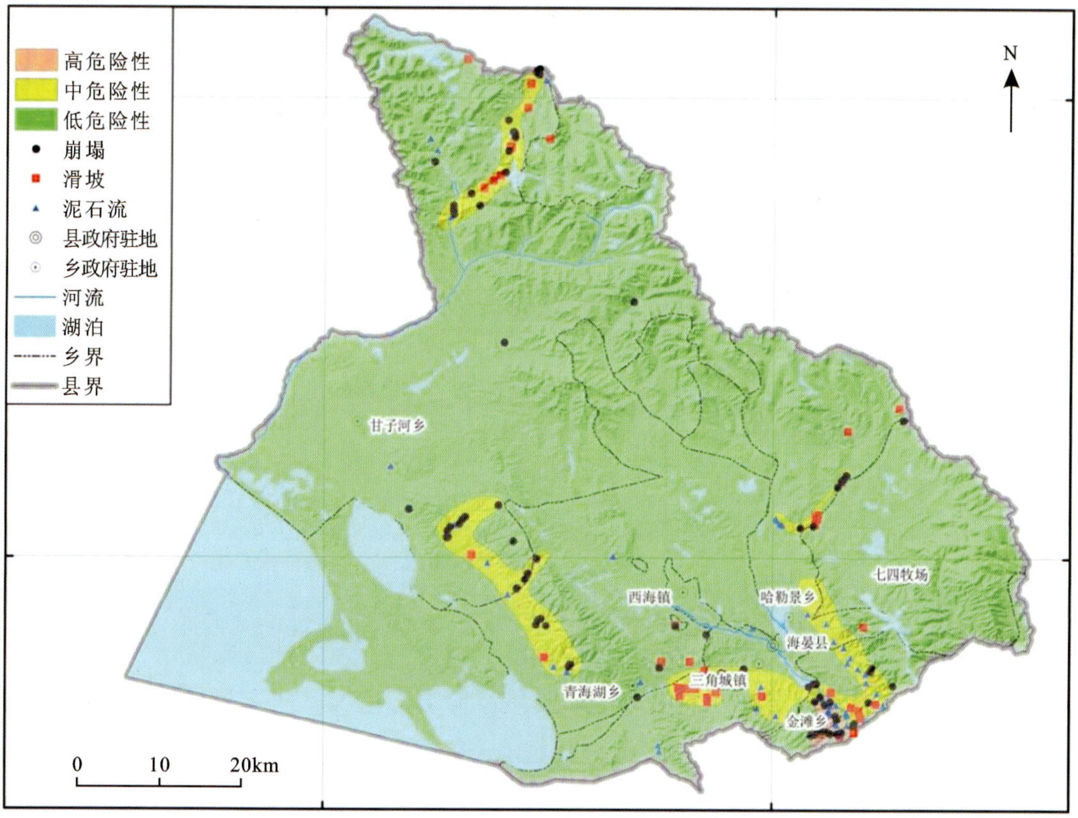

图 6.52 海晏县地质灾害危险性分级图

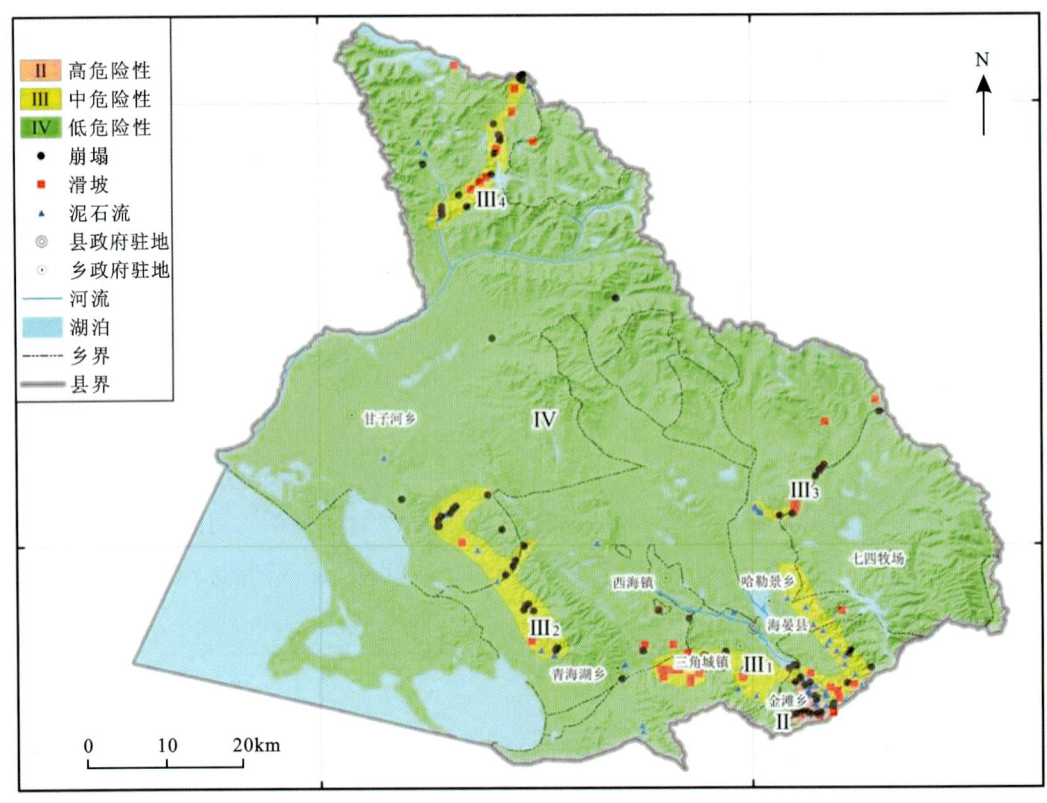

图 6.53 海晏县地质灾害危险性评价分区图

表 6.16 海晏县地质灾害危险程度分区说明表

分区及代号	亚区及代号	面积/km²	占比/%	崩塌(潜在崩塌)	滑坡(潜在滑坡)	泥石流	合计	总计	灾害点密度/(处·km⁻²)
高危险区	岳家村—金滩乡—海东村—巴燕峡村西南侧 II	17.66	0.45	15	2	11	28	28	1.59
中危险区	黄草村—海晏站—道阳村—姜柳盛村—新泉村—永丰村—大菊红 III₁	119.24	3.06	13	18	22	53	125	0.44
	巴音托华—温都村—温都村至湟嘉公路道路沿线 III₂	87.84	2.25	19	2	5	26		0.30
	哈勒景村—乌兰哈达村 III₃	11.39	0.29	6	6	4	16		1.40
	甘子河乡擦那曲与茶默公路并行段沿线 III₄	45.71	1.17	17	11	2	30		0.66

续表 6.16

分区及代号	亚区及代号	面积/km²	占比/%	地质灾害数量/处				总计	灾害点密度/(处·km⁻²)
				崩塌(潜在崩塌)	滑坡(潜在滑坡)	泥石流	合计		
低危险区	海晏县中部—东北部Ⅳ	3 618.28	92.77	11	9	8	28	28	0.01
	合计	3 900.12	2.25	48	81	52	181	181	0.046

(1)高危险区(Ⅱ)。地质灾害高危险区主要分布于县境内巴燕峡湟水右岸中高山区前缘、左岸丘陵区及高山区前缘,相对高差 100～500m,包括金滩乡、哈勒景乡、三角城镇部分地区,面积 17.66km²,占全县面积的 0.45%(不包括青海湖水域面积)。区内人口及工程设施分布相对密集,人类工程活动强烈,地质灾害发育。区内共发育地质灾害点 28 处,其中崩塌 15 处,滑坡 2 处,泥石流 11 处,地质灾害点密度为 1.59 处/km²。

(2)中危险区(Ⅲ)。地质灾害中危险区主要分布于县境西北部茶默公路沿线、东北部城西公路沿线高山区及县境东南部丘陵区、青海湖东北部中高山区。包括三角城镇、甘子河乡、青海湖乡、哈勒景乡、金滩乡部分地区,面积 264.18km²,占全县面积的 6.78%(不包括青海湖水域面积)。区内人类工程活动主要为削坡筑路建房及矿山开采,地质灾害较发育。

区内共发育地质灾害点 125 处,其中崩塌(潜在崩塌)55 处,滑坡(潜在滑坡)37 处,泥石流 33 处,地质灾害密度为 0.47 处/km²。

(3)低危险区(Ⅳ)。地质灾害低危险区主要分布于县境北部高山区、青海湖东北部中高山区、麻学寺西部低山区、丘陵区及海晏盆地、青海湖盆地、茶拉盆地等广大地区,包括西海镇、三角城镇、甘子河乡、青海湖乡、哈勒景乡、金滩乡部分地区及后备用地、七四牧场,低危险区总面积 3 618.28km²,占全县面积的 92.77%(不包括青海湖水域面积)。区内平原地区人类工程活动比较集中,是人类生产生活的主要场所,地质灾害不发育,山地地区人烟稀少,人类工程活动很弱,地质灾害发育较少。

区内共发育地质灾害点 28 处,其中崩塌(潜在崩塌)11 处,滑坡(潜在滑坡)9 处,泥石流 8 处。

五、祁连县地质灾害危险性评价

1)证据因子的等级权重

本危险性评价亦采用基于 GIS 的栅格分析法。在易发性评价的基础上,采用降雨量及地震动峰值加速度开展地质灾害危险性评价。降雨量及地震动峰值加速度作为证据因子,采用证据权法模型计算权重,各证据因子等级权重见表 6.17,各证据因子 GIS 分析结果见图 6.54、图 6.55。

表6.17 祁连县证据因子等级权重一览表

评价因子	因子等级	栅格数	面积比/%	W^+	W^-	C
降雨量/ $mm \cdot a^{-1}$	285~372	2 522 400	11.31	−2.973 743 749	0.114 217 643	−3.087 961 392
	421	7 807 600	35.01	0.771 583 167	−0.984 761 144	1.756 344 311
	474	6 098 400	27.34	−0.390 818 608	0.114 878 413	−0.505 697 021
	548	3 530 800	15.83	−1.923 762 297	0.148 944 08	−2.072 706 376
	691	2 076 800	9.31	−1.169 921 244	0.068 410 735	−1.238 331 979
	844	268 000	1.20	0	0.012 088 649	−0.012 088 649
地震动峰 值加速度/ $m \cdot s^{-2}$	0.1	9 698 287	60.88	0.277 521 389	−0.688 509 223	0.966 030 612
	0.15	76 230	0.48	0	0.004 796 461	−0.004 796 461
	0.2	6 156 769	38.65	−0.706 056 81	0.276 860 448	−0.982 917 258

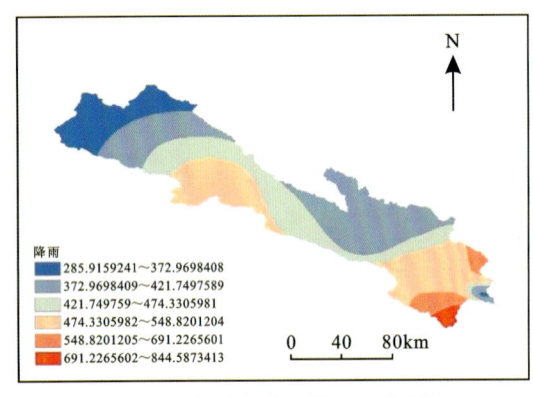

图6.54 祁连县降雨量GIS分析图

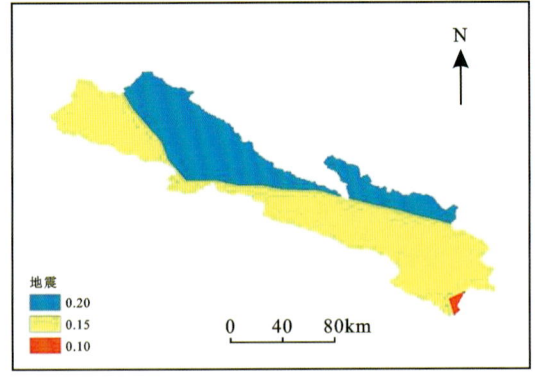

图6.55 祁连县地震动峰值加速度GIS分析图

2)地质灾害危险程度等级划分

同理,由祁连县地质灾害危险性定量计算成果栅格图件,将全区划分为极高危险区、高危险区、中危险区、低危险区4个不同等级的区域,GIS分级结果见图6.56。

3)地质灾害危险性分区与评价

依据地质灾害危险程度区划的评估原则和地质灾害危险程度的等级分区图,地质灾害危险程度划分为极高危险区、高危险区、中危险区、低危险区4个不同等级的区域。根据坡形、流域完整性原则,结合地质灾害易发区和承灾体种类及其分布的区域,综合考虑各种因素,人工勾画出重点调查区地质灾害危险程度分区图(图6.57)。祁连县地质灾害危险性分区说明见表6.18。

第六章 地质灾害问题风险评价

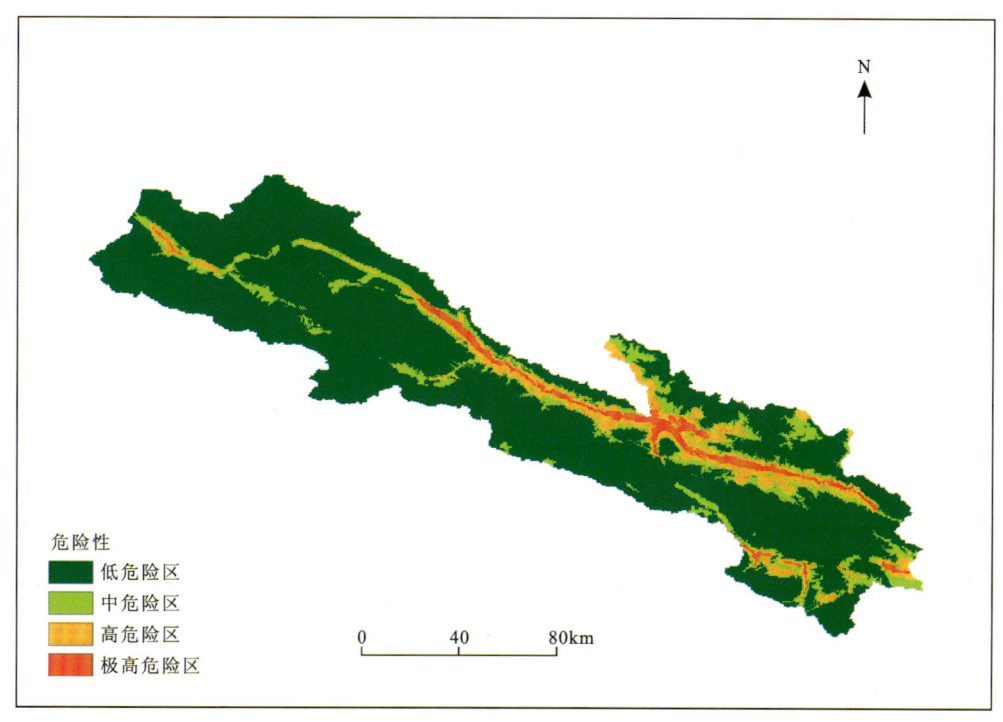

图 6.56 祁连县地质灾害危险性分级图

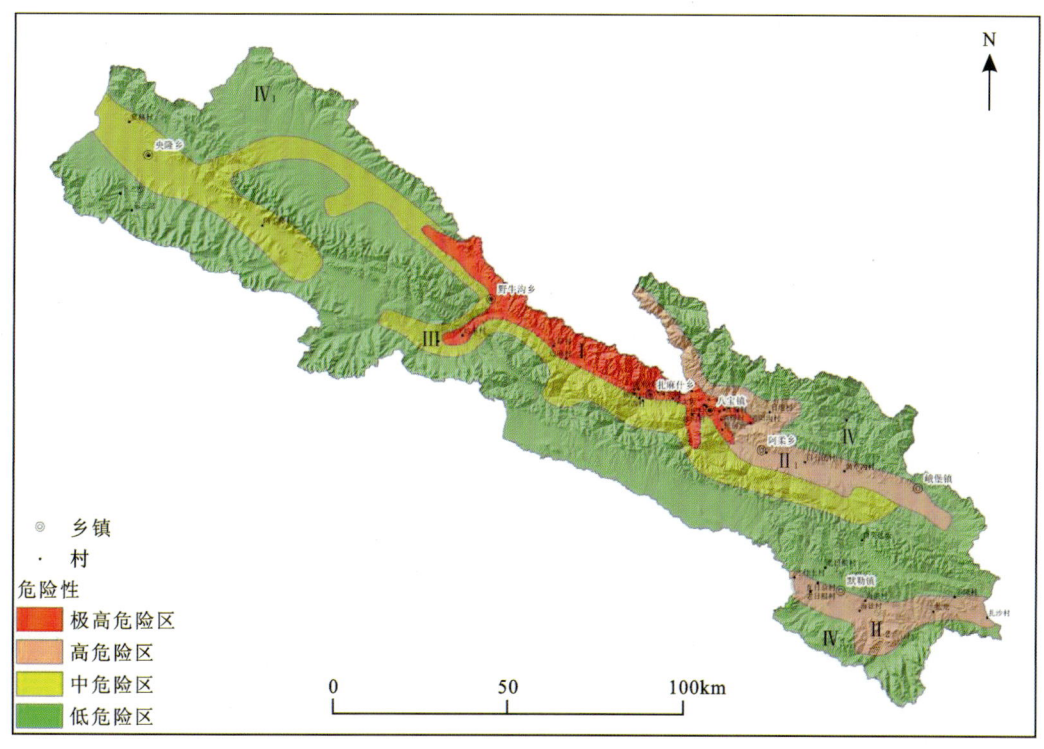

图 6.57 祁连县地质灾害危险性评价分区图

表 6.18 祁连县地质灾害危险性分区说明表

分区及代号	亚区及代号	面积/km²	占比/%	地质灾害数量/处				灾害点密度/(处·km⁻²)
				滑坡（潜在滑坡）	崩塌（潜在崩塌）	泥石流	总计	
极高危险区Ⅰ	八宝镇—扎麻什乡—野牛沟一带Ⅰ	856.87	6.15	29	54	40	123	0.143 5
高危险区Ⅱ	八宝镇北部、阿柔—峨堡中部一带亚区Ⅱ₁	850.38	6.11	3	7	3	13	0.015 3
	默勒镇南部一带亚区Ⅱ₂	548.78	3.94	1	4	0	5	0.009 1
中危险区Ⅲ	讨赖河两岸、黑河南岸以及八宝河南岸Ⅲ	2 616.31	18.79	16	7	4	27	0.010 3
低危险区Ⅳ	野牛沟乡西北部一带亚区Ⅳ₁	1 396.36	10.03	0	0	0	0	0.000 0
	央隆乡—野牛沟乡南部、默勒镇北部一带亚区Ⅳ₂	7 103.60	51.02	1	4	0	5	0.000 7
	八宝镇—阿柔—默勒镇北部一带亚区Ⅳ₃	551.01	3.96	0	0	0	0	0.000 0
合计		13 923.32	100.0	50	76	47	173	0.012 4

（1）极高危险区（Ⅰ）。地质灾害极高危险区主要分布于黑河、八宝河的河谷平原区，灾害点主要集中在省道 S302 黑河峡谷段以及各乡镇、村所在地周边地区，涉及乡镇包括八宝镇、扎麻什乡、野牛沟乡以及阿柔乡的部分区域，面积 856.87km²，占全区总面积的 6.15%。地层岩性主要有奥陶系板岩、砂岩，白垩系砂岩、砂砾岩。本区为县域内人口最密集，经济及交通最发达，水利水电等基础设施分布最多，为人类工程活动最强烈的地带。随着经济的迅猛发展及基础设施的大规模建设，地质环境将不断遭受较大规模破坏，地质灾害的发生频率将呈加剧趋势。

该区地质灾害点共计 123 处,占地质灾害点总数的 71.10%,点密度为 0.143 5 处/km²。其中滑坡(潜在滑坡)29 处,崩塌(潜在崩塌)54 处,泥石流 40 处。现今地质灾害威胁 1314 人的生命财产安全,威胁财产约 2 544.0 万元。

(2)高危险区(Ⅱ)。该区位于八宝河北岸,包括八宝镇、阿柔乡、峨堡镇部分地区,可分为八宝镇北部、阿柔—峨堡中部一带亚区(Ⅱ$_1$)、默勒镇南部一带亚区(Ⅱ$_2$)2 个亚区。面积 1 399.16 km²,占全区总面积的 10.05%。地形主要为河谷平原区和构造剥蚀低山丘陵区,区内地形起伏较大,沟谷切割较强烈,坡体表部主要为草甸植被,覆盖率较高,冲沟较发育,沟谷切割较深,沟道两侧小型崩塌、滑坡较发育,为区内泥石流提供物源。地层岩性主要由寒武系板岩、片岩,奥陶系片岩、片麻岩,白垩系、新近系砂砾岩及第四系砂砾石土组成,区内人工建房削坡,修建乡村公路等人类工程活动较强烈。

该区地质灾害点共计 18 处,占地质灾害点总数的 10.40%,点密度为 0.012 9 处/km²。其中滑坡(潜在滑坡)4 处,崩塌(潜在崩塌)11 处,泥石流 3 处。现今地质灾害威胁 14 人的生命财产安全,威胁财产约 53.85 万元。

(3)中危险区(Ⅲ)。该区位于讨赖河两岸、黑河南岸以及八宝河南岸,包括央隆乡、野牛沟乡、八宝镇、阿柔乡以及峨堡镇部分地区。面积 2 616.31 km²,占全区总面积的 18.79%。地形主要为河谷平原区和低山丘陵区以及部分中山区,区内地形起伏较大,沟谷切割较强烈。

该区地质灾害点共计 27 处,占地质灾害点总数的 15.61%,点密度为 0.010 3 处/km²。其中滑坡(潜在滑坡)16 处,崩塌(潜在崩塌)7 处,泥石流 4 处。现今地质灾害威胁 339 人的生命财产安全,威胁财产约 583.91 万元。

(4)低危险区(Ⅳ)。地质灾害低危险区主要分布于县境西北部、南部及北部的广大地区,各个乡镇的区域都有涉及,可分为野牛沟乡西北部一带亚区(Ⅳ$_1$)、央隆乡—野牛沟乡南部以及默勒镇北部一带亚区(Ⅳ$_2$)、八宝镇—阿柔—默勒镇北部一带亚区(Ⅳ$_3$)3 个亚区。面积 9 050.97 km²,占全区总面积的 65.01%。位于黑河、八宝河、陶莱河及大通河河谷平原地带以及托勒南山、大通山、走廊南山的山体及山前地带,为侵蚀构造中高山区,冰川地貌十分发育,因古冰川刨蚀作用和现代流水作用的切割,山体陡峭,基岩裸露,切割深度 500～1000 m,岩体局部破碎。区内因寒冻作用强烈,大多地段有多年冻土分布,人类工程活动轻微。

该区地质灾害点共计 5 处,占地质灾害点总数的 2.89%,点密度为 0.000 6 处/km²。其中滑坡(潜在滑坡)1 处,崩塌(潜在崩塌)4 处。现今地质灾害不威胁人的生命财产安全,威胁财产约 15.57 万元。

六、海北州地质灾害危险性评价

1)地质灾害危险性评价结果

在各县地质灾害危险性评价的基础上,根据坡形、流域完整性原则,结合地质灾害易发区和承灾体种类及其分布的区域,综合考虑各种因素,以"区内相似、区间相异"为原则,在全州划分尺度上,局部进行人工调整(包括删除、合并等),将全州划分为地质灾害极高危险区、高危险区、中危险区和低危险区 4 个区,共 19 个亚区(图 6.58,表 6.19)。

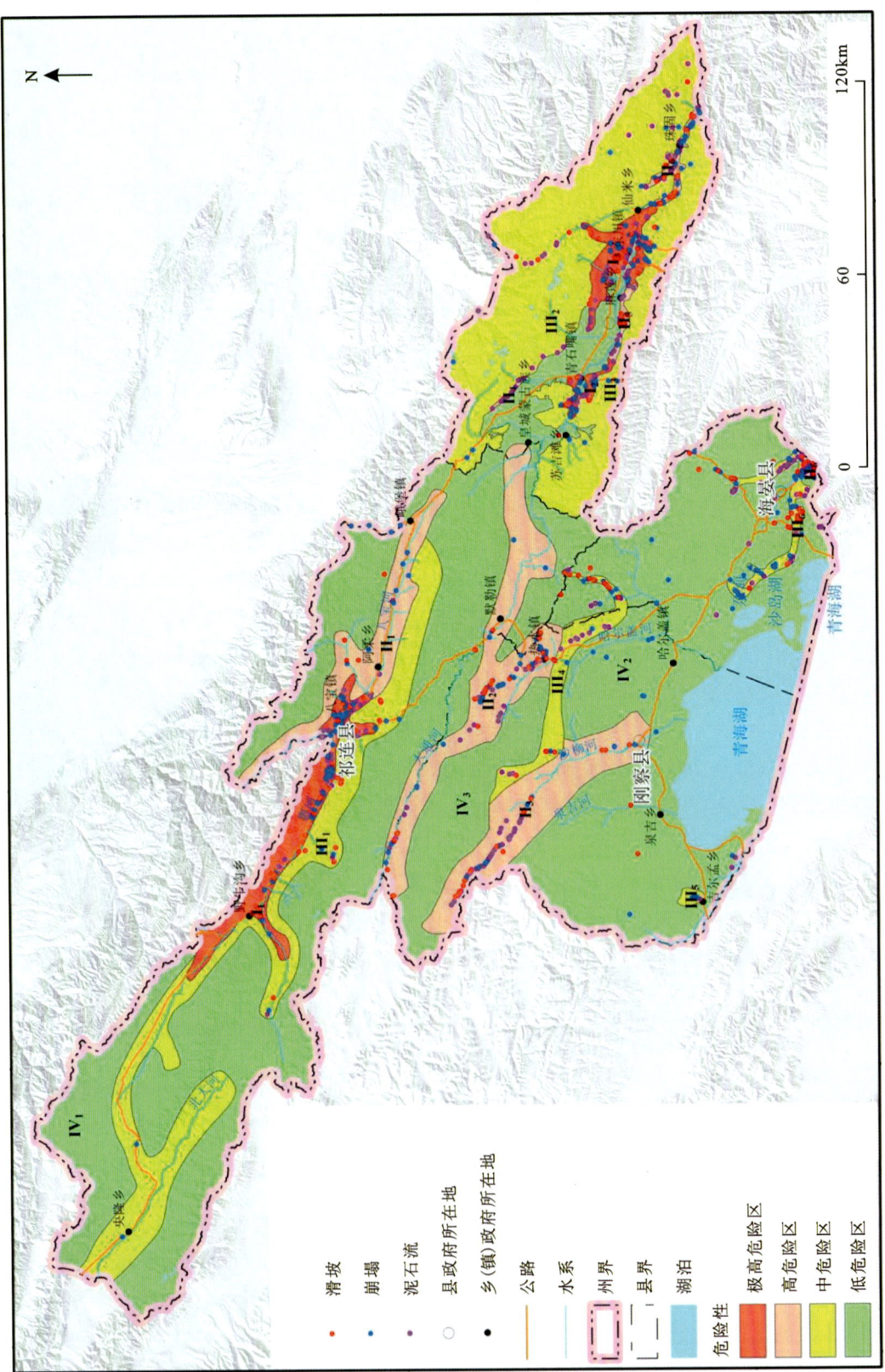

图6.58 海北州地质灾害危险性评价图

第六章 地质灾害问题风险评价

表 6.19 海北州地质灾害危险性分区统计表

序号	危险等级	位置及编号	面积/km²	占比/%	滑坡	崩塌	泥石流	合计	灾害点密度/(处·100km⁻²)
1	极高危险区Ⅰ	祁连县野牛沟乡—扎麻什乡—八宝镇黑河、八宝河河谷平原区以及省道S302黑河峡谷段—带亚区（Ⅰ₁）	856.87	2.49	29	54	39	122	14.24
2		门源县青石嘴乡—铁迈村大通河流域两岸—带亚区（Ⅰ₂）	84.01	0.24	5	17	17	39	46.42
3		门源县西滩乡—东川镇—大通河右岸麻莲乡南部—阴田乡—带亚区（Ⅰ₃）	342.96	1.00	24	30	27	81	23.62
4	高危险区Ⅱ	祁连县八宝镇北部、阿柔—峨堡南部一带亚区（Ⅱ₁）	850.38	2.47	3	7	3	13	1.53
5		刚察县泉吉乡大通河右岸低山丘陵及高山，哈尔盖镇北部高山以及祁连县默勒镇至门源县皇城乡大通河左岸—带亚区（Ⅱ₂）	1582.03	4.60	26	39	32	97	6.13
6		刚察县伊克乌兰乡—沙柳河两岸高山、中山一带亚区（Ⅱ₃）	1175.32	3.42	15	15	41	71	6.04
7		门源县兰新高铁沿线—带亚区（Ⅱ₄）	16.15	0.05	0	0	8	8	49.52
8		门源县阴田乡—麻莲乡—浩门镇河岸侵蚀剥蚀低山丘陵区—带亚区（Ⅱ₅）	55.22	0.16	8	3	10	21	38.03
9		门源县珠固乡—仙米乡大通河下游两岸侵蚀剥蚀低山丘陵区—带亚区（Ⅱ₆）	114.30	0.33	14	24	24	62	54.25
10		海晏县金滩乡—岳家村—海东村—巴燕峡村西南—带亚区（Ⅱ₇）	17.66	0.05	2	15	11	28	158.58

续表 6.19

序号	危险等级	位置及编号	面积/km²	占比/%	地质灾害数量/处 滑坡	崩塌	泥石流	合计	灾害点密度/(处·100km⁻²)
11	中危险区Ⅲ	祁连县央隆乡讨赖河两岸、野牛沟乡—扎麻什乡—八宝镇—阿柔乡黑河以及八宝河南岸一带亚区（Ⅲ₁）	2 616.31	7.60	16	7	5	28	1.07
12		门源县北部珠固乡—仙米乡—东川镇—皇城蒙古族乡侵蚀构造中高山一带亚区（Ⅲ₂）	3 497.74	10.17	5	8	21	34	0.97
13		门源县苏吉滩乡—麻莲乡—阴田乡—东川镇—仙米乡南部一带亚区（Ⅲ₃）	1 478.15	4.30	1	6	0	7	0.47
14		刚察县沙柳河镇北部盖北山至海晏县甘子河乡撒那曲与默公路一带亚区（Ⅲ₄）	461.42	1.34	17	20	13	50	10.84
15		刚察县吉尔孟乡南部高山一带亚区（Ⅲ₅）	35.54	0.10	0	8	2	10	28.14
16		海晏县黄草村—道阳村—姜柳盛村—新泉村—永丰村—大菊红—巴音托华—温都村至堇嘉公路沿线—哈勒景村—乌兰哈达村—亚区（Ⅲ₆）	249.97	0.73	26	37	32	95	38.00
17	低危险区Ⅳ	祁连县野牛沟乡西北部葫芦南山一带亚区（Ⅳ₁）	1 396.36	4.06	0	0	0	0	0.00
18		祁连县央隆乡—野牛沟乡南部—默勒镇北部、门源县浩门镇—泉口镇大通河谷侵蚀堆积平原—麻学寺西县北部高山区—青海湖东北部中高山区、青海湖盆地及海晏盆地、刚察县吉尔孟乡、泉吉乡中高山、伊克乌兰及沙柳河镇南部中山、堆积平原一带亚区（Ⅳ₂）	18 164.81	52.79	15	28	12	55	0.30
19		刚察县大通河右岸、沙柳河镇北部高山一带亚区（Ⅳ₃）	1 412.67	4.11	0	0	0	0	0.00
	总计		34 407.87	100.00	206	318	297	821	

第三节 地质灾害易损性评价

一、评价模型的建立

易损性是指地质灾害危险区内单个或一系列承灾体受损毁的几率和难易程度。具体表现为社会经济系统对地质灾害的响应，用受灾体对灾害活动的敏感程度与承受能力来度量。社会经济的易损性由受灾体自身条件和社会经济条件所决定，前者主要包括受灾体类型、数量和分布情况等；后者包括人口分布、城镇布局、厂矿企业分布、交通通信设施等。易损性评价及赋值主要参考第一次全国自然灾害综合普查技术规范（FXPC/ZRZY P-01）《地质灾害风险调查评价技术要求（1∶5万）》。

地质灾害的社会经济易损性评估指标体系可简略概括为生命损失、财产损失、社会经济损失和资源与环境损失4部分。生命损失和财产损失称为直接损失，而社会经济损失和资源与环境损失称为间接损失。鉴于1∶5万风险评价精度，本次只针对直接损失，即生命损失和财产损失进行统计、评价。生命损失和财产损失与受威胁区的人口密度、财产多少有关。通常情况下，人口越多，财产价值越高，对灾害的反应越灵敏，受灾害危害的程度越高。

二、社会经济易损性评估方法

地质灾害的易损程度用生命损失、财产损失两个指标构成的易损性指数来量度，指数值越大，则社会经济易损性越高。

首先对整个区域进行单元划分（以人口分布为线进行划分），然后通过计算每个地质环境分区单元的易损性指数，根据易损指数进行社会经济易损性分区，做出整个调查区的社会经济易损性分区图。

单个地质灾害评价单元易损性值的计算为

$$Y_{损j} = \sum_{i=1}^{2} X_{ij} \tag{6.5}$$

式中：$Y_{损j}$为j单元的易损性值；X_{i1}为j单元的生命损失指标，用人口密度代替（人/km²）；X_{i2}为j单元的财产损失指标，用财产密度代替（万元/km²）。

1）生命损失

生命损失用人口密度来代替。人口密度越高，地质灾害危害造成的生命损失可能越大。对调查区人口密度的调查由于没有大量的流动人口，主要采用社会资料收集法和预测计算法。其中社会资料收集法是通过收集调查区历年统计年鉴，得出城、乡镇和居民点的常住人口数，从而得出该区的人口密度。预测计算法是根据调查区发展规划预测计算人口密度的新方法，适合于县城和重要乡镇所在地未来人口预测，其人口密度可用下式计算

$$X_{j(t)} = \frac{\xi \cdot A_j}{S_j} \tag{6.6}$$

式中：$X_{j(t)}$为j单元到t年的预测计算人口密度值（人/km²）；ξ为单位规划居住用地人口密度

(人/km²);A_j 为 j 单元的规划居住用地面积(km²);S_j 为 j 单元的面积(km²)。

$$\xi = \frac{M_t}{S_t} \tag{6.7}$$

式中:M_t 为到 t 年的城镇规划人口总数(人);S_t 为到 t 年的城镇规划用地总数(km²)。

2)财产损失

财产损失用财产密度来代替。财产密度越高,地质灾害危害造成的财产损失可能越大。对调查区财产密度的调查主要采用以现场调查为主,社会资料收集和预测计算为辅的方法。现场调查法是根据当地不同财产类型的造价,现场调查不同财产类型的数量,得出调查单元的总资产,除以该单元的面积,即为该单元的财产密度。存在地质灾害威胁区段的此项工作在前面进行经济损失评估时已进行了统计。社会资料收集法主要收集各个单位的固定资产价值,计算出单元的财产密度。调查时没有统计的财产通过此法计算完成。预测计算法是用于预测县城规划后财产的密度分布,根据现阶段的不同建筑物的造价,科学合理地预测县城及乡镇规划后的单元财产密度。预测计算公式如下

$$X_{j(t)} = \frac{K \cdot \sum_{i=1}^{n} a_{ij} \cdot B_{ij}}{S_j} \tag{6.8}$$

式中:$X_{j(t)}$ 为 j 单元到 t 年的预测财产密度值(万元/km²);a_{ij} 为 j 单元 i 类财产单价(造价);B_{ij} 为 j 单元 i 类财产数量;n 为 j 单元内财产种类数量;S_j 为 j 单元的面积(m²);K 为财产增长系数,$K = 1 + \beta$。

β 为财产增长率,β 值的大小可根据城镇以往多年财产增长曲线来获得,也可以用当地 GDP 的增长率来代替。

三、刚察县地质灾害易损性评价

1)人员易损性

人员易损性主要根据调查获取的地质灾害级隐患的威胁人口数量,采用核密度算法得到,再进行重分类,然后进行赋值,刚察县一般调查区人口易损性栅格评价图如图 6.59 所示。

2)交通设施易损性

交通设施易损性评价主要根据不同设施类型和等级,按照表 6.20 进行赋值,完成易损性评价,刚察县道路易损性栅格评价图如图 6.60 所示。

表 6.20 刚察县承灾体易损性赋值建议表

承灾体类型	分级	赋值
受地质灾害直接威胁人口数量	≥1000 人	0.8~1.0
	100~1000 人	0.5~0.8
	10~100 人	0.3~0.5
	<10 人	0~0.3

续表 6.20

承灾体类型	分级	赋值
交通设施	高速公路	0.8~0.9
	国家级公路	0.5~0.8
	省级公路	0.3~0.5
	城市道路	0.2~0.3
	一般公路	0.1~0.3
	高速铁路	0.8~1.0
	一般铁路	0.3~0.6
其他生活设施	油气线路	0.8~1.0
	输水线路	0.4~0.7
	输电线路	0.4~0.7
	通信线路	0.3~0.6

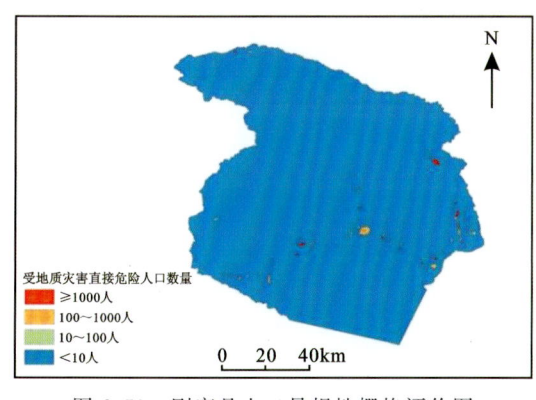

图 6.59 刚察县人口易损性栅格评价图

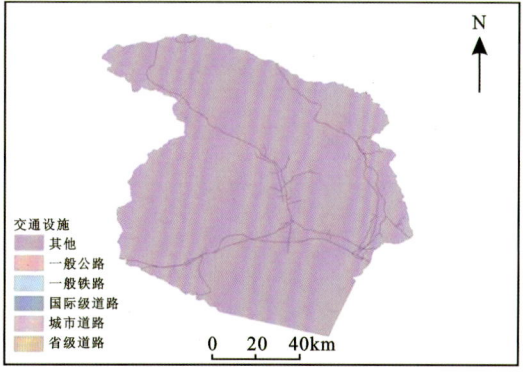

图 6.60 刚察县道路易损性栅格评价图

3) 地质灾害易损性结果

根据以上方法,在人口密度、财产密度两方面数据归一化的基础上,计算出各分区单元的易损性归一化值 $Y_{损归}$,按确定的阈值,在上述评价指标分析的基础上,运用 ArcGIS 的空间分析功能,求取研究区各评价区易损性指数。对计算结果按照极高易损区($Y_{损}>0.7$)、高易损区($0.5<Y_{损}\leqslant 0.7$)、中易损区($0.3<Y_{损}\leqslant 0.5$)、低易损区($Y_{损}\leqslant 0.3$)进行分级,得到易损性评价分级结果(图 6.61)。

4) 地质灾害易损性分区与评价

依据地质灾害易损程度区划的评估原则和地质灾害易损性等级分区图,地质灾害易损程度划分为高易损区、中易损区、低易损区 3 个不同等级的区域。结合地质灾害易发区和承灾体种类及其分布的区域,综合考虑各种因素,人工勾画出调查区地质灾害易损程度分区图(图 6.62)。分区说明见表 6.21。

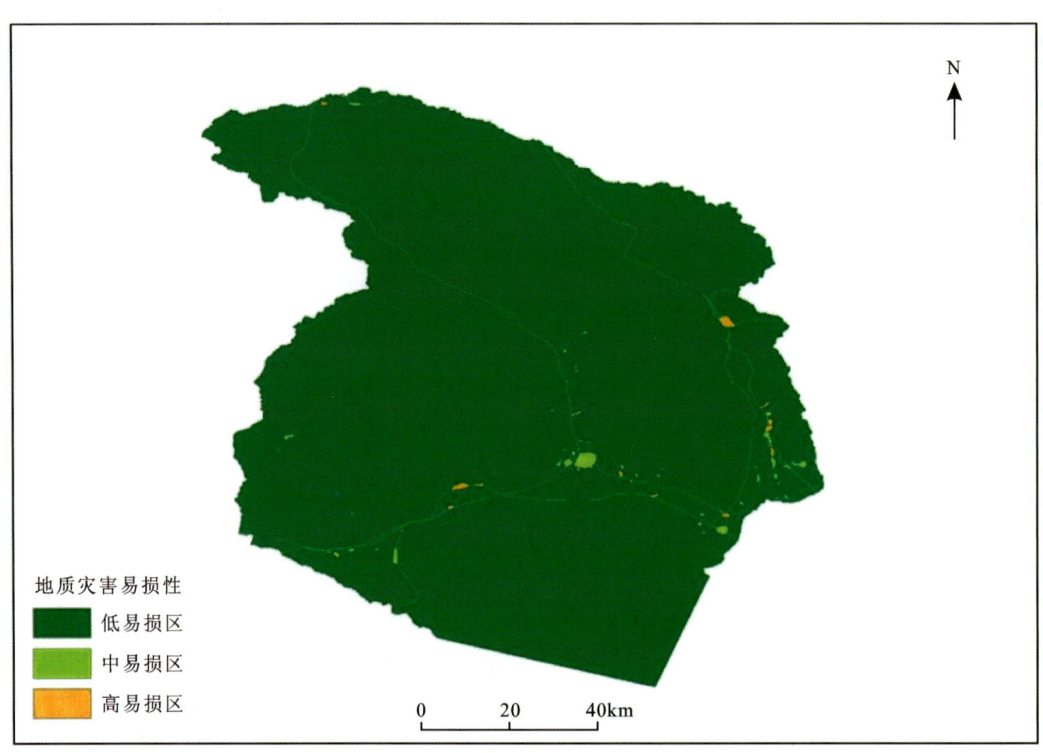

图 6.61　刚察县地质灾害易损性 GIS 图

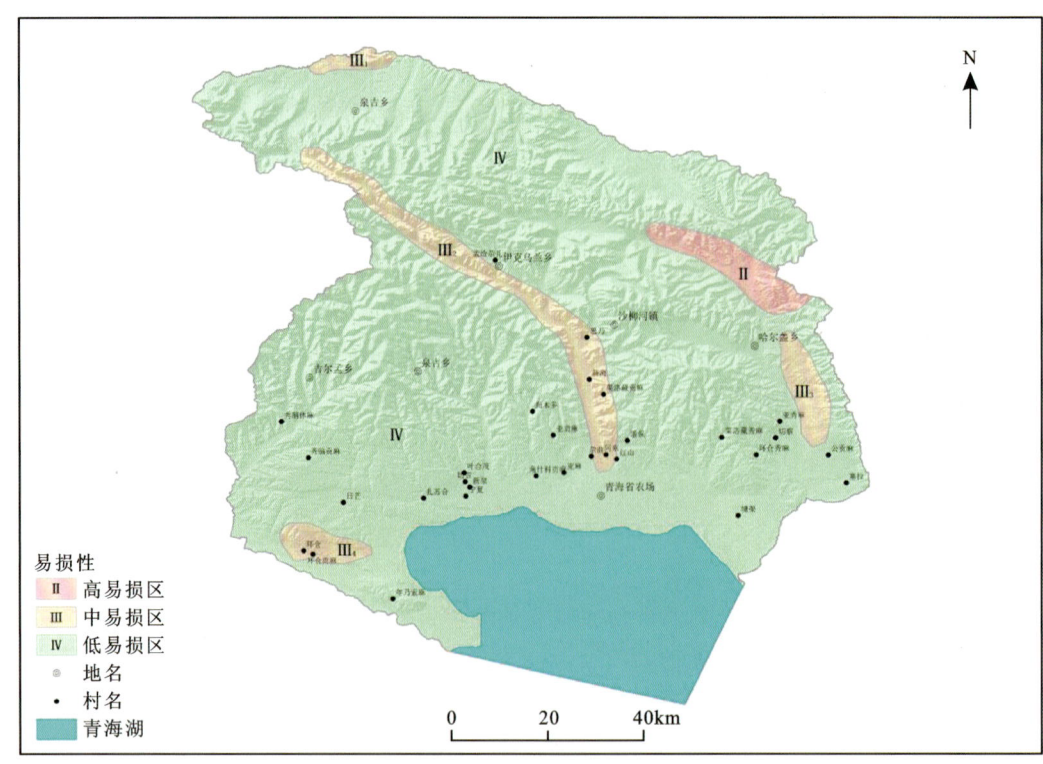

图 6.62　刚察县地质灾害易损性评价分区图

表 6.21 刚察县地质灾害易损性分区说明表

分区及代号	亚区及代号	面积/km²	占比/%	位置	地质灾害数量/处	威胁人数/人	威胁财产/万元
高易损区Ⅱ	/	167.30	2.54	热水煤矿、热江公路沿线一带	38	30	2 760.7
中易损区Ⅲ	Ⅲ₁	44.06	0.67	大通河南岸的低山丘陵区、江仓煤矿一带	4	0	4.0
	Ⅲ₂	391.23	5.93	刚察—江仓公路沿线、沙柳河两岸高山区一带	72	8	784.9
	Ⅲ₃	111.68	1.70	哈尔盖河两岸中山区、热江公路沿线一带	9	13	93.5
	Ⅲ₄	86.01	1.31	省道 S204 环仓贡麻一带	10	5	333.75
低易损区Ⅳ	/	5 786.86	87.85	县境北部高山、西南和东南部中山、堆积平原一带	77	31	553.7
合计		6 587.14	100.0		210.00	87	4 530.55

四、门源县地质灾害易损性评价

1）人员易损性

人员易损性主要根据调查获取的地质灾害级隐患的威胁人口数量，采用核密度算法得到人员易损性，再进行重分类，然后进行赋值（图 6.63）。

2）交通设施易损性

交通设施易损性评价主要根据不同设施类型和等级，按照表 6.20 进行赋值，完成易损性评价（图 6.64）。

3）土地利用类型

土地利用数据包含了建筑分布、不同设施等，是人口、财产分布的基本载体，同时具有自身的经济价值。因此，对土地利用数据进行归一化处理，取相应的归一化值作为工作区内的基础易损性（图 6.65）。

4）地质灾害易损性结果

根据以上方法，经过从人口、交通、土地利用数据归一化的基础上，以 GIS 为平台，将不同类型承灾体易损性值归一化并进行叠加，获得综合易损性评价（图 6.66）。

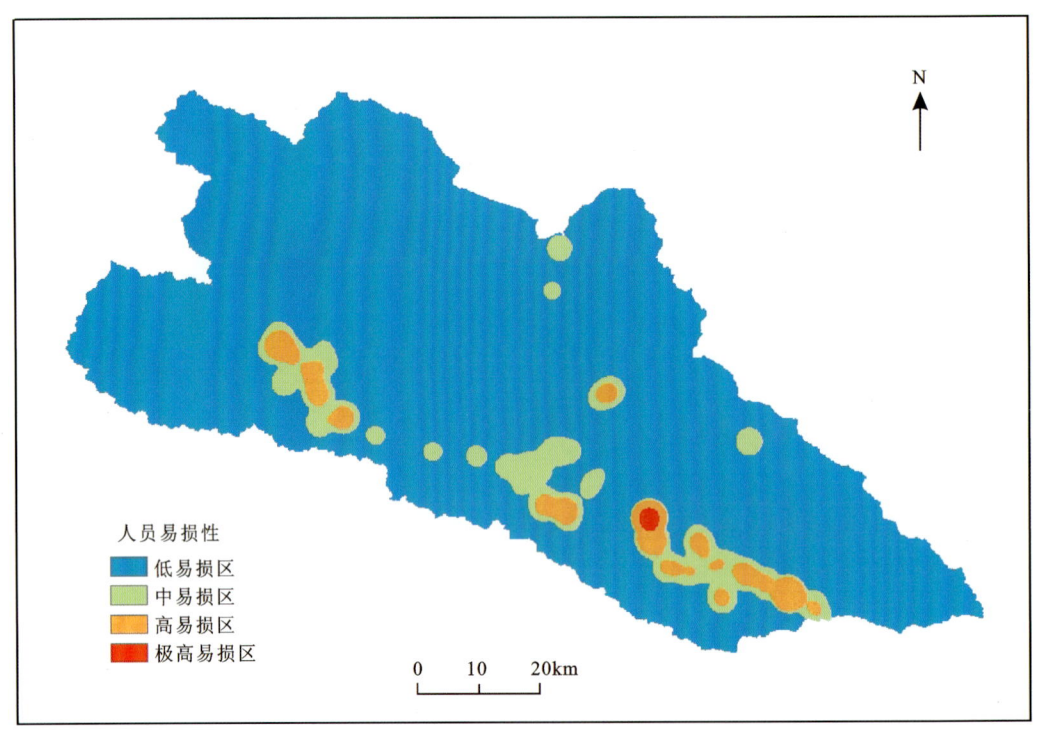

图 6.63 门源县人员易损性栅格评价图

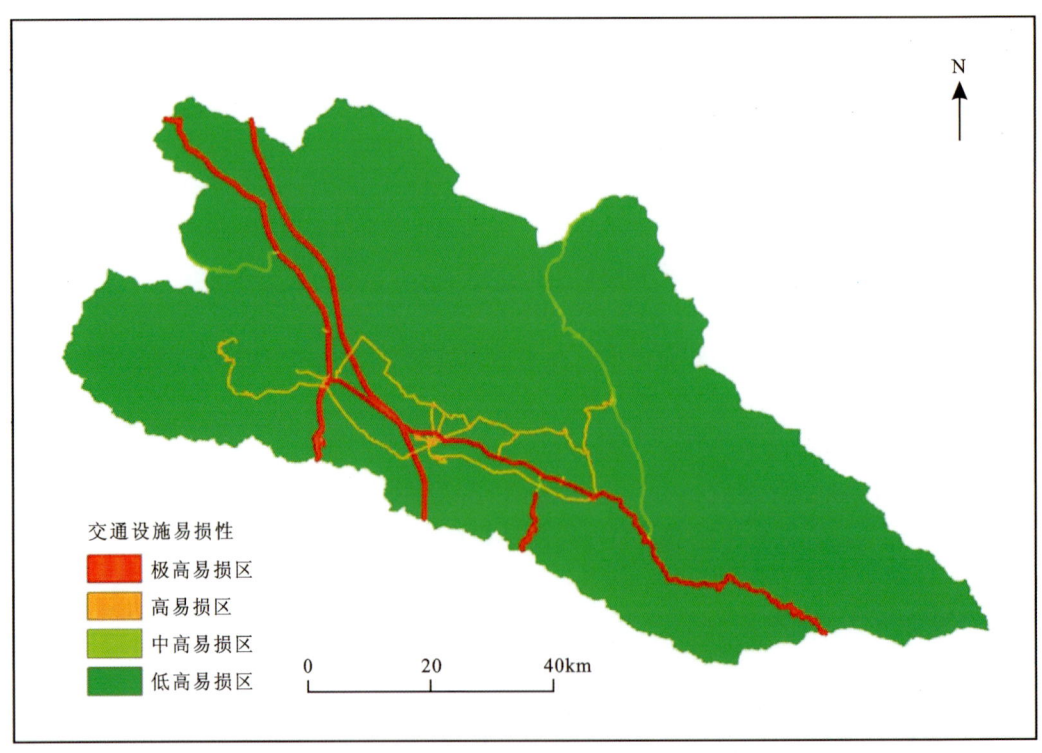

图 6.64 门源县交通设施易损性栅格评价图

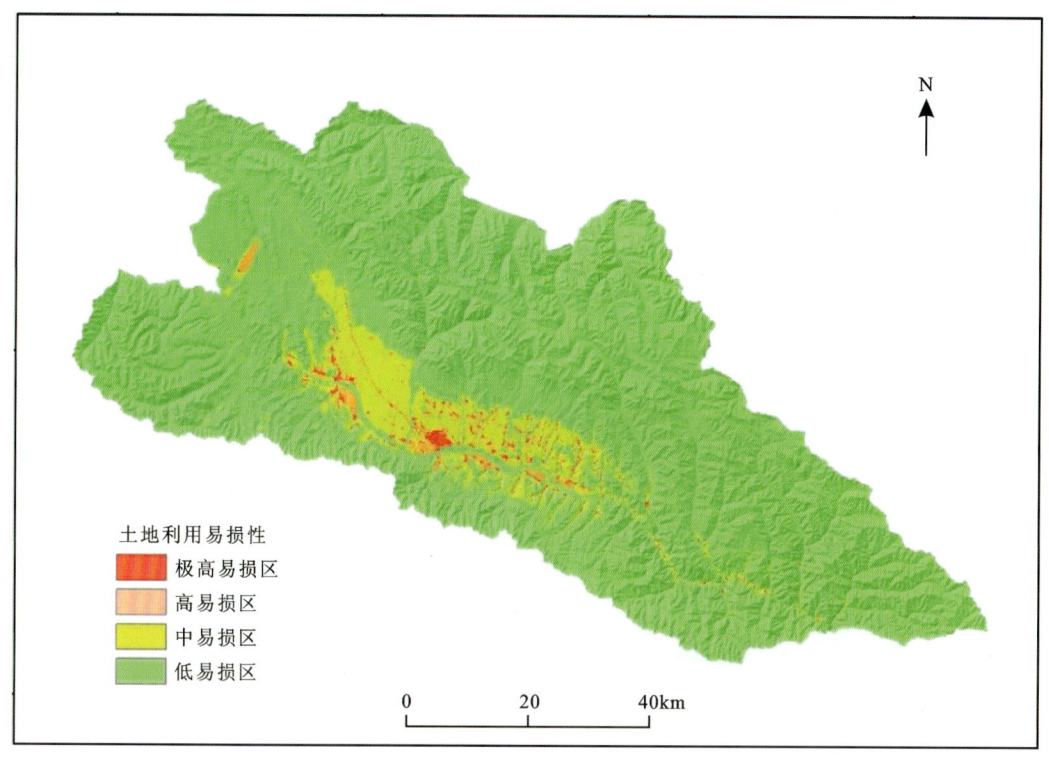

图 6.65 门源县土地利用易损性

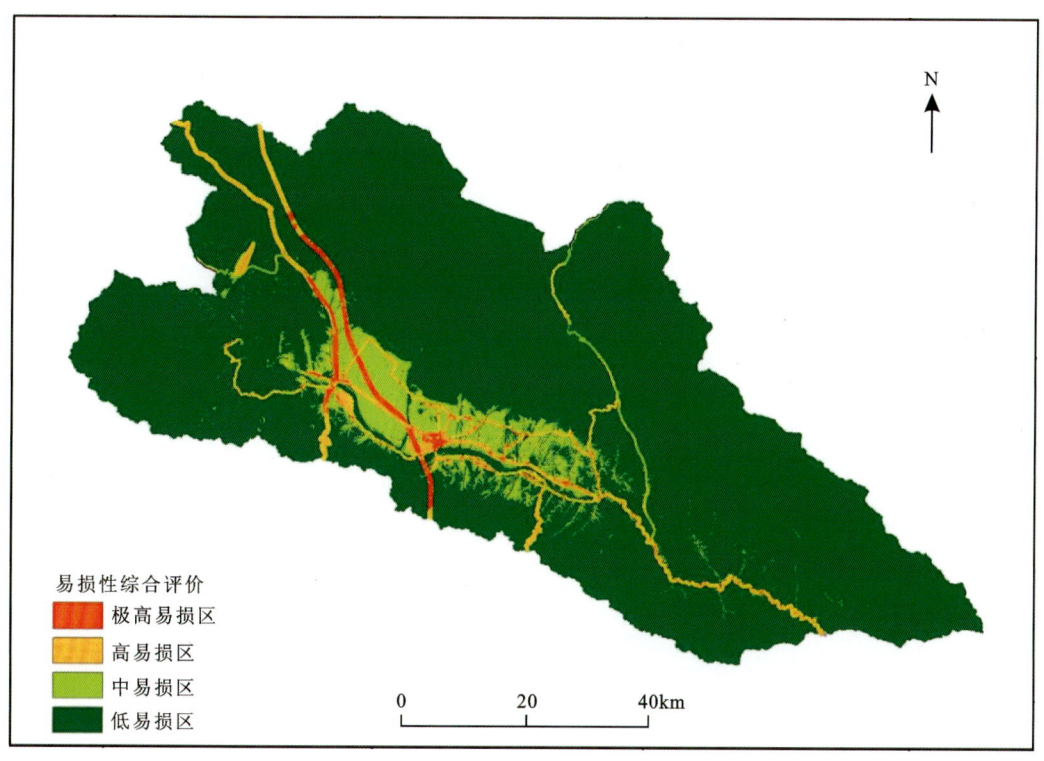

图 6.66 门源县地质灾害易损性 GIS 图

5)地质灾害易损性分区与评价

依据地质灾害易损程度区划的评估原则和地质灾害易损性等级分区图,地质灾害易损程度划分为极高易损区、高易损区、中易损区、低易损区4个不同等级的区域。结合地质灾害易发区和承灾体种类及其分布的区域,综合考虑各种因素,人工勾画出一般工作区地质灾害易损程度分区图(6.67)。分区说明见表6.22。

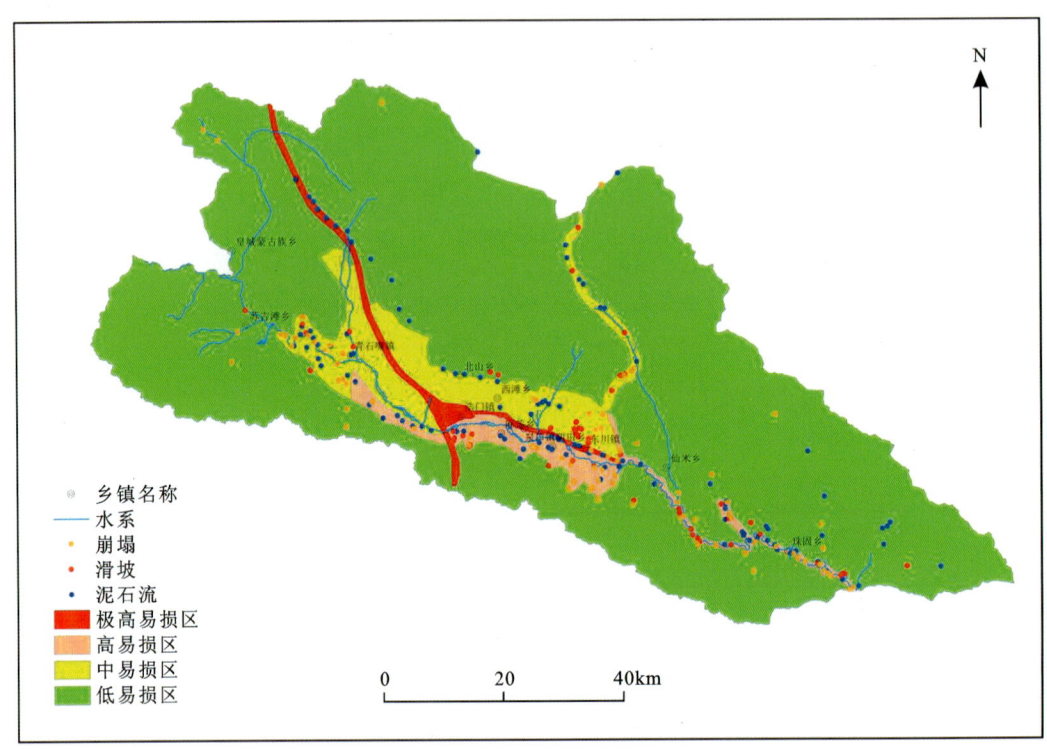

图 6.67 门源县地质灾害易损性评价分区图

表 6.22 门源县地质灾害易损性分区说明表

分区及代号	亚区代号	面积/km²	位置	地质灾害数量/处	威胁人数/人	威胁财产/万元
极高易损区 A	A	119.47	门源县县城及乡镇所在地—重要铁路公路沿线	18	184	232.75
高易损区 B	B₁	54.77	珠固乡及大通河流域沿岸公路所在地一带	54	1247	4 515.65
	B₂	129.93	麻莲乡—阴田乡一带	38	836	2 618.1
	B₃	35.94	下铁迈村—头塘村一带	10	520	1 767.0
中易损区 C	C₁	315.73	北山乡—西滩乡—东川镇一带	48	547	2 022.2
	C₂	227.62	青石嘴北侧—大通河左岸河谷平面一带	36	1267	4 002.0

续表 6.22

分区及代号	亚区代号	面积/km²	位置	地质灾害数量/处	威胁人数/人	威胁财产/万元
低易损区 D	D_1	1 535.32	祁连山区冰雪覆盖山区一带	11	221	346.42
	D_2	2 061.43	大通河右岸山区地带	16	408	1 367.24
	D_3	1 897.67	祁连山南部森林区一带	26	330	786.3
合计		6 377.88		257	5560	17 657.66

(1)地质灾害极高易损区(A)。地质灾害极高风险区主要分布在门源县县城所在地—重要铁路公路沿线地质灾害发育,极高易损区总面积为119.47km²,威胁人口密集,人类工程活动强烈,区内共发育地质灾害点18处,威胁人数184人,威胁财产232.75万元。

(2)地质灾害高易损区(B)。地质灾害高易损区在门源县主要沿坡脚居民区分布,地质灾害高易损区面积220.64km²,主要分布在珠固乡及大通河流域沿岸公路所在地一带、麻莲乡—阴田乡一带、下铁迈村—头塘村一带。包括102个地质灾害点,共威胁人数2603人,威胁财产8 900.75万元。

(3)地质灾害中易损区(C)。地质灾害中易损区主要分布在县境中部沟谷平原与低山丘陵地带交接地带的北山乡—西滩乡—东川镇一带(C_1)、青石嘴北侧—大通河左岸河谷平面一带(C_2),区内灾害点84处,地质灾害中易损区面积543.35km²,共威胁人数1814人,威胁财产6 024.2万元。

(4)地质灾害低易损区(D)。地质灾害低易损区分布广泛,主要分布在人口稀少的山区以及泥石流沟的形成区、一级大通河流域河谷平原地带祁连山区冰雪覆盖山区一带(D_1)、大通河右岸山区地带(D_2)、祁连山南部森林区一带(D_3),区内发育灾害点53处。地质灾害低风险区面积5 494.42km²,占评价区总面积的86.15%,共威胁人数959人,威胁财产2 499.96万元。

五、海晏县地质灾害易损性评价

1)人员易损性

人员易损性主要根据调查获取的地质灾害级隐患的威胁人口数量,采用核密度算法得到人员易损性,再进行重分类,然后进行赋值(图6.68)。

2)交通设施易损性

交通设施易损性评价主要根据不同设施类型和等级,按照表6.20进行赋值,完成易损性评价(图6.69)。

3)地质灾害易损性结果

根据以上方法,运用ArcGIS的空间分析功能,将研究区各评价区易损性指数进行求取。对计算结果进行分级,得到易损性评价分级结果(图6.70)。

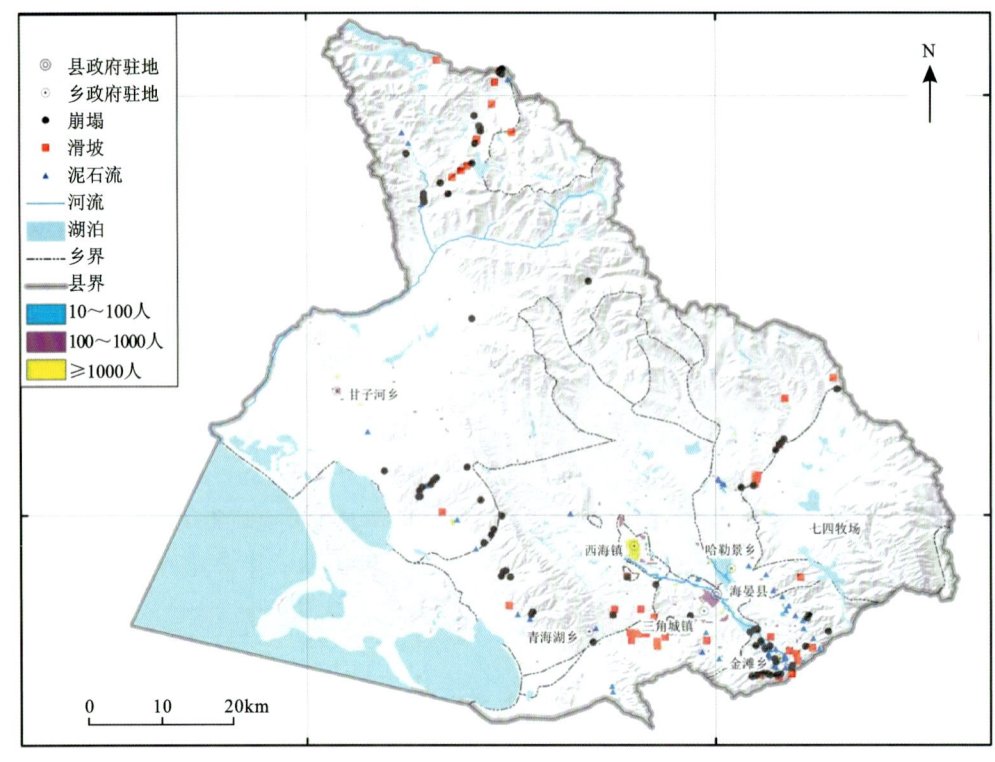

图 6.68 海晏县人口易损性栅格评价图

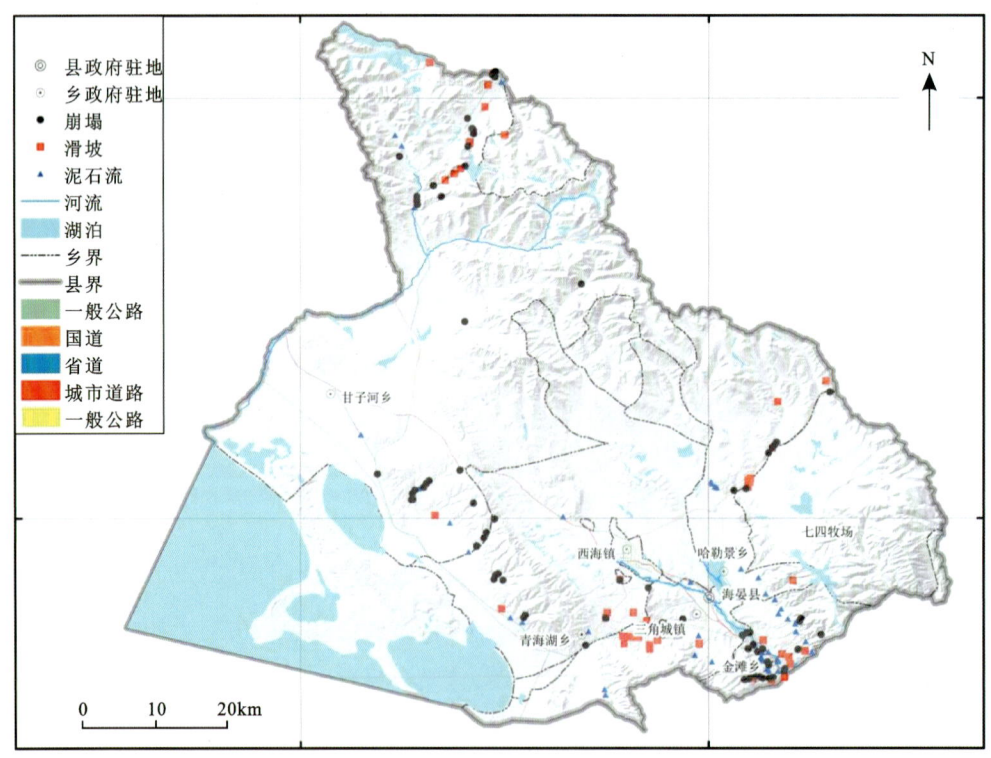

图 6.69 海晏县道路易损性栅格评价图

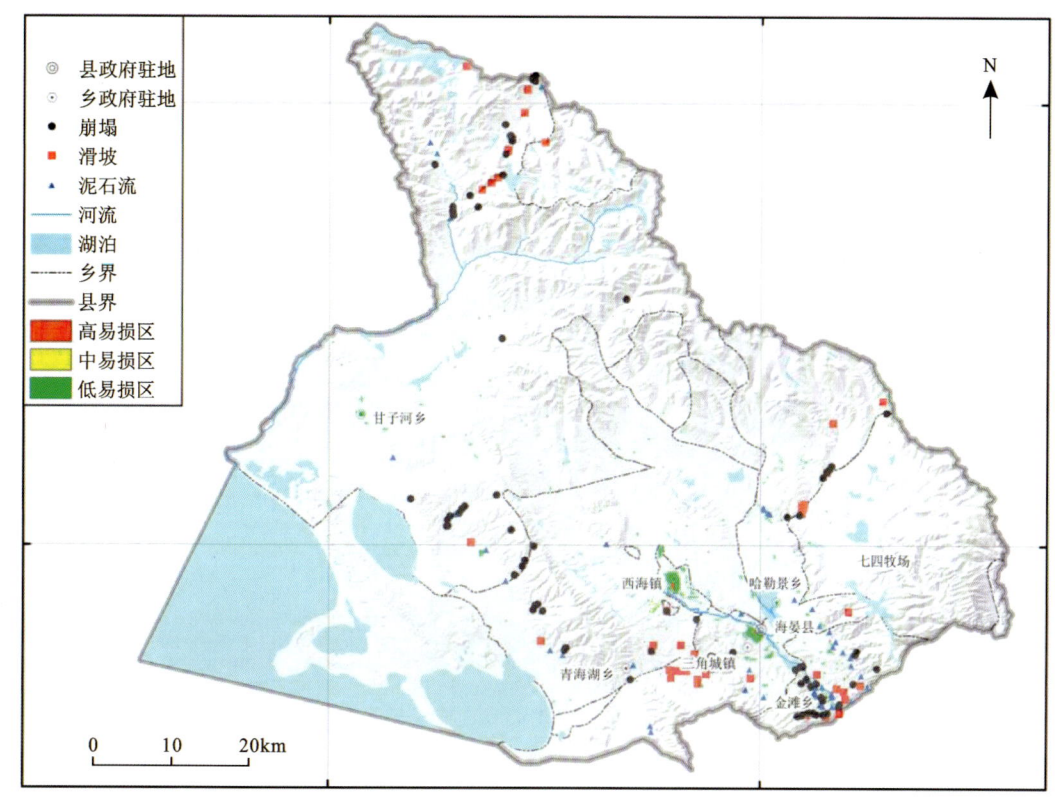

图 6.70　海晏县地质灾害易损性 GIS 图

4）地质灾害易损性分区与评价

依据地质灾害易损程度区划的评估原则和地质灾害易损性等级分区图，地质灾害易损程度划分为高易损区、中易损区、低易损区 3 个不同等级的区域。结合地质灾害易发区和承灾体种类及其分布的区域，综合考虑各种因素，人工勾画出重点调查区地质灾害易损程度分区图（6.71）。分区说明见表 6.23。

六、祁连县地质灾害易损性评价

1）人员易损性

人员易损性主要根据调查获取的地质灾害级隐患的威胁人口数量，采用核密度算法得到人员易损性，再进行重分类，然后进行赋值（图 6.72）。

2）交通设施易损性

交通设施易损性评价主要根据不同设施类型和等级，按照表 6.20 进行赋值，完成易损性评价（图 6.73）。

3）地质灾害易损性结果

根据以上方法，运用 ArcGIS 的空间分析功能，将各评价区易损性指数进行求取。对计算结果行分级，得到易损性评价分级结果（图 6.74）。

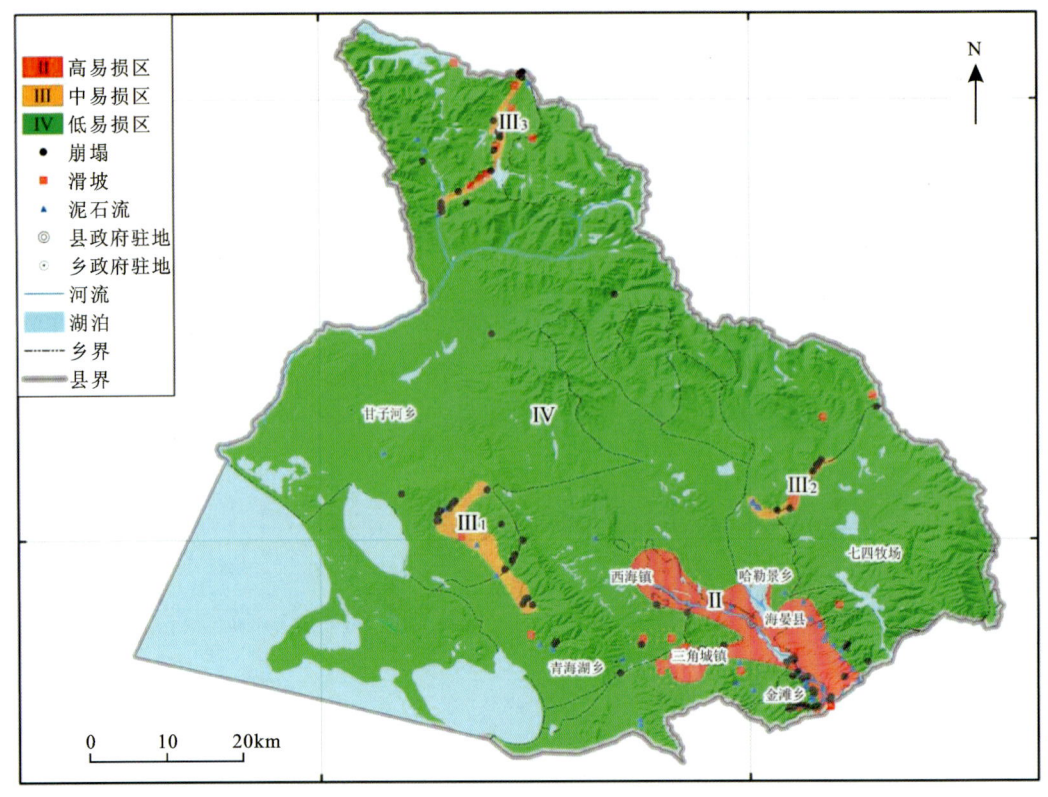

图 6.71 海晏县地质灾害易损性评价分区图

表 6.23 海晏县地质灾害易损性分区说明表

分区及代号	亚区及代号	面积/km²	占比/%	地质灾害数量/处					灾害点密度/(处·km²)
				崩塌(潜在崩塌)	滑坡(潜在滑坡)	泥石流	合计	总计	
高易损区	Ⅱ	181.33	4.65	12	12	19	43	43	0.237 1
中易损区	Ⅲ₁	40.84	1.05	13	1	3	17	78	0.416 3
	Ⅲ₂	13.19	0.34	6	6	4	16		1.213 0
	Ⅲ₃	18.96	0.49	22	16	5	43		2.267 9
低易损区	Ⅳ	3 645.8	93.48	28	13	21	62	62	0.017 0
合计		3 900.12	100	12	12	19	43	181	0.237 1

4)地质灾害易损性分区与评价

依据地质灾害易损程度区划的评估原则和地质灾害易损性等级分区图,地质灾害易损程度划分为极高易损区、高易损区、中易损区、低易损区 4 个不同等级的区域。结合地质灾害易发区和承灾体种类及其分布的区域,综合考虑各种因素,人工勾画出一般调查区地质灾害易损程度分区图(6.75)。分区说明见表 6.24。

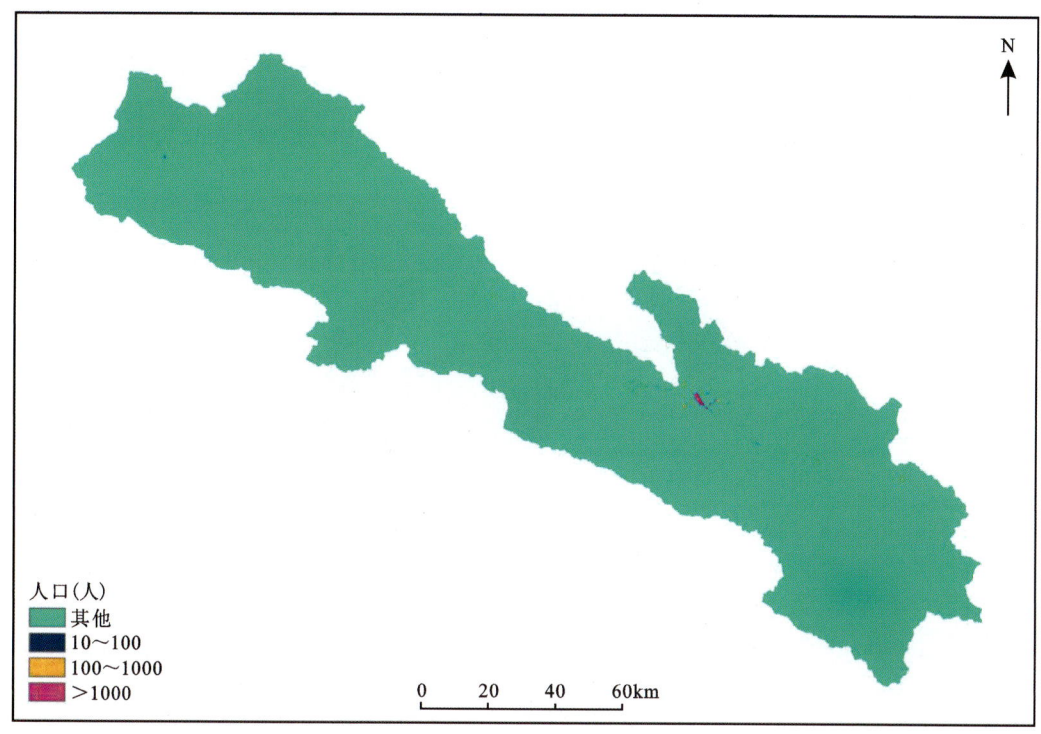

图 6.72 祁连县人口易损性栅格评价图

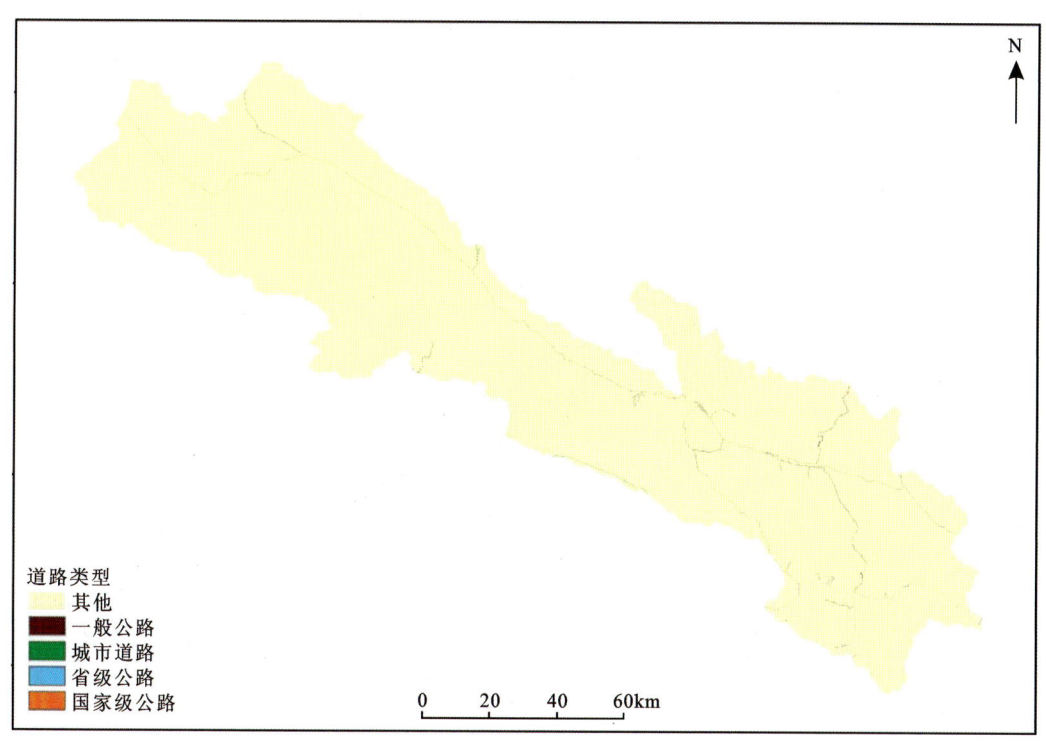

图 6.73 祁连县道路易损性栅格评价图

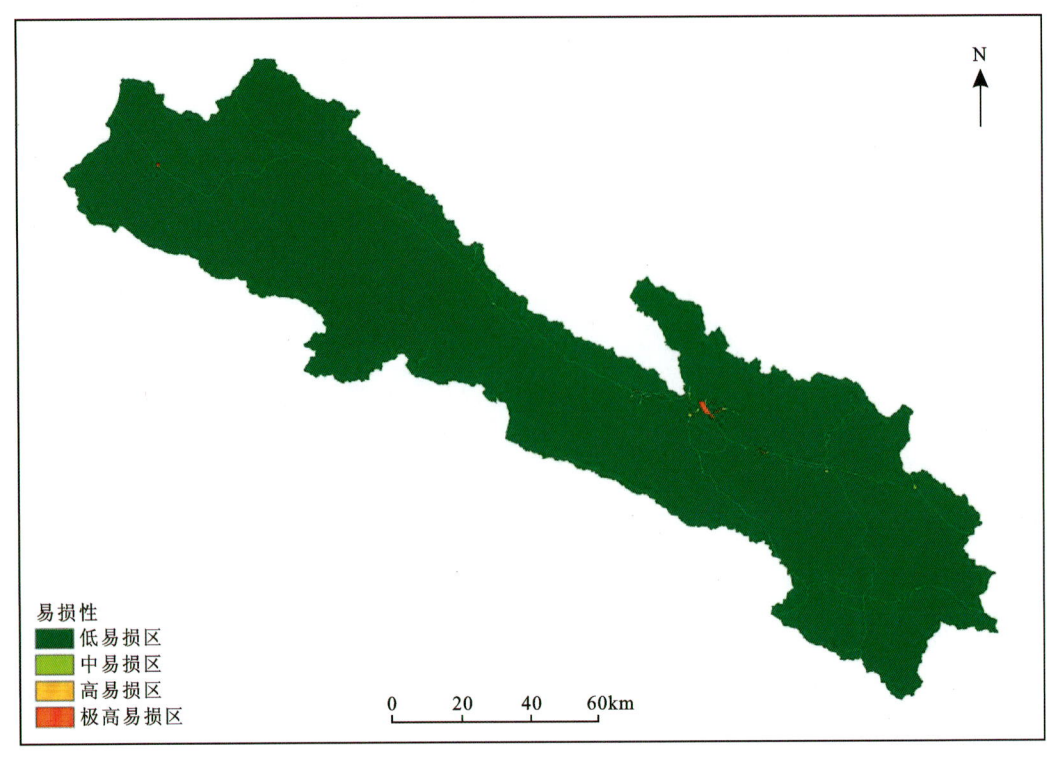

图 6.74　祁连县地质灾害易损性 GIS 图

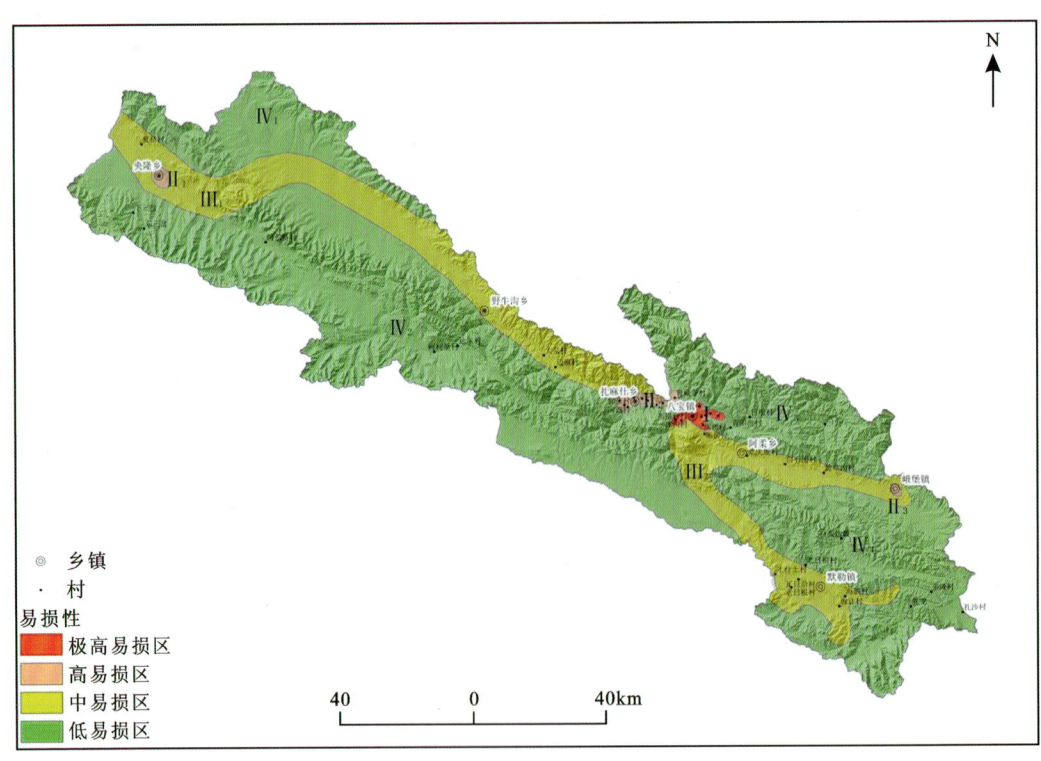

图 6.75　祁连县地质灾害易损性程度分区图

表 6.24 祁连县地质灾害易损性分区说明表

分区及代号	亚区及代号	面积/km²	占比/%	位置	地质灾害数量/处	威胁人数/人	威胁财产/万元
极高易损区Ⅰ	Ⅰ	70.62	0.51	祁连县城所在地—八宝河流域八宝镇冰沟村、营盘台村、东措台村、下庄村、西村、白杨沟村、高愣村、拉洞台村、麻拉河村及卡力岗村一带	40	955	1 730.43
高易损区Ⅱ	Ⅱ₁	30.25	0.22	讨赖河流域央隆乡政府所在地一带	1	0	1.15
	Ⅱ₂	76.09	0.55	黑河流域扎麻什乡河东村、郭米村、河北村、棉沙湾村、朵大坂至八宝镇黄藏寺村一带	40	494	689.24
	Ⅱ₃	9.58	0.07	八宝河流域峨堡镇、宁张公路一带	0	0	0
中易损区Ⅲ	Ⅲ₁	1 752.06	12.58	野牛沟乡至央隆乡S301省道两侧及G213扎麻什乡柳沟至野牛沟国道一带	34	23	92.71
	Ⅲ₂	1 184.34	8.51	S302峨祁公路峨堡镇老日根村、瓦日尕村至八宝镇账房台、G213默勒镇至八宝镇冰沟村一带	31	14	228.26
低易损区Ⅳ	Ⅳ₁	1 208.15	8.68	央隆乡北部托勒山至走廊南山一带	0	0	0
	Ⅳ₂	5 561.85	39.95	央隆乡—野牛沟乡—扎麻什乡南部托勒山、托勒南山一带	17	181	439.22
	Ⅳ₃	1 559.34	11.20	八宝镇—阿柔乡—默勒镇北部走廊南山一带	10	0	16.32
	Ⅳ₄	2 471.02	17.75	峨堡镇—阿柔乡、默勒镇以南托勒山、大通山一带	0	0	0
合计		13 923.32	100.00		173	1667	3 197.33

七、海北州地质灾害易损性评价结果

在各县地质灾害易损性评价的基础上,结合地质灾害易发区和承灾体种类及其分布的区域,综合考虑各种因素,在全州划分尺度上,局部进行人工调整(包括删除、合并等),将全州划分为地质灾害极高易损区、高易损区、中易损区和低易损区4个区,共24个亚区(图6.76,表6.25)。

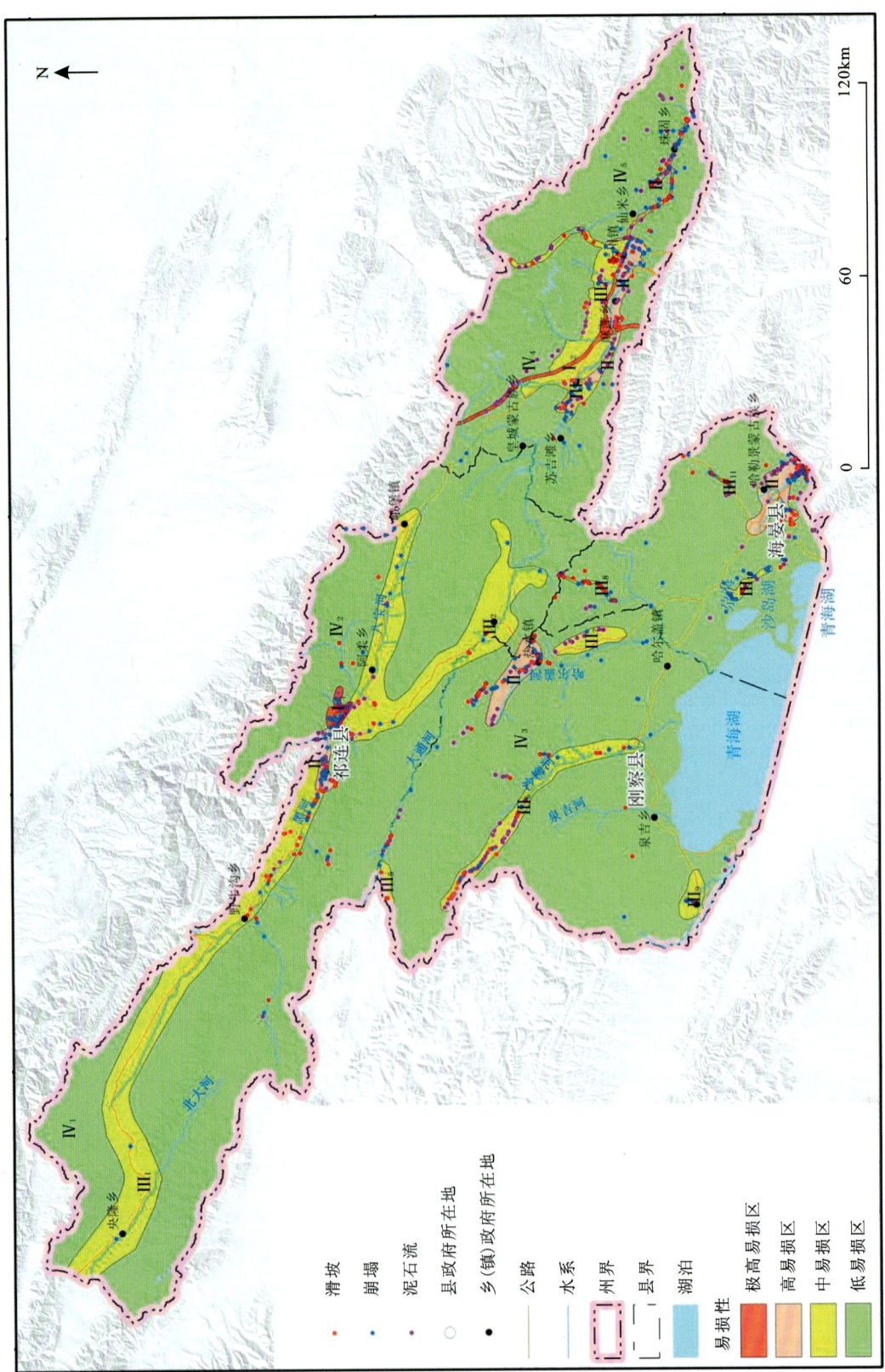

图6.76 海北州地质灾害易损性分布区

第六章 地质灾害问题风险评价

表 6.25 海北州地质灾害易损性分区统计表

序号	易损分级	亚区代号	面积/km²	占比/%	位置	地质灾害数量/处	威胁人数/人	威胁财产/万元
1	极高易损区 I	I₁	70.62	0.21	祁连县城所在地、八宝河流域八宝镇冰沟村、营盘台村、东措台村、下庄村、西ţ村、白杨沟村、高磱村、拉洞台村、麻拉河村及卡力岗村一带	40	955	1 730.43
2		I₂	119.47	0.35	门源县县城所在地一青藏铁路公路沿线一带	18	184	84 974.30
3	高易损区 II	II₁	76.09	0.22	祁连县黑河流域扎麻什乡河东村、郭米村、河北村、棉沙湾村、朵尔大坂至八宝镇黄藏寺村一带	39	494	689.04
4		II₂	181.84	0.53	刚察县热水煤矿、热江公路沿线一带	38	30	2 760.70
5		II₃	35.94	0.10	门源县下铁迈村一头塘村一带	10	520	1 767.00
6		II₄	129.93	0.38	门源县麻莲乡一阴田乡大通河南岸一带	38	836	2 618.10
7		II₅	68.00	0.20	门源县珠固乡及大通河流域沿岸公路所在地一带	54	1247	6 015.50
8		II₆	181.33	0.53	海晏县三角城镇一金滩乡一西海镇一带	45	228	1 549.02
9	中易损区 III	III₁	1 782.31	5.18	野牛沟乡至央隆乡 S301 省道两侧及 G213 扎麻什乡柳沟至野牛沟国道一带	35	23	93.86
10		III₂	1 249.57	3.63	S302 峨祁公路峨堡镇老日根村、瓦日尕村至八宝镇帐房台、G213 默勒镇至八宝镇冰沟村一带	33	14	228.46
11		III₃	227.62	0.66	门源县青石嘴镇北侧一大通河左岸河谷平原一带	36	1267	4 002.00
12		III₄	315.73	0.92	门源县北山乡一西滩乡一东川镇一带	48	547	2 022.20

续表6.25

序号	易损分级	亚区代号	面积/km²	占比/%	位置	地质灾害数量/处	威胁人数/人	威胁财产/万元
13	中易损区Ⅲ	Ⅲ₅	46.96	0.14	刚察县大通河南岸的低山丘陵区、江仓煤矿一带	4	0	4.00
14		Ⅲ₆	391.23	1.14	刚察县刚察—江仓公路沿线、沙柳河两岸高山区一带	71	8	781.90
15		Ⅲ₇	111.68	0.32	刚察县哈尔盖河两岸中山区、热江公路沿线一带	9	13	93.00
16		Ⅲ₈	19.04	0.06	海晏县北部区域青海湖乡一带	27	0	140.30
17		Ⅲ₉	86.01	0.25	刚察县青海湖乡省道S204环仓贡麻一带	10	5	333.75
18		Ⅲ₁₀	40.84	0.12	海晏县青海湖乡北侧—白佛寺—温都村—托华村一带	15	88	294.10
19		Ⅲ₁₁	13.19	0.04	海晏县哈勒景乡哈勒景村一带	16	0	69.25
20	低易损区Ⅳ	Ⅳ₁	1 208.15	3.51	祁连县央隆乡北部托勒山至走廊南山一带	0	0	0.00
21		Ⅳ₂	1 559.34	4.53	祁连县八宝镇—阿柔乡—默勒镇北部走廊南山一带	10	0	16.32
22		Ⅳ₃	23 059.97	67.02	祁连县央隆乡—野牛沟乡—扎麻什乡南部托勒山、托勒南山一带，峨堡镇—阿柔乡、默勒镇以南托勒山、大通山一带，海晏北部高山区、海晏寺西部低山区、丘陵区，刚察县北部高山、青海湖区、茶拉盆地，青海湖区及海晏盆地、西南和东南部中山、堆积平原一带	188	886	3 207.36
23		Ⅳ₄	1 535.32	4.46	门源县东川镇—西滩乡—北山乡北部山区一带	10	221	34 503.00
24		Ⅳ₅	1 897.67	5.52	门源县班固乡—仙米乡大通河以南祁连山区一带	27	330	3 849.00
合计			34 407.85	100.00		821	7896	151 742.59

第四节 地质灾害风险区划分

地质灾害风险评价的基础是地质灾害易发性评价和易损性评价,二者构成了地质灾害风险评价体系。在完成海北州地质灾害危险性分区和易损性分区后,借鉴危险性和易损性划分结果,对地质灾害进行风险区划。

从概念上简单地理解,风险可以看作是危险性与易损性的乘积。因此,可以简单地认为,调查区地质灾害风险性评价是根据区内地质灾害危险性、易损性评价而得出的承灾体易损性,考查地质灾害对工程建筑及人类生产生活等造成的影响和威胁等不良后果的大小及其在区域内的分布状况。

本项目采用GIS分析方法评价区域地质灾害风险性,采用矩阵分析方法对地质灾害的危险性和易损性评价结果叠加运算,得出风险分区,通过人工修整、调适,最终划分出区域风险性区划图。

一、地质灾害风险性划分原则依据及目的

1)地质灾害风险性划分原则

(1)突出"以人为本"的原则。即对地质灾害风险性进行评价时,必须全面考虑到人类工程经济活动及其涉及区域。

(2)定性与定量相结合的方法,定性评价为定量评价的前提,重点评价地质灾害发生且可能达到受灾体的时空概率,灾害对人员、财产及城市工程建设等可能造成的损失,评价风险概率;定量评价重点评价区域地质灾害风险指数,最终确定区域地质灾害风险性等级。

2)地质灾害风险性划分依据

地质灾害风险性划分的主要依据是通过地质灾害危险性指数和地质灾害易损性指数综合确定地质灾害风险指数,最终划分风险性分区。

3)地质灾害风险性评价要求及目的

(1)要求。①地质灾害风险性划分主要通过定性与定量方法评价,确定区域风险性等级,划分结果要具有合理性。②要求尽可能全面而准确地反映区内不同单元地质灾害风险性,划分结果要对后期相关工作提供可靠的科学依据。

(2)目的。地质灾害风险评价的目的是清晰地反映评价区地质灾害总体风险水平与地区差异,为指导自然资源开发、保护环境、规划与实施地质灾害防治工程提供科学依据。

二、地质灾害风险评价

进行风险评价的过程,就是通常所说的,将危险性与易损性相乘,得到风险结果的过程。公式如下

$$R_i = H_i \cdot V_i \tag{6.9}$$

式中:R_i为风险性指数;H_i为危险性指数;V_i为易损性指数。

风险性指数归一化指数用下列公式计算

$$R_{风i} = R_i / R_{max} \qquad (6.10)$$

式中，R_{max}为所有风险性指数的最大值。

根据归一化后的单元风险指数，按表 6.26 进行地质灾害风险性区划划分。

表 6.26　地质灾害风险评价等级划分

风险指数	≥0.75	0.5～0.75	0.25～0.50	0～0.25
风险等级	极高风险	高风险	中风险	低风险

依据上述风险性定量计算的方法，采用危险性和易损性确定的各单元的指数，对单元风险性指数归一化，并结合地质灾害风险评价等级划分表，对各评价单元风险性定量计算。

三、刚察县地质灾害风险区划分

1）地质灾害风险性等级划分

在上述评价指标分析和数据归一化的基础上，运用 ArcGIS 系统的栅格运算功能，将危险性归一图层和易损性归一图层进行叠加计算，从而得到地质灾害风险性定量计算成果栅格图件（图 6.77）。

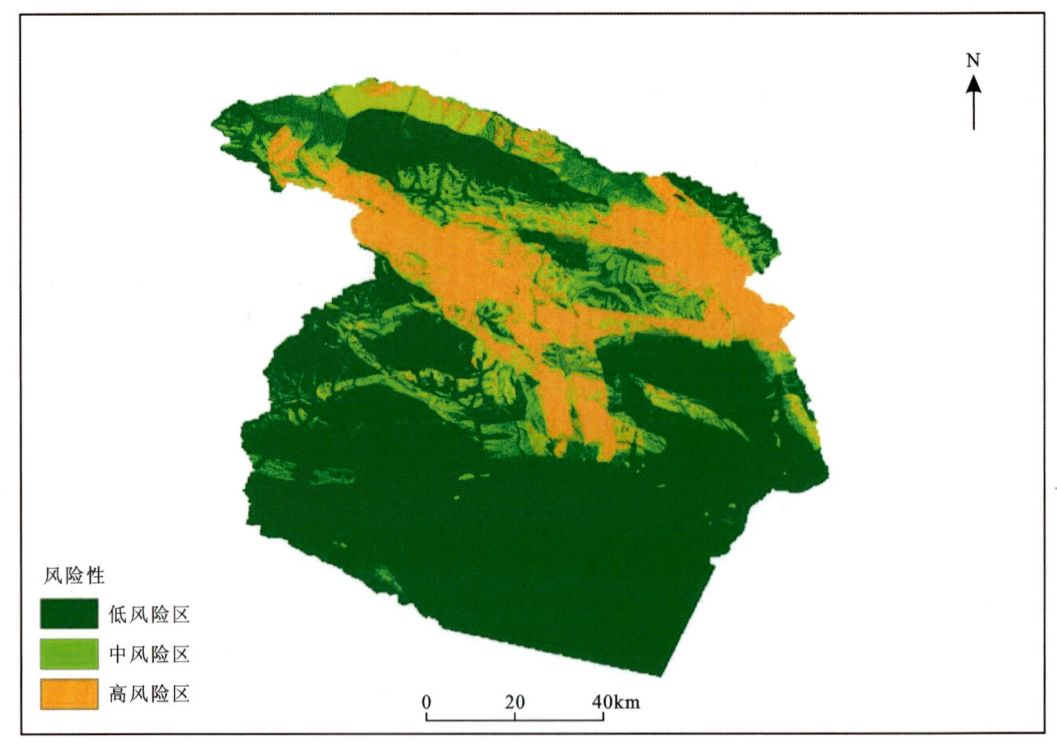

图 6.77　刚察县地质灾害风险区划分级图

2）地质灾害风险性分区及评价

依据上述风险性定量评价结果，结合区内地质灾害的发育情况、威胁特征等各种因素，进行修整、调适，最终确定出刚察县一般调查区地质灾害风险性综合区划（表 6.27，图 6.78）。

将调查区划分为地质灾害高风险区、中风险区、低风险区 3 个区，共 8 个亚区。

表 6.27 刚察县风险性区划结果统计表

分区及代号	亚区及代号	面积/km²	占比/%	地质灾害数量/处				灾害点密度/(处·km⁻²)	威胁人数/人	威胁财产/万元
				滑坡(潜在滑坡)	崩塌(潜在崩塌)	泥石流	总计			
高风险区Ⅱ	Ⅱ₁	39.60	0.60	3	1	0	4	0.101	0	4.0
	Ⅱ₂	448.73	6.81	15	15	40	70	0.156	8	781.9
	Ⅱ₃	186.32	2.83	7	14	13	34	0.182	30	2 750.7
中风险区Ⅲ	Ⅲ₁	227.74	3.46	3	5	6	14	0.061	0	24.7
	Ⅲ₂	1 436.38	21.80	18	16	23	57	0.040	28	339.5
	Ⅲ₃	29.50	0.45	0	8	2	10	0.339	5	333.75
低风险区Ⅳ	Ⅳ₁	1 681.42	25.53	2	1	2	5	0.003	0	36.2
	Ⅳ₂	2 537.46	38.52	2	12	2	16	0.006	16	284.3
合计		6 587.14	100	50	72	88	210	0.032	87	4 555.05

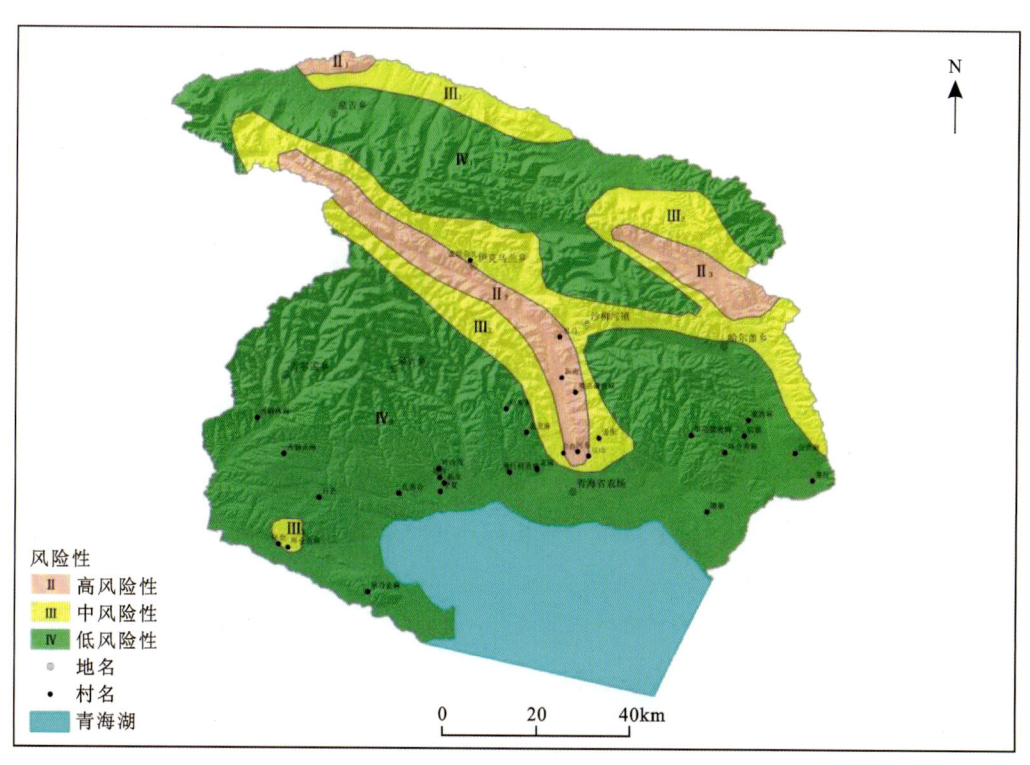

图 6.78 刚察县地质灾害风险区划图

(1)地质灾害高风险区(Ⅱ)。

地质灾害高风险区主要分布在大通河南岸低山丘陵区、沙柳河两岸侵蚀构造高山和中山区,以及哈尔盖镇北部高山区,呈带状分布。面积 674.65km²,占总面积的 10.24%。区内地质环境脆弱,地质灾害密集发育,岩体破碎,该区域内村民、房屋、道路等分布较密集,人类活动强烈,易损性程度高。依据地质环境条件、地质灾害发育特征并结合行政区划进一步划分为 3 个亚区。分别为:泉吉乡北部、大通河南岸低山丘陵区一带地质灾害高风险亚区(II_1);吉尔孟乡—伊克乌兰乡沙柳河两岸一带地质灾害高风险亚区(II_2);哈尔盖镇北侧高山、热水煤矿一带地质灾害高风险亚区(II_3)。

该区地质灾害点共计 108 处,占区内地质灾害点总数的 51.43%,点密度为 0.160 处/km²。其中滑坡(潜在滑坡)25 处,崩塌(潜在崩塌)30 处,泥石流 53 处。现今地质灾害威胁 38 人的生命财产安全,威胁财产约 3 536.60 万元。

(2)地质灾害中风险区(III)。

地质灾害高风险区主要分布在县境北部大通河南岸低山丘陵及部分高山区、沙柳河流域高山—中山区,以及哈尔盖镇北部高山区,呈带状分布。面积 1 693.62km²,占总面积的 25.71%。区内地质环境脆弱,地质灾害发育较密集,岩体破碎,该区域内村民、房屋、道路等分布较集中,人类活动较强烈,易损性程度较高。依据地质环境条件、地质灾害发育特征并结合行政区划进一步划分为 3 个亚区。分别为:泉吉乡—伊克乌兰乡—哈尔盖镇大通河南岸一带地质灾害中风险亚区(III_1);吉尔孟乡—泉吉乡—伊克乌兰乡部分高山、中山区,以及哈尔盖镇东北部高山、平原区一带地质灾害中风险亚区(III_2);吉尔孟乡北部、环仓贡麻村一带地质灾害中风险亚区(III_3)。

该区地质灾害点共计 81 处,占区内地质灾害点总数的 38.57%,点密度为 0.047 8 处/km²。其中滑坡(潜在滑坡)21 处,崩塌(潜在崩塌)29 处,泥石流 31 处。现今地质灾害威胁 33 人的生命财产安全,威胁财产约 697.95 万元。

(3)地质灾害低风险区(IV)。

地质灾害低风险区主要分布在县境北部大通河流域高山区,吉尔孟河、乌哈阿兰河、沙柳河、哈尔盖河两岸部分高山区及中山区,以及县境南部的堆积平原区,涉及吉尔孟乡、泉吉乡、沙柳河镇、哈尔盖镇,呈不规则面状分布。面积 4 218.88km²,占总面积的 64.05%。区内地质环境较脆弱,地质灾害发育数量少,岩体破碎,该区域内人口、房屋、道路等分布较少,人类活动较弱。依据地质环境条件、地质灾害发育特征并结合行政区划进一步划分为 2 个亚区。分别为:吉尔孟乡—泉吉乡—伊克乌兰乡—沙柳河镇—哈尔盖镇大通河南岸一带地质灾害低风险亚区(IV_1);吉尔孟河—乌哈阿兰河—沙柳河—哈尔盖河两岸部分高山区及中山区一带地质灾害低风险亚区(IV_2)。

该区地质灾害点共计 21 处,占调查区内地质灾害点总数的 10.0%,点密度为 0.005 0 处/km²。其中滑坡(潜在滑坡)4 处,崩塌(潜在崩塌)13 处,泥石流 4 处。现今地质灾害威胁 16 人的生命财产安全,威胁财产约 320.5 万元。

四、门源县地质灾害风险区划分

1)地质灾害风险性等级划分

依据危险性和易损性确定等级,根据风险定性分析评估分级参考表 6.28。对危险性 4 个等级分别按极高危险为4、高危险为3、中危险为2、低危险为1进行重分类,对易损性按极高易损为11,高易损为9,中易损为7,低易损为5进行重分类赋值,再进行叠加运算,将运算后的值按照表6.28对照相应的值进行重分类,从而得到地质灾害风险分级成果栅格图件(图6.79)。

表6.28 地质灾害风险定性分析评价表

风险性分级	极高危险	高危险	中危险	低危险
极高易损	极高	极高	高	中
高易损	极高	高	中	中
中易损	高	高	中	低
低易损	高	中	低	低

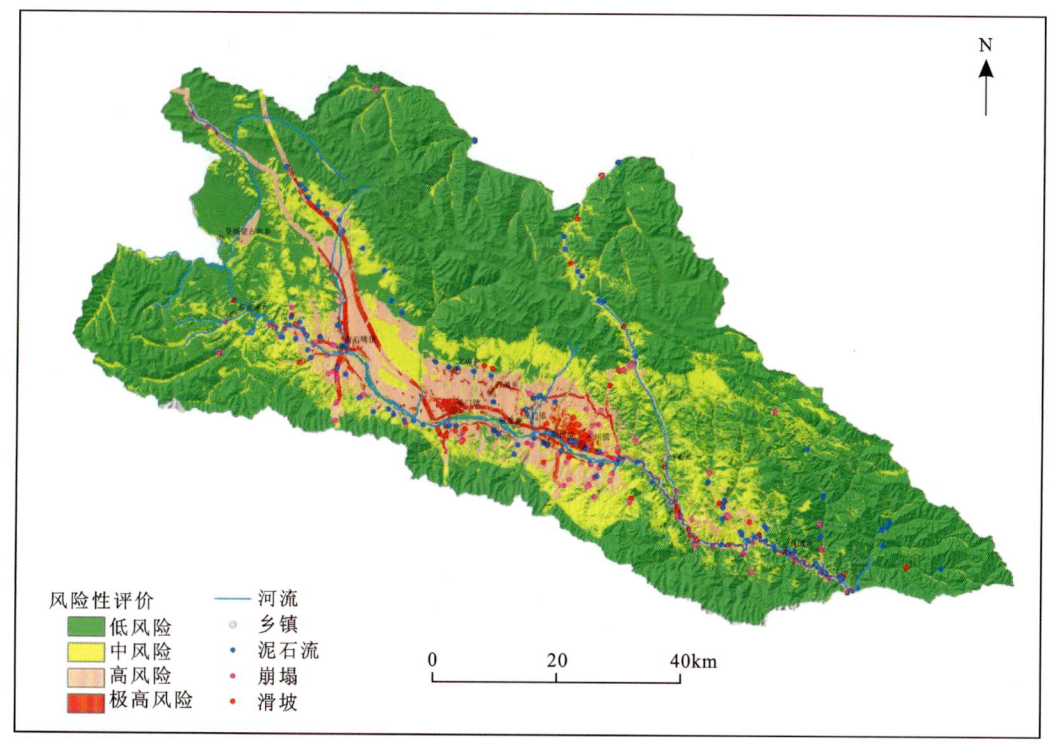

图6.79 门源县地质灾害风险评价图

2)地质灾害风险性分区及评价

在定量计算分级分区的基础上,综合考虑各种因素,修改完善后最终形成门源县地质灾害风险性区划成果图(图6.80)。将工作区划分为地质灾害极高风险区、高风险区、中风险区、低风险区4个区,共11个亚区(表6.29)。

(1)地质灾害极高风险区(A)。

地质灾害极高风险区主要分布在青石嘴镇上吊沟沟村—大滩村、上铁迈村段—下麻莲村、李家沟—葱花滩沟村一带,阴田乡的大沟口村到半截沟村一带,东川镇的硷沟村到下塔隆

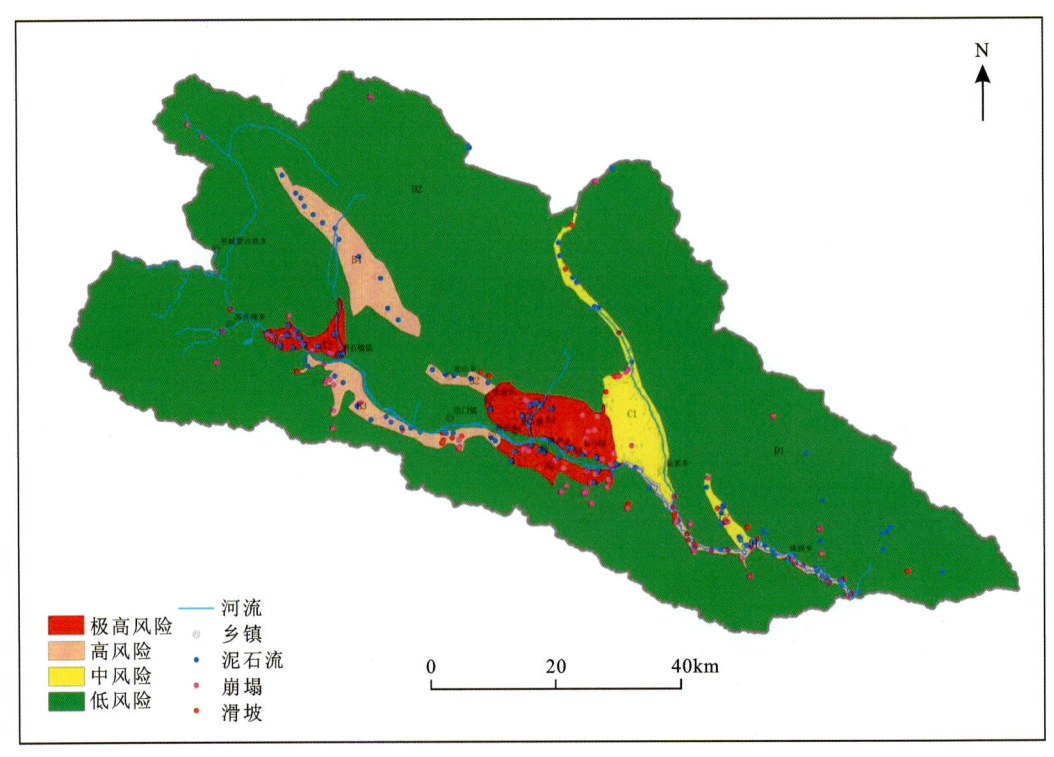

图 6.80　门源县地质灾害风险区划图

表 6.29　门源县风险性区划结果统计表

分区及代号	亚区及代号	面积/km²	占比/%	地质灾害数量/处				灾害点密度/(处·km⁻²)	威胁人数/人	威胁财产/万元
				滑坡	崩塌	泥石流	总计			
极高风险区 A	A1	155.98	2.44	14	11	13	38	0.24	728	1 676.8
	A2	57.44	0.90	3	9	9	21	0.37	307	826.1
	A3	52.34	0.82	4	10	12	26	0.50	888	2891
高风险区 B	B1	46.52	0.73	12	20	13	45	0.97	934	3 568.95
	B2	21.05	0.33	0	0	5	5	0.24	49	292
	B3	87.61	1.37	7	11	13	31	0.35	1210	3480
	B4	149.90	2.35	0	0	12	12	0.08	7	41.87
中风险区 C	C1	161.16	2.52	8	4	7	19	0.12	9	547.7
	C2	22.94	0.36	2	4	9	15	0.65	353	1055
低风险区 D	D1	1 781.9	27.88	2	5	13	20	0.01	236	501
	D2	3 854.2	60.31	6	15	4	25	0.01	839	2 740.24
合计		6 391.31	100	58	89	110	257	3.35	5560	17 657.66

沟村一带地质灾害发育,威胁人口密集,人类工程活动强烈,区内共发育地质灾害点 85 处,其中滑坡 38 处,崩塌 21 处,泥石流 26 处。极高风险区总面积为 265.76km^2,占全区总面积的 4.16%,威胁人数 1923 人,威胁财产 5 393.9 万元。

(2)地质灾害高风险区(B)。

地质灾害高风险区在门源回族自治县内分布广泛,主要分布在白土沟村—冰沟村、头唐村段—下麻莲村、李家沟—葱花滩沟村一带。包括 93 个地质灾害点,其中泥石流 43 处,崩塌 31 处,滑坡 19 处,主要为潜在崩塌、泥石流发育高风险区。地质灾害高风险区面积 305.08km^2,占工作区总面积的 4.77%,威胁人数 2200 人,威胁财产 7 382.82 万元。

(3)地质灾害中风险区(C)。

地质灾害中风险区主要分布在县境中部沟谷平原与低山丘陵地带交接地带的北山乡沙沟脑村到西滩乡的下西滩村一带,区内灾害点 34 处,其中泥石流 16 处,崩塌 8 处,滑坡 10 处,地质灾害中风险区面积 184.10km^2,占全区总面积的 2.88%,威胁人数 362 人,威胁财产 1 602.7 万元。

(4)地质灾害低风险区(D)。

地质灾害低风险区分布广泛,主要分布在人口稀少、地质灾害不发育的山区以及泥石流沟的形成区、一级大通河流域河谷平原地带,区内发育灾害点 41 处,其中滑坡 8 处,泥石流 20 处,崩塌 17 处。地质灾害低风险区面积 5 636.10km^2,占全区总面积的 88.19%,威胁人数 1075 人,威胁财产 3 241.24 万元。

五、海晏县地质灾害风险区划分

1)地质灾害风险性等级划分

在上述评价指标分析和数据归一化的基础上,运用 ArcGIS 系统的栅格运算功能,将危险性归一图层和易损性归一图层进行叠加计算,从而得到地质灾害风险性评价图(图 6.81)。

2)地质灾害风险性分区及评价

依据上述风险性定量评价结果,将调查区划分为地质灾害高风险区、中风险区、低风险区 3 个区,共 5 个亚区(表 6.30,图 6.82)。

(1)地质灾害高风险区(Ⅱ)。

地质灾害高风险区主要分布于金滩乡、青海湖乡、海晏县、三角城镇等区域,所包含地貌单元主要为侵蚀构造中高山区和构造剥蚀丘陵区与河谷平原过渡区。地层岩性主要为古近系砂砾岩/砂质泥岩、侵入岩、第四系冲洪积物。

面积 284.34km^2,占重点调查区总面积的 7.73%。区内地质环境脆弱,地质灾害密集发育,岩体破碎,该区域内村民、房屋、道路等分布密集,人类活动强烈,易损性程度高。该区地质灾害点共计 93 处,占重点调查区内地质灾害点总数的 51.38%,点密度为 0.33 处/km^2。其中滑坡(潜在滑坡)25 处,崩塌(潜在崩塌)34 处,泥石流 34 处。

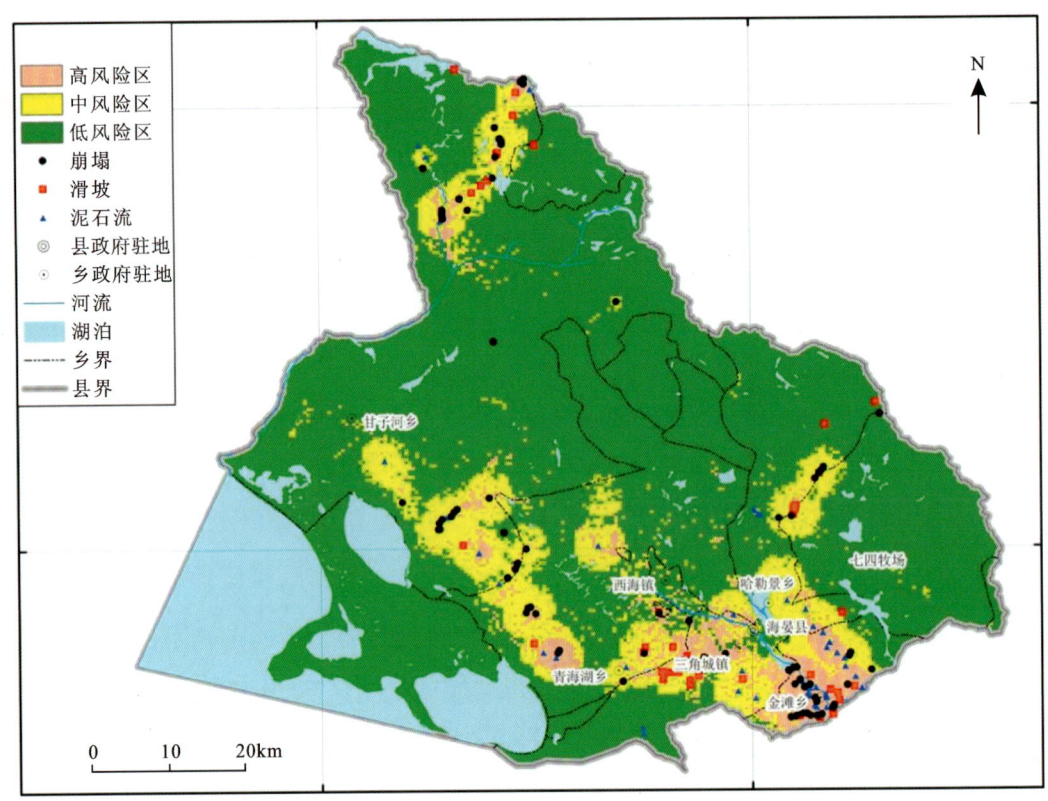

图 6.81 海晏县地质灾害风险性评价图

表 6.30 海晏县风险性区划结果统计表

分区及代号	亚区及代号	面积/km²	占比/%	地质灾害数量/处				灾害点密度/(处·km⁻²)
				滑坡（潜在滑坡）	崩塌（潜在崩塌）	泥石流	总计	
高风险区	三角城镇—金滩乡—海晏县Ⅱ	284.34	7.73	25	34	34	93	0.33
中风险区	青海湖乡北侧—白佛寺—温都村—托华村Ⅲ₁	153.3	4.17	2	18	5	25	0.16
	哈勒景村Ⅲ₂	56.69	1.54	6	6	4	16	0.28
	县域北部区域青海湖乡Ⅲ₃	163.18	4.43	10	17	2	29	0.18
低风险区	海晏县局部区域Ⅳ	3 022.61	82.13	5	5	5	15	0.01
	合计	3 680.12	100	48	81	52	181	0.049 1

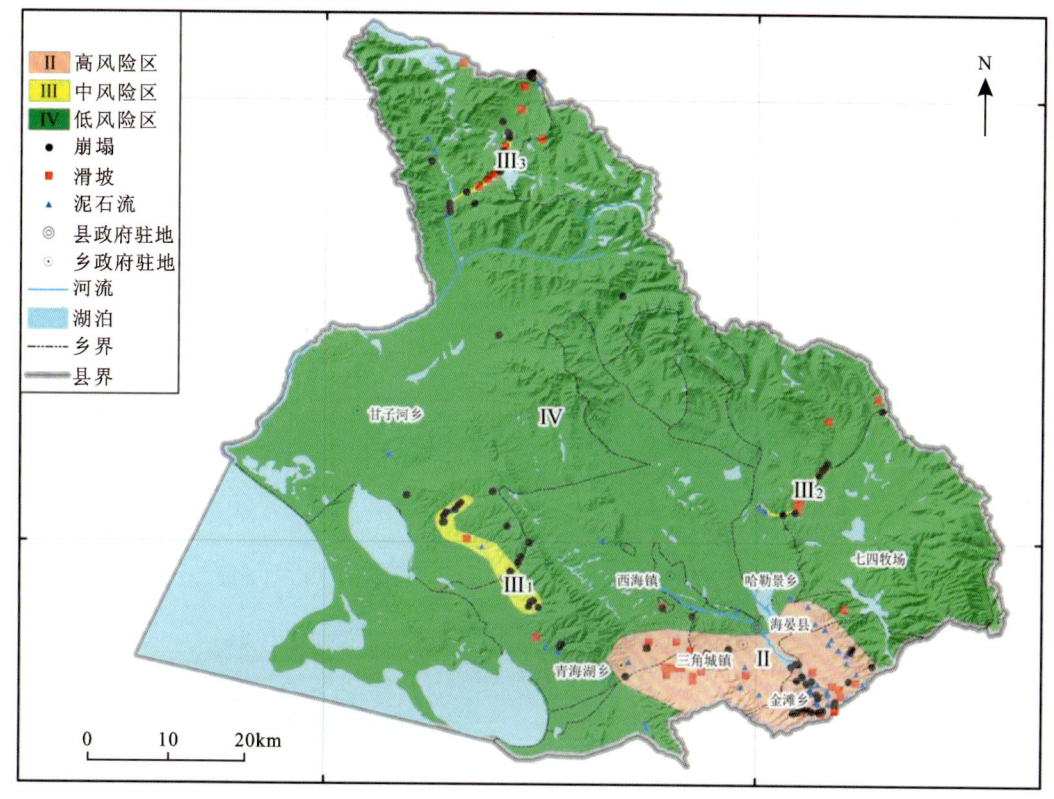

图 6.82　海晏县地质灾害风险区划分级图

(2)地质灾害高中风险区(Ⅲ)。

地质灾害高风险区主要分布在青海湖乡北部侵蚀构造中山区、哈勒景乡东北侧冰蚀构造高山区。面积 373.17km², 占重点调查区总面积的 10.14%。区内地质环境脆弱, 地质灾害发育较密集, 岩体破碎, 该区域内村民、房屋、道路等分布较密集, 人类活动较强烈, 易损性程度较高。依据地质环境条件、地质灾害发育特征并结合行政区划进一步划分为 3 个亚区。分别为: 青海湖乡北侧—白佛寺—温都村—托华村($Ⅲ_1$); 哈勒景村($Ⅲ_2$); 县域北部区域青海湖乡($Ⅲ_3$)。

该区地质灾害点共计 70 处, 占重点调查区内地质灾害点总数的 38.67%, 其中滑坡(潜在滑坡)18 处, 崩塌(潜在崩塌)41 处, 泥石流 11 处。

(3)地质灾害低风险区(Ⅳ)。

地质灾害低风险区主要分布面积较广, 海晏县各乡镇均有分布, 总面积 3 022.61km², 占重点调查区总面积的 82.13%。区内地质灾害发育较少, 大部分地区人迹罕至, 人类工程活动较少, 其易损性程度低。

该区地质灾害点共计 15 处, 占重点调查区内地质灾害点总数的 8.29%, 点密度为 0.01 处/km²。其中滑坡(潜在滑坡)5 处, 崩塌(潜在崩塌)5 处, 泥石流 5 处。

六、祁连县地质灾害风险区划分

1)地质灾害风险性等级划分

在上述评价指标分析和数据归一化的基础上,运用 ArcGIS 系统的栅格运算功能,将危险性归一图层和易损性归一图层进行叠加计算,从而得到地质灾害风险性定量计算成果栅格图(图6.83)。

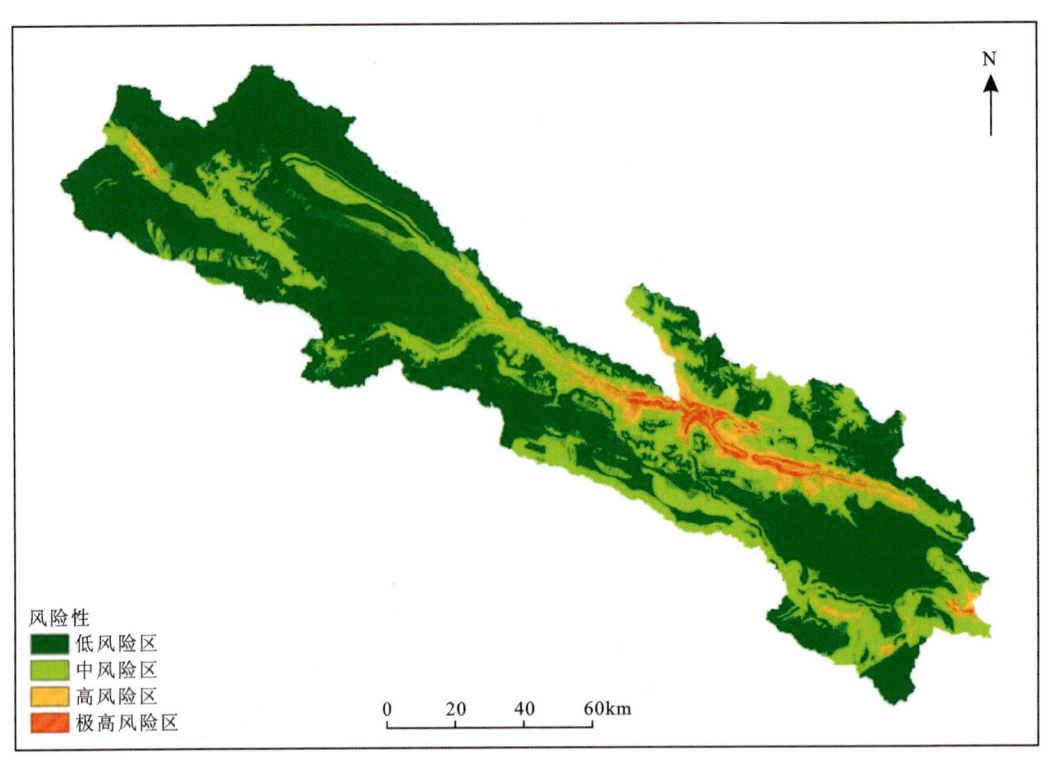

图 6.83 祁连县地质灾害风险性定量计算成果栅格图

2)地质灾害风险性分区及评价

依据上述风险性定量评价结果,结合区内地质灾害的发育情况,威胁特征等各种因素,进行修整、调适,最终确定出祁连县一般调查区地质灾害风险性综合区划(图6.84,表6.31)。将调查区划分为地质灾害极高风险区、高风险区、中风险区、低风险区 4 个区,共 10 个亚区。

(1)地质灾害极高风险区(Ⅰ)。

地质灾害极高风险区主要分布在扎麻什乡、八宝镇、阿柔乡黑河、八宝河两岸阶地,呈带状分布。面积 141.20km², 占总面积的 1.01%。区内地质环境脆弱,地质灾害密集发育,岩体破碎,该区域内村民、房屋、道路等分布密集,人类活动强烈,易损性程度高。

该区地质灾害点共计 74 处,占区内地质灾害点总数的 42.77%,点密度为 0.524 1 处/km²。其中滑坡(潜在滑坡)9 处,崩塌(潜在崩塌)36 处,泥石流 29 处。现今地质灾害威胁 1291 人的生命财产安全,威胁财产约 2 278.07 万元。

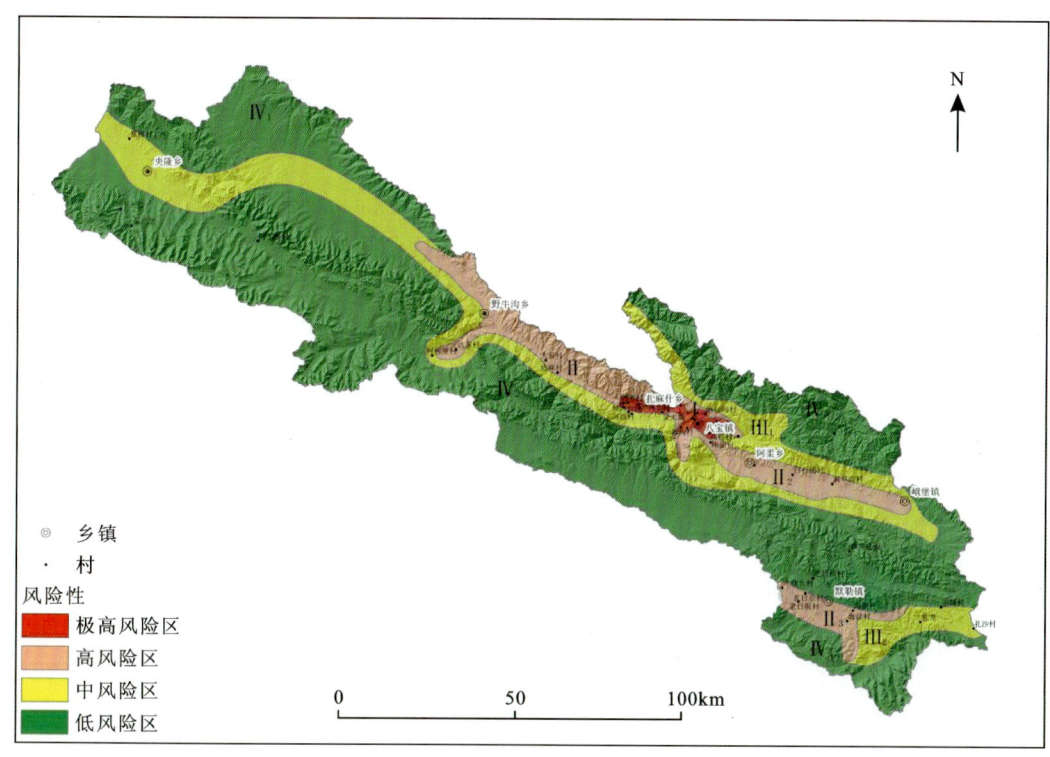

图 6.84 祁连县地质灾害风险区划分级图

表 6.31 祁连县风险性区划结果统计表

分区及代号	亚区及代号	面积/km²	占比/%	地质灾害数量/处				灾害点密度/(处·km⁻²)	危险人数/人	危险财产/万元
				滑坡(潜在滑坡)	崩塌(潜在崩塌)	泥石流	总计			
极高风险区 I	I	141.20	1.01	9	36	29	74	0.524 1	1291	2 278.07
高风险区 II	II₁	630.41	4.53	15	17	4	36	0.057 1	23	94.31
	II₂	473.81	3.40	5	6	10	21	0.044 3	14	213.5
	II₃	252.23	1.81	1	4	0	5	0.019 8	0	11.5
中风险区 III	III₁	2 346.17	16.85	17	8	2	27	0.011 5	334	579.2
	III₂	296.51	2.13	0	0	0	0	0.000 0	0	0
低风险区 IV	IV₁	1 380.22	9.91	0	0	0	0	0.000 0	0	0
	IV₂	6 834.37	49.09	3	3	2	8	0.001 2	5	13.72
	IV₃	1 017.32	7.31	0	2	0	2	0.002 0	0	7.03
	IV₄	551.04	3.96	0	0	0	0	0.000 0	0	0
合计		13 923.28	100.0	50	76	47	173	0.012 4	1667	3 197.33

(2)地质灾害高风险区(Ⅱ)。

地质灾害高风险区主要分布在黑河、八宝河、大通河、讨赖河流域低山丘陵区,呈带状分布。面积 1 356.45km², 占总面积的 9.74%。区内地质环境脆弱,地质灾害发育较密集,岩体破碎,该区域内村民、房屋、道路等分布较密集,人类活动较强烈,易损性程度较高。依据地质环境条件、地质灾害发育特征并结合行政区划进一步划分为 3 个亚区。分别为:野牛沟—扎麻什乡黑河两岸一带地质灾害高风险亚区($Ⅱ_1$);八宝镇—阿柔乡—峨堡镇八宝河两岸一带地质灾害高风险亚区($Ⅱ_2$);大通河流域默勒镇老日根村、海让村一带地质灾害高风险亚区($Ⅱ_3$)。

该区地质灾害点共计 62 处,占区内地质灾害点总数的 35.84%,点密度为 0.045 7 处/km²。其中滑坡(潜在滑坡)21 处,崩塌(潜在崩塌)27 处,泥石流 14 处。现今地质灾害威胁 37 人的生命财产安全,威胁财产约 319.31 万元。

(3)地质灾害中风险区(Ⅲ)。

地质灾害中风险区主要分布在黑河南岸、讨赖河两岸、八宝河两岸流域低山丘陵区及部分中低山区,涉及央隆乡、野牛沟乡、扎麻什乡、八宝镇、阿柔、峨堡以及默勒东部部分区域,呈带状分布。面积 2 642.68km², 占总面积的 18.98%。区内地质环境脆弱,地质灾害发育数量少,岩体破碎,该区域内人口、房屋、道路等分布较少,人类活动较弱。依据地质环境条件、地质灾害发育特征并结合行政区划进一步划分为 2 个亚区。分别为:央隆乡—野牛沟—扎麻什乡—八宝镇—阿柔乡—峨堡镇黑河、八宝河两岸一带地质灾害中风险亚区($Ⅲ_1$);大通河流域默勒镇东部一带地质灾害中风险亚区($Ⅲ_2$)。

该区地质灾害点共计 27 处,占区内地质灾害点总数的 15.61%,点密度为 0.010 2 处/km²。其中滑坡(潜在滑坡)17 处,崩塌(潜在崩塌)8 处,泥石流 2 处。现今地质灾害威胁 334 人的生命财产安全,威胁财产约 579.20 万元。

(4)地质灾害低风险区(Ⅳ)。

地质灾害低风险区主要分布在八宝河、讨赖河、黑河、大通河河谷平原地带以及托勒南山、大通山、走廊南山、托勒山的山体及山前地带,呈带状分布。面积 9 782.95km², 占总面积的 70.26%。区内地质灾害发育稀少,大部分地区人迹罕至,人类工程活动较少,其易损性程度低。依据地质环境条件、地质灾害发育特征并结合行政区划进一步划分为 4 个亚区。分别为:野牛沟乡西北部一带地质灾害低风险亚区($Ⅳ_1$);央隆乡南部—野牛沟乡、扎麻什乡南部—默勒镇北部一带地质灾害低风险亚区($Ⅳ_2$);八宝镇、阿柔乡、峨堡镇北部一带地质灾害低风险亚区($Ⅳ_3$);默勒镇南部一带地质灾害低风险亚区($Ⅳ_4$)。

该区地质灾害点共计 10 处,占区内地质灾害点总数的 5.78%,点密度为 0.001 0 处/km²。其中滑坡(潜在滑坡)3 处,崩塌(潜在崩塌)5 处,泥石流 2 处。现今地质灾害威胁 5 人的生命财产安全,威胁财产约 20.75 万元。

七、海北州地质灾害风险性分区及评价

在各县地质灾害风险性评价的基础上,结合区内地质灾害的发育情况,风险特征等各种因素,在全州划分尺度上,局部进行人工修整、调适等工作,最终将全州划分为地质灾害极高风险区、高风险区、中风险区、低风险区 4 个区,共 24 个亚区(图 6.85,表 6.32)。

第六章 地质灾害问题风险评价

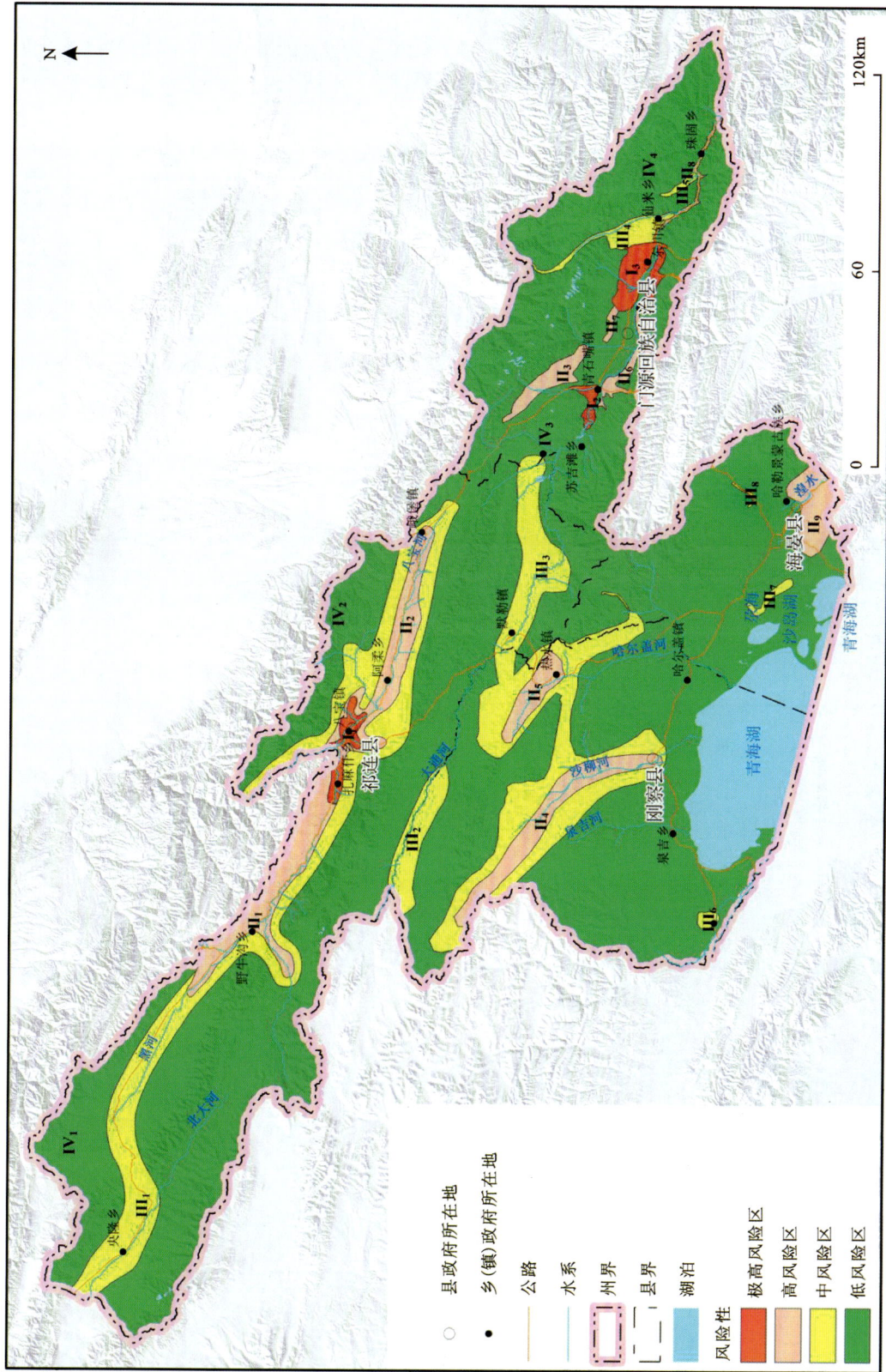

图6.85 海北州地质灾害风险区划图

表 6.32 海北州地质灾害风险区划统计表

序号	风险等级	位置及编号	面积/km²	占比/%	灾害点总数/处	灾害点密度/(处100·km⁻²)	威胁人数/人	威胁财产/万元
1	极高风险区 I	祁连县扎麻什乡—八宝镇黑河、八宝河两岸阶地前缘斜坡一带亚区（I₁）	141.14	0.41	72	51.01	1291	2 274.87
2		门源县青石嘴上吊沟村—大滩村、上铁迈村段—下麻莲村，李家沟—葱花滩沟村一带亚区（I₂）	52.34	0.15	26	49.68	888	2 891.00
3		门源县阴田乡的大沟口村到半截沟村、东川镇的咸沟村到下塔隆沟村一带亚区（I₃）	213.55	0.62	59	27.63	1035	2 502.90
4		祁连县野牛沟乡黑河两岸一带亚区（II₁）	630.40	1.83	36	5.71	23	94.31
5		祁连县八宝镇—峨堡镇八宝河两岸一带亚区（II₂）	473.85	1.38	22	4.64	14	216.60
6		门源县青石嘴镇北东河谷平原与低山丘陵过渡一带亚区（II₃）	149.90	0.44	12	8.01	7	118 980.00
7	高风险区 II	刚察县吉尔孟乡—伊克乌兰乡沙柳河两岸一带（II₄）	448.73	1.30	71	15.82	8	781.90
8		刚察县哈尔盖镇北侧高山、热水煤矿一带亚区（II₅）	190.92	0.55	34	17.81	30	2 750.70
9		门源县白土沟村—冰沟村、头塘村段—下麻莲村一带亚区（II₆）	87.61	0.25	31	35.39	1210	3 480.00
10		门源县李家沟—葱花滩沟村一带亚区（II₇）	21.05	0.06	5	23.75	49	292.00
11		门源县珠固乡—仙米乡大通河谷两岸阶地前缘斜坡S302沿线一带亚区（II₈）	46.52	0.14	45	96.73	934	8 128.50
12		海晏县金滩乡—青海湖乡三角城镇一带亚区（II₉）	274.49	0.80	86	31.33	416	1 947.56

第六章 地质灾害问题风险评价

续表6.32

序号	风险等级	位置及编号	面积/km²	占比/%	灾害点总数/处	灾害点密度/(处·100·km⁻²)	威胁人数/人	威胁财产/万元
13	中风险区Ⅲ	祁连县央隆乡—野牛沟乡—扎麻什乡—八宝镇—阿柔乡—峨堡镇黑河两岸,讨赖河南岸,八宝河两岸流域低山丘陵区及部分中低山区一带亚区（Ⅲ₁）	2 346.28	6.82	28	1.19	334	579.30
14		刚察县泉吉乡—伊克乌兰乡—哈尔盖镇大通河南岸一带亚区（Ⅲ₂）	331.87	0.96	18	5.42	0	28.70
15		刚察县泉吉乡—伊克乌兰乡—哈尔盖镇东北部高山、中山区,以及哈尔盖镇东北部,平原区,祁连县大通河流域默勒镇东部、海晏县北部区青海湖乡一带亚区（Ⅲ₃）	2 128.41	6.19	81	3.81	28	457.30
16		门源县中部沟谷平原与低山丘陵地带交接地带的北山与沙沟脑村到西滩村的下西滩村一带亚区（Ⅲ₄）	161.16	0.47	19	11.79	9	547.70
17		门源县珠固乡西北部大通河左岸一带亚区（Ⅲ₅）	22.94	0.07	15	65.40	353	1 055.00
18		刚察县泉吉乡北部,环仓贡麻村一带亚区（Ⅲ₆）	29.50	0.09	10	33.90	5	333.75
19		海晏县青海湖乡北侧—白佛寺—温都村—托华村一带亚区（Ⅲ₇）	39.64	0.12	17	42.88	116	292.10
20		海晏县哈勒景乡东北侧哈景村一带亚区（Ⅲ₈）	6.13	0.02	16	260.99	0	69.25
21	低风险区Ⅳ	祁连县野牛沟乡西北部走廊南山一带亚区（Ⅳ₁）	1 380.16	4.01	0	0.00	0	0.00
22		祁连县八宝镇,阿柔乡、峨堡镇北部祁连山一带亚区（Ⅳ₂）	1 017.32	2.96	2	0.20	0	7.03

续表 6.32

序号	风险等级	位置及编号	面积/km²	占比/%	灾害点总数/处	灾害点密度/(处100·km⁻²)	威胁人数/人	威胁财产/万元
23	低风险区 IV	祁连县央隆乡南部—野牛沟乡、扎麻什乡南部—默勒镇、门源县大通河流域河谷平原地带、刚察县吉尔孟乡—泉吉乡—伊克乌兰乡—沙柳河镇—哈尔盖镇大通河南岸以及吉尔孟乡—乌兰河—沙柳河—哈尔盖河南部部分高山区及中山区、海晏县北部高山区、青海湖东北部中高山区、麻秀寺西部低山区、丘陵区及海晏盆地、青海湖盆地、茶拉盆地一带亚区（IV₃）	22 432.03	65.19	96	0.43	910	3 531.12
24		门源县珠固乡—仙米乡大通河北岸中高山区一带亚区（IV₄）	1 781.95	5.18	20	1.12	236	501.00
	合计		34 407.87	100.00	821		7896	151 742.59

第七章 结 论

本专著聚焦青海省海北州地质灾害,对海北州工程地质条件、地质灾害发育特征、孕灾背景、形成机制与成灾模式开展了系统研究,对海北州地质灾害易发性、危险性、易损性进行了评价,在此基础上,对海北州地质灾害进行了风险分区评价,主要结论如下。

1. 海北州自然地理与区域地质环境概况

海北州地处祁连山中部地带,平均海拔3655m,海拔超过3000m的面积占全州总面积的85%以上。地貌类型多样,根据地势特点将全州分为3个地貌区:祁连山高原地貌区、青海湖北部滨湖地貌区、浩门河河谷地貌区。海北州位于高原大陆性气候带,地区气候差异显著,全境年平均气温在0℃以下,最高气温33.3℃,最低气温-36.3℃;年平均降水量426.8mm,其中东南部降水多于西北部。区域内地层岩性种类繁多,年代分布较为广泛,其中第四系地层主要为盐渍土、黏性土、砂类土、卵砾石等,具有高原沉积特色。该地区位于祁吕—贺兰山字形构造体系弧形挤压带之西翼,以震荡和隆升为主要运动形式的区域地质构造作用较为强烈。根据地下水的赋存条件、水理性质及水动力特征,将区内地下水划分为:冻结层地下水、基岩裂隙水、碎屑岩类裂隙孔隙水和松散岩类孔隙水。区内人类工程活动较为频繁,近年来与人类活动有关的滑坡占滑坡总数的70%,与人类活动有关的崩塌占崩塌总数的90%以上。

2. 海北州地质灾害发育特征与分布规律

调查报告显示,全州境内地质灾害类型主要分为3类:滑坡(潜在滑坡)、崩塌(潜在崩塌)和泥石流。其中滑坡特征明显、易识别,后壁形态多呈典型圈椅状,前缘表现为舌状或长舌状,滑坡体内部主要由碎石土组成,土体杂乱不均,结构面有节理和层面两大类,滑带埋藏于滑体之下,滑动的方向与坡向一致,常因自然侵蚀或人为活动导致坡脚不稳定;崩塌多发生于公路旁的陡坡,前方多有河流流经,具有数量少、规模小、堆积体不易保存、速度快、危险性大、坡度陡等特点;泥石流以沟道型泥石流为主,具有分布广,数量多,暴发频繁,物源方量较大,易启动和致灾强等特点。

在空间域上,地质灾害主要沿河流、公路两侧呈条带状集中,受地形地貌及人类活动控制明显。在时间域上,地质灾害呈集中分布规律,在地质历史时期,滑坡、崩塌在晚更新世末和全新世初期相对集中;在人类历史时期,滑坡、崩塌在人类活动强烈时期相对集中;一年之内,滑坡(潜在滑坡)、崩塌(潜在崩塌)、泥石流在雨季相对集中。

根据调查分析可知全州境内地质灾害大多处于不稳定状态,加之人类活动频繁,使得地质灾害给当地人民生命财产造成了重大损失。

3. 海北州地质灾害孕灾地质条件

根据全州总体降水特征、地质环境条件、人类工程活动及近年突发性地质灾害分析,地质灾害仍将呈多发态势。春融期和汛期是海北州地质灾害的高发时期。3—5月,地质灾害相对高发,门源县、祁连县、刚察县因冻融和降水引发崩塌、滑坡灾害的可能性较大;预计6—9月地质灾害高发,75%左右的地质灾害仍发生在这个时期,尤其是6—8月,全州因降水主导引发地质灾害的可能性大,同时应关注祁连山区域高海拔局部因冻融诱发的地质灾害;10—12月地质灾害相对低发,因降水、工程活动等影响,有引发地质灾害的可能性。全年受不合理的人类工程活动、地震等诱发地质灾害的可能性较大,尤其是祁连、门源受频发小地震影响,岩土稳定性降低,受降水等因素影响易引发地质灾害。此外,受切坡建房取土、不合理人类工程活动和地震等引发地质灾害有一定的可能性。

4. 海北州地质灾害形成机理与成灾模式

根据地质调查报告,按滑坡破坏变形模型将滑坡分为滑移—拉裂型和蠕动—挤压—滑移型,其中滑移—拉裂型的形成机理主要是河流冲刷或人工开挖破脚导致下部土体失去支挡发生滑移,牵动后缘体发生拉裂从而形成滑坡,在此基础上随着拉张裂缝逐渐增多,还可能发生二次滑移,演化成滑移—拉裂—滑移模型。蠕动—拉裂—滑移型滑坡的形成机理是受到降雨的影响,水体入渗补给地下水形成含水量大于塑限的土层,使得主滑带在重力作用下产生蠕动变形,从而导致滑坡牵引段失去下部支撑,产生拉裂形成拉裂缝,致使坡体产生更严重的蠕动变形,最终在坡体内形成软弱结构面,并与上部蠕滑区潜在的滑带贯通,导致整体结构滑移,形成滑坡。崩塌按破坏模式可分为拉裂—滑移式和错裂—坠落式,其中拉裂—滑移式崩塌的形成机理主要是人类活动或冲沟水流侵蚀形成多处陡立斜坡,随后受水体侵蚀影响和卸荷拉裂导致崩塌;错裂—坠落式崩塌的形成机理主要是人工开挖破脚导致崩塌土体下部缺少支撑,呈现悬空的状态,在重力的作用下发生崩塌。泥石流的形成是地形地貌条件、水动力条件以及松散固体物源共同作用的结果,根据地质调查报告,调查区有较多的中高山地区,流域高差大,有利于降水快速聚集和径流的发育,同时调查区表层岩体风化较严重,有大量松散物质,在这些要素共同作用下,最终形成泥石流。

根据地质调查报告,滑坡和崩塌的主要成灾模式包括压埋房屋,拉裂、推移或损毁道路工程,危及人民生命和财产安全。泥石流的主要成灾模式包括淤埋和冲毁、撞击和爬高、堵塞与溃决、冲刷与磨蚀以及沟岸侧蚀。

5. 海北州地质灾害风险评价

根据地质灾害危险性评价和易损性评价,完成对4个县以及海北州整体的地质灾害风险评价。在地质灾害易发性评价中,主要考虑地质灾害的内在影响因素,选择高程、坡度、坡向、地形起伏度、距断层距离、距河流距离、距公路距离(人类工程活动)以及工程地质岩组作为参考因子;在地质灾害危险性评价中,主要考虑地质灾害的外在影响因素,主要考虑降雨和地震

第七章 结 论

对地质灾害的影响;在地质灾害易损性评价中,主要考虑人口损失和财产损失。通过对刚察县、门源县、海晏县、祁连县的整体、单体进行地质灾害风险评价,能够对海北州整体的地质灾害情况有更加详细的了解。

部分参考文献

陈宁生,周海波,胡桂胜,2011.气候变化影响下林芝地区泥石流发育规律研究[J].气候变化研究进展,7(6):412-417.

褚桂棠,夏建平,1993.灰色系统理论在地质灾害研究中的应用[J].江苏地质,(z1):196-200.

邓雄业,易顺民,2008.广东省崩塌地质灾害的时空分布特征[J].工程地球物理学报(3):356-363.

杜榕桓,李鸿琏,唐邦兴,等,1995.三十年来的中国泥石流研究[J].自然灾害学报(1):64-73.

段钊,赵法锁,陈新建,2011.陕北黄土高原区滑坡发育类型与时空分布特征——以吴起县为例[J].灾害学,26(4):52-56.

符文熹,聂德新,任光明,等,1997.中国泥石流发育分布特征研究[J].中国地质灾害与防治学报(4):40-44.

甘建军,吴晗,黄润秋,等,2013.汶川地震区典型堆积体成灾模式研究[J].灾害学,28(4):40-44+88.

郭忻怡,2022.青藏高原东部地震高发区震后滑坡时空特征与易发性研究[D].北京:中国科学院大学.

胡厚田,1985.崩塌分类的初步探讨[J].铁道学报(2):90-100.

黄海,石胜伟,谢忠胜,2013.杂谷脑河下游坡面泥石流发育特征及防治对策[J].水土保持研究(6):117-122.

黄健龙,2016.杂谷脑河薛城地区崩塌发育规律及成因机制分析[D].成都:成都理工大学.

黄玉华,冯卫,李政国,2014.陕北延安地区2013年"7·3"暴雨特征及地质灾害成灾模式浅析[J].灾害学,29(2):54-59.

金琪,孟英杰,严婧,等,2017.三峡库区湖北段降水时空分布与滑坡灾害的关系[J].地质科技情报,36(6):251-255.

金艳丽,戴福初,2008.饱和黄土的静态液化特性试验研究[J].岩土力学,29(12):3293-3298.

梁靖,王彦东,裴向军,2022.基于时序遥感数据的九寨沟核心景区崩塌发育分布特征[J].科学技术与工程,22(19):8210-8217.

刘传正,2014.中国崩塌滑坡泥石流灾害成因类型[J].地质论评,60(4):858-868.

部分参考文献

刘传正,2017.论崩塌滑坡—碎屑流高速远程问题[J].地质论评,63(6):1563-1575.

刘传正,2019.崩塌滑坡灾害风险识别方法初步研究[J].工程地质学报,27(1):88-97.

刘任鸿,2021.华蓥山广安地区滑坡崩塌危险性分区研究[D].成都:成都理工大学.

刘毅,黄建毅,马丽,2010.基于DEA模型的我国自然灾害区域脆弱性评价[J].地理研究,29(7):1153-1162.

卢全中,彭建兵,赵法锁,2003.地质灾害风险评估(价)研究综述[J].灾害学(4):60-64.

卢肇钧,1989.土的变形破坏机理和土力学计算理论问题[J].岩土工程学报,11(6):65-74.

马寅生,张业成,张春山,等,2004.地质灾害风险评价的理论与方法[J].地质力学学报(1):7-18.

牛岑岑,2013.泥石流危险度评价指标的提取与等级划分[D].长春:吉林大学.

彭建兵,林鸿州,王启耀,等,2014.黄土地质灾害研究中的关键问题与创新思路[J].工程地质学报,22(4):684-691.

彭建兵,吴迪,段钊,等,2016.典型人类工程活动诱发黄土滑坡灾害特征与致灾机[J].西南交通大学学报,51(5):971-980.

蒲娉璠,2016.重庆市滑坡灾害时空分布特征与易发性评价研究[D].上海:华东师范大学.

唐邦兴,杜榕桓,康志成,等,1980.我国泥石流研究[J].地理学报(3):259-264.

唐川,周钜,朱静,1994.云南崩塌滑坡危险度分区的模糊综合分析法[J].水土保持学报(4):48-54.

唐亚明,冯卫,李政国,等,2015.滑坡风险管理综述[J].灾害学,30(1):141-149.

铁永波,张宪政,龚凌枫,等,2022.西南山区典型地质灾害链成灾模式研究[J].地质力学学报,28(6):1071-1080.

王建,姚令侃,陈强,2010.汶川地震路堤成灾模式及土工格栅加筋变形控制研究[J].岩石力学与工程学报,29(S1):3387-3394.

魏正发,曹小岩,张俊才,等,2021.青海省滑坡崩塌泥石流灾害时空分布特征[J].中国地质灾害与防治学报,32(6):134-142.

吴益平,唐辉明,葛修润,2005.BP模型在区域滑坡灾害风险预测中的应用[J].岩土力学(9):1409-1413.

席盼盼,2014.基于GIS的朗县地质灾害易发性评价研究[D].长春:吉林大学.

谢洪,钟敦伦,韦方强,等,2006.我国山区城镇泥石流灾害及其成因[J].山地学报(1):79-87.

许家雄,曾开华,奚守仲,等,2012.汶川地震岩质边坡崩塌机理分析[J].公路(10):14-18.

薛喜成,2008.秦岭典型矿山泥石流发育规律及环境效应研究[D].西安:西安科技大学.

杨成林,丁海涛,陈宁生,2014.基于泥石流形成运动过程的泥石流灾害监测预警系统[J].自然灾害学报,23(3):1-9.

殷坤龙,韩再生,李志中,2000.国际滑坡研究的新进展[J].水文地质工程地质(5):1-4.

殷跃平,王文沛,张楠,等,2017.强震区高位滑坡远程灾害特征研究——以四川茂县新磨滑坡为例[J].中国地质,44(5):827-841.

曾廉,1990.崩塌与防治[M].成都:西南交通大学出版社.

曾庆利,杨志法,张西娟,等,2007.帕隆藏布江特大型泥石流的成灾模式及防治对策——以扎木镇—古乡段为例[J].中国地质灾害与防治学报(2):27-33.

张彬,王钊,彭亚明,等,2003.三峡库区某滑坡的稳定性分析与评价[J].人民长江(4):14-16.

张春山,吴满路,张业成,2003.地质灾害风险评价方法及展望[J].自然灾害学报(1):96-102.

张铎,冯东梅,王来贵,等,2024.中外地质灾害风险评价研究文献综述[J].防灾减灾学报,40(1):85-94.

张珊,2018.兰州市降雨型黄土滑坡及其关键致灾因子时空分布规律分析[D].兰州:兰州交通大学.

张万顺,乔飞,崔鹏,等,2006.坡面泥石流起动模型研究[J].水土保持研究(4):146-149.

张永双,成余粮,姚鑫,等,2013.四川汶川地震—滑坡—泥石流灾害链形成演化过程[J].地质通报,32(12):1900-1910.

张志伟,2011.强震条件下公路崩塌类型与形成机制研究[D].成都:成都理工大学.

张倬元,王士天,王兰生,等,1981.工程地质分析原理[M].北京:地质出版社.

AITSI-SELMI A,MURRAY V,WANNOUS C,et al.,2016. Reflections on a Science and Technology Agenda for 21st Century Disaster Risk Reduction Based on the Scientific Content of the 2016 UNISDR Science and Technology Conference on the Implementation of the Sendai Framework for Disaster Risk Reduction 2015-203[J]. International Journal of Disaster Risk Science,7(1):1-29.

ANDERSON D M,REYNOLDS R C,BROWN J,1969. Bentonite debris flows in northern Alaska[J]. Science,164:173-174.

BENITO G,BENITO-CALVO A,GALLART F,et al.,2001. Hydrological and geomorphological criteria to evaluate the dispersion risk of waste sludge generated by the Aznalcollar mine spill(SW Spain)[J]. Environmental Geology,40:4-5.

BLIJENBERG H M,2007. Application of physical modelling of debris flow triggering to field conditions:Limitations posed by boundary conditions[J]. Engineering Geology,91(1):25-33.

BRABB E E,PAMPEYAN E H,BONILLA M G,1972. Landslide susceptibility in San Mateo County[M]. California:U.S. Geological Survey Miscellaneous Field Studies Map.

CARDINALLI M,REICHENBACH P,GUZZETTI F,et al.,2002. A geomorphological approach to the estimation of landslide hazards and risk in Umbria,Central Italy[J]. Natural Hazards and Earth Systems Sciences,2:57-72.

CARRARA A,1991. GIS Techniques and Statistical-models in Evaluating Landslide Hazard[J]. Earth Surface Processes and Landforms,16(5):427-445.

CHÁVEZ-GARCÍA F J,MONSALVE-JARAMILLO H,VILA-ORTEGA J,2021. Vulnerability and site effects in earthquake disasters in Armenia (Colombia)-Part 2:Observed damage and vulnerability[J]. Natural Hazards and Earth System Sciences,21(8):2345-2354.

CICHOWICZ A,1993. Expert-System for Seismic Hazard Analysis[J]. Transactions of the Institution of Mining and Metallurgy Section A-mining Industry,102:173-180.

CURRY R R,1966. Observation of alpine mudflows in the Tenmile Range, central Colorado[J]. Geological Society of America Bulletin,77(7):771-776.

DUSSAUGE-PEISSER C,2002. Probabilistic approach to rock fall hazard assessment: potential of historical data analysis[J]. Natural Hazards and Earth System Sciences,2(1/2): 15-26.

FELL R,1994. Landslide risk assessment and acceptable risk[J]. Canadian Geotechnical Journal,31(2):261-272.

FELL R, 2005. A framework for landslide risk assessment and management[C]. Canada:Proceedings,International Conference on Landslide Risk Management.

FRYXELL F M,HORBERG L,1943. Alpine mudflows in Grand Teton National Park, Wyoming[J]. Bulletin of the Geological Society of America,54(3):457-472.

HUNGR O,2009. Numerical modelling of the motion of rapid, flow-like landslides for hazard assessment[J]. KSCE Journal of Civil Engineering,13(4):281-287.

KAI W,WANKUIN I,PENG W,2016. Analysis on the formation mechanism of debris flow on slope in Longde county of Ningxia[J]. The Chinese Journal of Geological Hazard and Control,17(1):49-54+61.

KAPLAN S, GARRICK B, 1981. On the quantitative definition of risk[J]. Risk Analysis,1(1):11-27.

KHAN S A, PILAKOUTAS K, HAJIRASOULIHA I, et al., 2018. Seismic risk assessment for developing countries:Pakistan as a case study[J]. Earthquake Engineering and Engineering Vibration,17(4):787-804.

LI Y,WANG Z,SHI W,et al.,2010. Slope debris flows in the Wenchuan Earthquake area[J]. Journal of Mountain Science,7(3):226-233.

LI Z, WEI S, WU K, et al., 2024. Study on temporal and spatial distribution of landslides in the upper reaches of the Yellow River[J]. Applied Sciences,14(13):5488.

MAHDAVIFAR M R,SOLAYMANI S,JAFARI M K,2006. Landslides triggered by the Avaj,Iran earthquake of June 22,2002[J]. Engineering geology,86(2/3):166-182.

PAPOULIA J,2001. Bayesian estimation of strong earthquakes in the Inner Messiniakos fault zone, southern Greece, based on seismological and geological data[J]. Journal of Seismology,5(2):233-242.

PICARELLI L, OBONI F, EVANS S G, et al., 2005. Hazard characterization and quantification[C]//Proceedings of International Conference on Landslide Risk Management, Vancouver,Canada. London:Taylor and Francis.

ROBERTS S, JONES J N, BOULTON S J, 2021. Characteristics of landslide path dependency revealed through multiple resolution landslide inventories in the Nepal Himalaya [J]. Geomorphology,390:107868.

SAMIA J, TEMME A, BREGT A, et al., 2017. Do landslides follow landslides? Insights in path dependency from a multi-temporal landslide inventory[J]. Landslides, 14(2):547-558.

SARFRAZ Y, BASHARAT M, RIAZ M T, et al., 2023. Spatio-temporal evolution of landslides along transportation corridors of Muzaffarabad, Northern Pakistan [J]. Environmental Earth Sciences, 82(5):131.

SHARP R P, NOBLES L H, 1953. Mudflow of 1941 at Wrightwood, southern California[J]. Geological Society of America Bulletin, 64(5):547-560.

SMITH W, DOWELL J, 2000. A case study of co-ordinative decision-making in disaster management[J]. Ergonomics, 43(8):1153-1166.

STOFFEL M, 2006. A review of studies dealing with tree rings and rockfall activity: the role of dendrogeomorphology in natural hazards research[J]. Natural Hazards, 39:51-70.

TAKAHASHI T, 1991. Debris flow. International Association for Hydraulic Research[M]. Balkema: Rotterdam.

TERZAGHI K, PECK R B, MESRI G, 1996. Soil mechanics in engineering practice[M]. Hoboken: John Wiley & Sons.

TER-STEPANIAN G, 1975. Creep of a clay during shear and its rheological model[J]. Geotechnique, 25(2):299-320.

THRONE C R, TOVEY N K, 1981. Stability of composite river banks[J]. Earth Surface Processes and Landforms, 6(5):469-484.

TONINI M, CAMA M, 2019. Spatio-temporal pattern distribution of landslides causing damage in Switzerland[J]. Landslides, 16(11):2103-2113.

UNDHA, 1992. Internationally agreed glossary of basie terms related to disaster management[R]. Geneva: United Nations Department of Humanitarian Affairs.

UNDRO, 1982. Natural Disasters and Vulnerability Analysis[R]. Geneva: Office of the United Nations Disaster Relief Coordinator.

VARNES D J, 1984. Landslide hazard zonation: a review ofprinciples and practice[R]. Paris: United Nations International.

WCED, 1987. Report of the world commission on environ-ment and development our common future[M]. Oxford: Oxford University Press.

ZHANG F, HUANG X, 2018. Trend and spatiotemporal distribution of fatal landslides triggered by non-seismic effects in China[J]. Landslides, 15(8):1663-1674.